本书是国家社科基金项目"我国环境正义问题的理论维度研究"（15BZX039）结项成果，获陕西师范大学优秀著作出版基金资助

环境正义研究

王云霞 著

中国社会科学出版社

图书在版编目(CIP)数据

环境正义研究／王云霞著． — 北京：中国社会科学出版社，2022.9
ISBN 978-7-5227-0511-8

Ⅰ.①环… Ⅱ.①王… Ⅲ.①环境科学—伦理学—研究—中国 Ⅳ.①B82-058

中国版本图书馆 CIP 数据核字（2022）第 128905 号

出 版 人	赵剑英
责任编辑	朱华彬
责任校对	谢 静
责任印制	张雪娇

出　　版	中国社会科学出版社
社　　址	北京鼓楼西大街甲 158 号
邮　　编	100720
网　　址	http://www.csspw.cn
发 行 部	010-84083685
门 市 部	010-84029450
经　　销	新华书店及其他书店
印刷装订	北京君升印刷有限公司
版　　次	2022 年 9 月第 1 版
印　　次	2022 年 9 月第 1 次印刷
开　　本	710×1000　1/16
印　　张	15.5
插　　页	2
字　　数	239 千字
定　　价	98.00 元

凡购买中国社会科学出版社图书，如有质量问题请与本社营销中心联系调换
电话：010-84083683
版权所有　侵权必究

目 录

引 言 ………………………………………………………… 1

第一章 环境正义概览 ……………………………………… 5
一 环境正义之含义与源流 ……………………………… 5
二 环境正义之发端与原则 ……………………………… 20
三 环境正义之性别视角 ………………………………… 24
四 环境正义对环境主义之挑战 ………………………… 45

第二章 环境正义对环境伦理学之突破 …………………… 60
一 环境伦理学概述 ……………………………………… 60
二 环境伦理学之困境 …………………………………… 83
三 环境正义：重塑环境伦理学的现实情怀 …………… 90

第三章 环境正义之理论维度考察 ………………………… 93
一 分配正义之滥觞 ……………………………………… 93
二 现代正义理论之突破 ………………………………… 102
三 环境正义之多维度分析 ……………………………… 133
四 环境正义各维度之关联 ……………………………… 143

第四章 环境正义之中国境域 ……………………………… 146
一 国外环境正义考量指标之失效 ……………………… 146
二 我国环境正义问题之表征 …………………………… 152
三 我国环境正义问题之动因 …………………………… 162
四 我国环境正义问题之理论维度 ……………………… 166

五　我国环境正义问题之出路 …………………………………… 173

第五章　环境正义之国际视野 …………………………………… 193
　一　环境正义之地方实践 …………………………………………… 193
　二　环境正义之全球向度 …………………………………………… 221

参考文献 …………………………………………………………… 233

后　记 ……………………………………………………………… 245

引 言

作为衡量和体现社会公平、正义的重要尺度,"环境正义"已引起世界各国的普遍关注和重视。我国在向现代化快速推进的进程中,环境正义问题也日益凸显,而屡屡发生的环境群体性冲突事件正成为影响我国社会安全的重要风险性因素。基于此,对环境正义进行研究,特别是从理论层面对我国环境正义问题予以透视分析,对其蕴含的正义维度进行深入探讨,并积极探寻我国环境正义问题的解决思路就成为当务之急,具有极其重要的理论价值和现实意义。

从研究现状来看,国外尤其是美国学者对环境正义,尤其是正义之理论维度的探讨和研究相对较多,并呈现出对正义内涵之多元化理解的态势。众所周知,西方正义理论长期以来主要是基于分配正义的维度对正义展开思考。正义的核心理论框架被解读为"在建构一个正义的社会时,必须关注分配什么以及如何分配"。这种对正义内涵理解的模式也影响了包括环境正义在内等领域的研究范式,环境正义由此被解读为是关于"环境善物和恶物能否得到公平分配的问题"。但这种将正义归约和简化为分配范式的致思理路自20世纪90年代开始,不断遭到一些学者的质疑和挑战。杨(Iris Marizon Young)指出,在思考"什么是最好的分配"之前,应先追问"哪些因素会导致不公正的分配"这样一个问题。她据此提出了正义的承认维度,认为分配上的不正义主要源于某些个体或群体的尊严和价值得不到社会的有效承认。弗雷泽(Nancy Fraser)指出,社会对某些弱势群体有意或无意地"不承认"或"不识别"是导致分配不公产生的重要原因,属于一种文化和制度上的非正义。泰勒(Charles Taylor)指出,不承认或是错误地承认是非正义的一种形式,会将他人的身份置于一种错误、扭曲甚至被剥夺的境地。森(Amartya Sen)和努斯鲍姆（Martha Nussbaum）提出了正义的能力维度，认为一种真正的社会正义不但要重视社会利益的公平分配，更应致力于使正义的受众，亦即个体和群体的内在潜能得到最大程度的发挥，并使其获得所需要的"将对物的占有转化为幸福生活"的各种能力。莱克（Robert Lake）、弗雷切特（Kristin Sharder-Frechette）等提出了正义的参与维度，认为社会正义的失效在很大程度上源于人们不能有效地参与到对其有重要影响的社会决策当中，这突出地体现为一种"程序上的非正义"。由此学者们认为，仅靠分配上的正义不足以保障社会正义的真正实现，必须引入参与正义。

　　遗憾的是，尽管国外学者对正义内涵的理解已大大突破和超越了单纯的分配正义模式。但它们并未被充分扩展和运用到对环境正义的解析当中。这种状况直到近些年才有了根本性的转变。弗雷泽、霍耐特（Axel Honneth）认为，环境正义兼具"分配"和"承认"的双重维度特征。但围绕"分配和承认在环境正义中孰轻孰重"这一问题，学者们却有着不同的看法，并形成了针锋相对的两大阵营。菲格罗亚（Robert Melchior Figueroa）在综合二者的基础上指出，环境正义的具体实践总是以人们对分配正义和承认正义的同时诉求来表征的，由此环境正义维度的二阶性不言而喻。施朗斯伯格（David Schlosberg）认为，环境正义框架需涵盖分配、承认、能力和参与四重维度，并尝试性地将其运用到了对美国和世界各地环境正义斗争实践的分析当中。

　　我国学者近年来虽已开始有意识地关注环境正义这一研究领域，但基本上还处于起步阶段，且大多是从法律视角展开研究。如苑银和的《环境正义论批判》，秘明杰的《环境正义视角下的环境权利及其法律实现》、李淑文的《环境正义视角下农民环境权研究》、梁剑琴的《环境正义的法律表达》等。此外，赵岚的《美国环境正义运动研究》选取了工业化美国所面临的环境利益和环境负担的分配问题，探讨了何为环境正义以及环境正义如何可能实现的问题。刘海霞的《环境正义视阈下的环境弱势群体研究》致力于用环境正义的相关理论对我国的环境弱势群体展开研究。郭琰的《中国农村环境保护的正义之维》从国内环境正义、国际环境正义和代际环境正义出发，剖析了我国农村环境所面临的问题。但与国外相比，我国对环境正义理论维度的研究只能用"小荷才露尖尖角"来形容。这体现在学者们多是围绕分配正义的单一模式展开研究，对环境正义其他理论维度的探讨则基本上还处于"婴儿期"。承认正义方面：王小文强调分配正义和承认正义是构成环境正义理论的两个维度，但对承认正义的内涵并未详加阐释；王韬洋指出环境正义具有环境利益和负担分配（作为分配的环境正义）和相互承认（作为承认的环境正义）两方面的诉求，并认为从"承认正义"理解环境正义之"正义"的思路是环境正义研究范式进一步研究的新起点；朱立、龙永红认为"承认非正义"是环境非正义中较为隐蔽的形态，并结合中国环境非正义的实践指出，只有承认弱者的尊严与需求，才会从环境制度、环境权责分配上真正维护弱者利益，将环境正义落在实处。参与正义方面：杨通进指出环境正义有分配和参与两种形式，前者关注环境收益与成本分配，后者指个体有权参与与环境有关的法律和政策制定，并认为参与正义是确保分配正义的重要程序保证。至于环境正义的能力维度，则尚未进入我国学者们的视野。

由上可知，国外学者虽大大拓展了对正义内涵的理解，但尚未将其充分延伸至环境正义领域，更少有对环境正义理论维度的深度研究。国内学者虽有研究热情，但对环境正义的理解尚未完全突破分配正义的研究范式，对环境正义的其他维度如承认正义、参与正义的诠释尚未充分展开，对于能力正义的探讨更是无从涉及。基于此研究现状，本书尝试完成三个方面的任务：将国外学者对正义内涵的扩展进行全面跟踪梳理；重点对环境正义的四种理论维度，即"分配""承认""能力""参与"进行系统阐释，并对它们之间的关系进行尝试性的理论建构；用环境正义的理论维度反观我国现实，对我国存在的种种环境非正义现象进行剖析，为我国环境正义问题的有效调控带来启示。

全书共分为5大章，各章节主要内容如下：

第一章：环境正义概览。环境正义发源于20世纪60年代末的美国，是由少数族裔、蓝领工人阶级和女性为运动先锋而发起的一场绿色运动。它将关注的对象从主流环境主义眼中的森林、荒野、湿地和濒危动植物转换到了"人"这一物种身上，认为不是"大自然"而是"小环境"亦即人们所生活、工作和玩耍的场所，才是环境保护运动应当首要关心的议题。这一对"环境"内涵的解构与重新建构，是环境正义区别于环境主义的重要特征，并构成了对后者的挑战。

第二章：环境正义对环境伦理学之突破。主要对环境伦理学各流派，即人类中心主义、动物解放/权利运动、生物中心主义、生态中心主义的理论观点进行了粗略梳理，认为非人类中心主义各思潮力求突破传统伦理学对人的固恋，尝试将伦理关怀的范围由人拓展到动物、植物乃至整个生态系统的努力诚然用心良苦，却也使自身陷入了"重物轻人"等诸多理论和现实困境。而与环境伦理学的"生态正义"旨趣形成鲜明对比的是，环境正义将它所认定的"环境"牢牢锁定在与人们日常生活、工作和玩耍的地方的健康与安全上，这既是对当代环境伦理理论及其指导的西方主流环境保护实践提出的挑战，也为当代环境伦理提供了一个从现实角度看待和分析环境问题的崭新视角。

第三章：环境正义之理论维度考察。首先追溯了正义理论之"正义"内涵的历史流变，以厘清罗尔斯的正义观，亦即将正义理解为是关于"社会利益的恰当分配"何以长期主导了正义的研究范式，并造成环境正义之分配范式致思路向的盛行。继而对杨、弗雷泽等学者如何突破对正义内涵的单一维度理解，并将正义拓展为"承认正义"、"参与正义"和"能力正义"的努力进行了跟踪阐述。在此基础上，将环境正义视为一个集分配、承认、参与和能力于一体的集合性框架。

第四章：环境正义之中国境域。在第三章的基础上，用分配正义、承认正义、参与正义和能力正义这四重环境正义的四重维度对我国的环境正义问题予以观照剖析，以对我国环境正义问题之表征进行研判，并对如何有效调控我国环境正义问题进行了思考。

第五章：环境正义之国际视野。主要对英国、俄罗斯、加拿大、巴西、阿根廷、尼尔利亚、日本、韩国等国的环境正义实践进行管窥，以期为我国有效解决环境正义问题提供启示借鉴。此外，对如何实现全球环境正义如温室气体的排放、有毒废物的跨境转移等也进行了构想与展望。

第一章　环境正义概览

环境正义发源于20世纪60年代末的美国，是民权运动、反有毒物运动、工人运动等多种力量汇聚下的产物。在环境正义斗争中，有色人种、低收入阶层和女性发挥了极其重要的作用，使环境正义呈现出非常鲜明的种族、阶级和性别特征，并对主流环境主义构成了挑战。

一　环境正义之含义与源流

（一）环境正义考辨①

在美国，作为广大少数族裔和有色人种、低收入阶层追求环境平等权益的一场声势浩大的社会正义运动，环境正义是从"环境种族主义"、"环境平等"（或"环境公正"）等依次出现的几个词语发展和演变而来的。它们之间既有密切的关联，又存在着一定程度的差异。

1. 环境种族主义

"环境种族主义"由"种族主义"一词扩展而来。"种族主义"是个颇能抓人眼球又极具感情色彩的概念，它暗含了对某些群体特别是社会制度的批评。种族主义是一种权力之上的种族偏见。借助对权力的使用，"种族主义有意或无意地对他人进行隔离、孤立和剥削。对权力的使用建立在种族特征之上。种族主义授予占支配地位的群体以某些特权，这些群体反过来又进一步强化了种族主义，由此造成种族主义在法律、文化、

---

① 王云霞：《"环境正义"考辨》，《南通大学学报》（社会科学版）2019年第4期。

宗教、教育、经济、政治、环境以及军事等社会制度中，被有意或无意地实施"①。作为种族主义在环境问题上的延伸，"环境种族主义"在20世纪80年代中期开始出现在人们视野当中。美国"基督教联合会种族正义委员会"是最早使用该词语的机构。在由它发起并完成的名为《美国的有毒废弃物与种族：有毒废弃物选址地区的种族和社会经济特征的国家报告》中，率先对环境种族主义给出了界定："环境种族主义是指在环境政策的制定，环境法律和制度的实施，有毒危险废弃物处理厂和污染企业的选址上存在种族歧视，以及将有色人种排除在环境决策之外的行为。将对生命有威胁的有毒物置于有色人种居住社区的官方制裁行为属于环境种族主义；将有色人种排除在主流环境组织的决策制定、委员会组成，以及管理团体等之外，亦属于环境种族主义。"② 该报告一经公布，便引发美国民众广泛关注。它将美国长期推行却秘而不宣的环境种族主义行径推到了风口浪尖。在报告中，美国政府在环境政策、环境法律和环境制度，以及有毒企业的选址等方面，对有色人种进行排斥和实施的歧视行为统统被斥责为赤裸裸的环境种族主义。1990年，在密歇根大学举办的以"种族与环境危险物"为主题的会议上，"环境种族主义"开始被学者们广泛使用。

环境正义与环境种族主义之间的渊源可从有色人种反对种族主义的历史斗争中反映出来。自19世纪以来，美国有色人种就已经为改善住房条件、工作条件和为获得土地而不断进行着抗争。20世纪初，美国大城市的黑人开始反抗政府在居住区和公共场所如公园、海滩等实行的隔离制度。他们也反对工作中受到的种族歧视，因为企业主总是让他们干最脏和最累的活儿。20世纪40—60年代，环境行动主义在黑人社区中更是得到热烈响应。杀虫剂污染、工人的身体健康和工作场所的安全等，成为人们最为关心的问题。尽管这些抗争活动是在"民权运动"的名义下进行的，但环境正义的种子已经初露端倪。这种倾向在20世纪80年代随

---

① National Council of Churches, *Policy Statement on Racial Justice*, New York: National Council of Churches, 1984, p. x.

② Rev. Benjamin F. Chavis, jr., "Forward". In Robert D. Bullard, eds., *Confronting Environmental Racism: Voices from the Grassroots*, Boston, MA: South End Press, 1993, p. 3.

着有色人种不断抗议杀虫剂使用带来的危害,尤其是反抗有毒废弃物的选址等问题而大大得到加强。

2. 环境平等

作为研究环境问题与种族歧视之间关系的一个重要概念,环境种族主义将美国企业的环境不正义行为和政府在环境法律、制度和政策上的种族歧视推到了公众面前。它不仅点燃了有色人种反环境种族主义的热情,也鼓舞了他们的斗志。尤为重要的是,反环境种族主义斗争还凸显了环境问题中隐藏的社会不正义现象。但对"环境种族主义"的使用也存在明显缺陷:其一是承载的感情色彩太浓,"它具有煽动性,富于感情色彩,暗含着对政府、企业和环保组织的批评"[1];其二是容易使人忽视其他并非针对有色人种的环境不正义现象,从而造成环境种族主义涵盖的范围过于偏狭,亦即似乎只有有色人种才会遭遇环境不公正待遇。这一局限性在白人工人阶级面临环境不公正时,就变得尤为突出。事实上,环境问题上的不公平和歧视在种族、性别和社会阶层上都会有所体现。而这也自然而然地促成了"环境平等"一词的出现。它被用来描述为人们致力追求的一种理念或目标——对个人或群体免于环境危险物的平等保护,而不论被保护者的人种、族裔或经济状况如何。平等对应的是不平等。后者是指不同群体在某一方面如收入、教育或职业等方面存在不同程度的差异。当使用"不平等"去描述它们时,并不会暗示这些差异是人为伤害或剥削所造成的结果。所以较之"环境种族主义","环境平等"显然没有承载太多的感情色彩。当使用该词时,也不会像环境种族主义那样,将矛头直指政府和企业。所以,对它的使用就较为中性化,也更易被人们所接受。

由于不仅关注有色人种在环境问题上所遭受的不公正待遇,也关注由阶层差异所导致的环境不公正行为,所以环境平等很快将环境种族主义取而代之。1990年前后,美国国家环保局和美国国会都采用了环境平等这一概念。不过它也存在明显的局限性,因为其本意似乎仅仅意味着要求对环境恶物的平等分配,故其涵盖内容不是那么宽泛和具有多样性

---

[1] 高国荣:《20世纪80年代以来的美国环保运动》,载徐再荣等《20世纪美国环保运动与环境政策研究》,中国社会科学出版社2013年版,第265页。

和包容性。因此，环境平等很快又让位于"环境正义"。

3. 环境正义

从环境种族主义到环境平等，再到环境正义的依次演进，表明环境正义已成为一种公认的愿望和努力方向——在环境问题上，任何人都应被正义地对待。然而，由于对正义内涵的理解不尽相同，所以对环境正义究竟意味着什么，要求着什么，人们的看法并不是那么一致。环境正义组织、民权组织者，以及众多的社区行动组织，甚至美国国家环保局的每一任官员都有不同的看法。

美国国家环保局管辖下的"环境正义办公室"对环境正义作出了如是界定："环境正义是在发展、环境法律、制度和政策的实施等方面，所有人，不论其种族、文化、收入以及教育水平如何，都应得到平等对待。平等对待意味着任何人都不应该因为缺乏政治或经济的力量而被迫承担不合比例的环境负担，如环境污染或环境危险物等。"[1] 该行政命令要求所有的联邦机构在项目开发、政策的制定和具体行动当中，"都要注意对少数族裔和低收入人群中造成的不合比例的环境影响和健康损害。应力求将损害减少到最低程度，并将实现环境正义作为其使命的一部分"[2]。有学者对此表示高度赞誉，并认为如果再加上一句——"或被拒绝享有一定的环境制度或项目所带来的环境善物"[3]，就不失为一个完美的定义了。不难看出，美国官方机构将环境正义主要理解为是环境恶物分配上的公平正义，并将有色人种和低收入阶层列为需要重点关注的对象。应该说，这既是顺应民意的积极表示，也间接反映出政府和企业多年来的环境政策和行为对有色人种和低收入阶层利益的漠视。

相比官方，民间环境正义组织对环境正义有着更为多样化的理解。如"马萨诸塞同盟"就认为，环境正义是"在发展，环境法律、环境制

---

[1] U. S. EPA, *Final Guidance for Incorporating Environmental Justice Concerns in EPA's NEPA Compliance Analysis*, Washington, D. C.: U. S. EPA Office of Federal Activities, April 1998, section i. i. i.

[2] 高国荣：《20 世纪 80 年代以来的美国环保运动》，载徐再荣等《20 世纪美国环保运动与环境政策研究》，中国社会科学出版社 2013 年版，第 273 页。

[3] Edwardo Lao Rhodes, *Environmental Justice in America: A New Paradigm*, Bloomington: Indiana University Press, 2003, p. 19.

度、环境政策的实施和执行方面,以及环境善物的平等分配上,所有人都能得到平等保护"①。"苏格兰地球之友"则把环境正义理解为是"一种理念,即任何人对环境都享有权利,都能对地球资源平等分享"②。"环境正义联盟"指出:"当环境风险、环境危险物、环境好处能平等分配,在司法上没有直接或间接的歧视;当环境投资、环境好处和自然资源被平等分配;当信息渠道的获取、决策制定的参与,以及与环境问题相关的正义都能被所有人愉快接受时,才能说达到了环境正义的状态。"③"西南组织网络"则将环境正义描述为是一种能将彼此分离的不同问题连接到一起的力量。"如果你只谈论铅中毒和人们生活的地方,它就只是一个住房斗争问题;如果你只谈论工作场所中的中毒,它就只是一个工人斗争问题。人们受折磨于肺结核或职业遭遇等,这些都曾经是一个个孤立的健康问题。而环境正义却能够把所有这些不同问题连接起来,从而创造出一种新的运动。这种运动能够真正揭示导致上述现象产生的根源。"④在其看来,环境正义就是居住地的健康,是工作场所的健康。只有保障了居住之所、工作之地的安全,人们才能获得和拥有最起码的健康,也才能说实现了环境正义。

美国著名环境社会学家布拉德(Robert D. Bullard)有着"环境正义之父"之美誉。他将环境正义视为"所有人有权获得平等的环境保护,以及平等的公共健康法律法规保护"⑤的一种原则。班杨(Bryant Bunyan)则在更为宽泛的意义上理解环境正义。对他而言,环境正义是指

---

① Commonwealth Massachusetts, *Environmenta Justice Policy*, Boston MA: StateHouse, 2002, p. 2.

② Friends of Earth Scotland, *The Campaign for Enviromnetal Justice*, Edinburgh: Friends of the Earth Scotland, 1999, p. 87.

③ Steger, T., *Making the Case for Environmental Justice in Central and Eastern Europe*, Budapest: CEU Center for Environmntal Policy and Law, the Health and Environment Alliance and the Coalition for Environmental Justice, 2007, p. 16.

④ Giovanna Di Chiro, "Environmental Justice from the Grassroots: Reflections on History, Gender, and Expertise", In Daniel Facer, eds., *The Struggle for Ecological Democracy: Environmental Justice Movement in the United States*, New York: The Guilford Press, 1998, p. 106.

⑤ Robert J. Brulle & David N. Pellow, "Environmental Justice: Human Health and Environmental Inequalities", *Annual Reviews of Public Health*, Vol. 27, No. 1, January 2006, p. 103.

"一些文化准则和价值、制度、规定、行为、政治,以及支持社区可持续发展的决策。在那里,人们能带着他们所生活的环境是安全、有活力和生机勃勃的自信互相交往。当人们能实现自己的最大潜能,并无须经历任何'主义'时,环境正义就达到了它的目标。环境正义意味着:有体面和安全的工作、好的学习和娱乐、好的住房和健康医疗、民主的决策和个人权利、社区能免于暴力、毒品和贫穷。这些是任何社区都应拥有的东西,即无论是文化抑或生物的多样性,都能获得尊重和敬畏,以及分配正义能够得到流行"[1]。不难看出,除在一般意义上将分配正义视为环境正义的应有之义,班杨还把环境正义与社会正义看作交织在一起密不可分的东西。在他看来,住房、医疗、贫穷等与环境正义有着不可分割的联系。而要真正将环境正义贯彻到底,就必须着力解决这些传统意义上的社会问题。特别值得注意的是,班杨认为环境正义还应努力实现(而非压制)人们生活的内在潜能,即致力于提高人们的生存和自我实现的能力。这种对环境正义思考的路径突破了单纯从分配角度理解环境正义的常规思路,可谓独具匠心。

还有学者强调了环境正义之历时代与共时代的统一。如史蒂芬(Carolyn Stephens)就指出:"环境正义意味着每个人都应拥有权利,并且能生活在健康的环境中,其健康生活有足够的环境资源保障;当代人有责任为后代留下一个健康的环境;当代的任何国家、组织和个人必须确保发展产生的环境问题,或是对环境资源的分配不会伤害他人的健康。"[2] 该定义强调了环境正义在代际和代内上的重要性,认为当代人对子孙后代负有环境正义责任,当代人之间亦负有环境正义责任。

(二) 环境正义源流管窥[3]

环境正义运动的出现并非空穴来风,而是有着深刻的现实基础。如

---

[1] Byrant Bunyan, *Environmental Justice: Issues, Policies, and Solutions*, Covelo, CA: Island Press, 1995, p. 6.
[2] Gordon Walker, *Environmental Justice: Concepts, Evidence and Politics*, New York: Rouledge, 2001, p. 3.
[3] 王云霞:《环境正义的分配范式及其超越》,《思想战线》2016年第3期。

果把它比作一条奔腾不息的大河，那么这条大河就是无数条小河汇聚和共同孕育下的产物。环境正义运动至少有六个重要的来源①。

1. 民权运动

民权运动即"非裔美国人民权运动"，主要指第二次世界大战后，美国黑人反对种族隔离与歧视，争取民主权利和平等的群众运动。民权运动兴起于20世纪50年代，其核心主张是通过非暴力的抗议性活动，消除美国社会中长期存在的种族隔离和种族歧视，实现真正的民族平等。

众所周知，美国黑人与美国的历史发展进程有着千丝万缕的联系。在某种意义上甚至可以说，没有美国黑人，就没有美国大部分地区尤其是南部各州取得的辉煌成就。自哥伦布发现美洲新大陆以来，早期西方殖民者就采用罪恶滔天的奴隶贸易手段，将非洲不计其数的黑人贩卖到美国，以对这块原始大陆进行开发。非裔美国人用自己的汗水、鲜血，甚至是生命浇灌了美国这朵"罪恶之花"，却未得到应有的尊重。这种状况自北美殖民者开始到美国独立之后，从未有过根本性改变。美国联邦和各地州政府长期实行种族隔离政策，剥夺了黑人在教育、住房，以及日常交通等方面与白人平等的权利。比如黑人没有选举权，不能与白人同校就读，不能与白人在同一所餐馆就餐，乘坐公交时必须在指定范围就座并要为白人让座等。这激起了黑人的强烈不满。在以马丁·路德·金（Martin Luther King, Jr）为首的黑人民权领袖的引领下，非裔美国人奋起抗争，开始了争取公民权利和平等自由的运动，并最终迫使美国政府做出让步。如在法律上废除种族隔离制度，保障黑人在教育、交通、就医、住房等方面与白人有相同的权利等。这大大鼓舞了黑人的士气，也将他们的民权运动推进到一个更宽的范围，即要求环境权益上的平等和公正。

长期以来，非裔美国人在教育、就医、住房、交通等方面承受着白人的恶意种族歧视，在环境恶物的承担上他们也首当其冲成为美国企业和政府的目标。如居住着79.9%的非裔美国人的亚拉巴马州埃默尔地区

---

① Luke W. Cole & Sheila R. Foster, *From the Ground Up: Environmental Racism and the Rise of the Environmental Justice Movement*, New York: New York University Press, 2001, pp. 20-30.

曾是美国最大的有毒废弃物填埋场，吸纳了来自全美 45 个州的有毒物。而在得克萨斯州的休斯敦，"8 个市政焚化炉中的 6 个和 5 个城市的垃圾填埋场都被安置在了主要由非裔美国人组成和居住的社区"①。这些数据和事实充分说明，作为社会的弱势群体，非裔美国人遭受的环境风险远超出其他人群。

美国政府和企业在有毒废弃物安置问题上针对有色人种，特别是非裔美国人的环境种族主义歧视招致了黑人的不满。而在他们与美国社会种族隔离制度的长期斗争中，也早已埋下了环境正义运动的种子。在很大程度上甚至可以说，非裔美国人掀起的抗议环境种族主义的运动，就是其民权主张在环境问题上的拓展和延伸。"通过对种族歧视、社会正义等问题进行清楚有力的表达，环境正义运动将自己建立在对民权运动的修辞学策略的继承之上。民权运动注重对个人权利、平等机会、社会正义、完全的公民资格、人的尊严以及自我决定等价值的呼吁和肯定的集体行动框架，为其他受压迫的群体提供了一个主要框架。环境正义运动正是将人们自身不合比例地暴露于环境负担之下看作是对民权的侵犯，从而成功地把对环境问题的关注融合到了民权的范式之中。"②"正如黑人市民为获得平等教育、就业以及住房的机会而长期斗争一样，他们也开始把生活在一个健康的环境中的机会视为其基本权利的一部分。"这些都清晰地表征了环境正义与民权运动之间的联系。而民权运动也在两个方面调动了环境正义运动的潜能。一是环境正义行动者吸收了过去种族平等斗争中形成的组织资源和制度网络。教堂、社会改善协会，以及黑人大学等，在领导能力、钱物、知识、沟通网络等方面为环境正义运动提供了丰富的养料。二是环境正义运动者们成功借鉴了民权运动的斗争技巧，如直接行动策略、抗议和联合抵制，以及许多传统的行动主义者惯

---

① Warren, K. J., "Taking Empirical Date Seriously: An Ecofeminist Philosophical Perspective" in Karen Warren, eds., Ecofeminism: Women, Culture, Nature, Indiana: Indiana University Press, 1997, p. 11.

② Stephen Sandwiess, "The Social construction of environmental justice", in David E. Camacho, eds., *Environmental Injustice, Political Struggle: Race, Class, and the Environment*, Durban and London: Duke Unversity Press, 1998, p. 39.

常采用的游说和诉讼等。应该说，正是从民权运动中吸收和借鉴的许多策略技巧，使环境正义运动得到了迅猛发展。

环境正义运动在很大程度上可被看成民权运动在环境问题上的延伸和拓展，因为它表达的是非裔美国人对环境公平和正义的价值诉求，反对的是环境问题层面上的种族主义歧视。而二者的这种天然联系也使环境正义受益良多，如在组织领导、斗争策略以及理论武器等方面，它都借鉴了民权运动。"当环境正义运动在20世纪80年代蓬勃兴起时，是有着宗教基础的民权领导者发挥了主导作用。"例如1982年发生在美国北卡罗来纳州瓦伦县的抗议者反对在其所生活的社区倾倒PCB废料事件，即"瓦伦抗议"，就是在当地的宗教领导者也是著名的民权激进分子查韦斯（Benjamin Chavis）和有着民权运动基础并长期致力于种族主义斗争的基督教联合教会委员会的领导指挥下进行的。基督教联合教会委员会发布的具有里程碑式意义的国家性研究报告《美国的有毒废弃物与种族》，更是将深藏于美国社会历史中的惊天秘密，亦即有色人种不成比例地承受环境恶物的黑暗事实推到了公众和政府面前，这些都大大推进了环境正义运动的发展。

总的来讲，民权运动给环境正义带来了三样东西。其一，直接行动的经验。这由此导致了环境正义运动中草根组织的相似行为，如游行示威、公民不服从等。其二，一种观点。即意识到环境灾难或危害对人们不成比例的影响，这种现象绝非偶然，也不是某种价值中立的决策所致，而是社会和经济结构下的产物。这些社会和经济结构制造了法律和事实上的隔离和种族压迫。其三，通过政治行动争取权利。当民权运动者意识到在环境问题上存在的环境种族主义这一现象时，他们使用自己熟悉的工具和技巧策略等，领导环境正义者们与环境种族主义展开抗争。这三样东西是民权运动带给环境正义运动最宝贵的财富。

2. 反有毒物运动

"反有毒物运动"是指由贫困社区的居民发起的抵制和反对处理有毒废弃物的设施，如垃圾填埋场和垃圾焚化炉等设在自家后院的一种运动。由草根群众发起的反对有毒物运动最著名的例子当数"爱河事件"。爱河是位于尼亚加拉瀑布地区的一条大水沟，胡克公司曾在爱河附近生产过大量有毒化学制品，后将爱河买来用作垃圾填埋场，并倾倒了大量有毒化学废物。1953年，爱河被转让给当地教育局。胡克公司在转让文件中提到："授予者胡克公司已向受让人教育局指明……该地区存有胡克公司生产的废物……，受让人须承担对该地区使用所带来的任何风险和责任事故。"[1] 胡克公司还声称："如果将来有人因为公司填埋的废料引发疾病或者死亡，公司将不承担任何相关责任。"[2] 但教育局对此警告并未深加留意，而是积极筹划在爱河地区修建一所小学。在施工过程中，虽然工人已发现许多裸露在地表的大桶，但教育局只是将修建地址向北迁移了80尺。随着爱河小学正式对外招生，大批房屋在小学周围出现，附近化学厂的工人也举家搬迁到这座风景秀丽的宜居城市。这些年轻的家庭无从知晓爱河的历史，也无人收到胡克公司、当地政府以及房屋地产商关于倾倒池的任何相关危险信息。夏天积蓄的雨水将倾倒池变成孩子们游泳的乐园，冬天覆盖的皑皑白雪将它变成了滑雪胜地。

自20世纪50年代末开始，虽不断有市民发出抱怨：孩子频频患病，住所附近气味难闻，地上发现黑色沉积物，但并未引起关注。直到20世纪70年代中期，连续几年的强暴雨和强降雪导致爱河地面吸水量饱和，地下锈迹斑斑的、装有有毒废弃物的大桶开始露出地面。居民们先是在院子和地窖中发现了油污和彩色化学残留物，之后整个社区更可怕的事情开始出现：狗的毛发全部脱落，新生婴儿存在严重的生理缺陷……美国国家环保局和纽约州环保部门不得不介入调查。在对爱河社区室内空气及地下淤积物进行检测后，他们证实存在大量剧毒化学物质，会使人畜患上癌症等疾病。而对居民血液样本的检测结果也表明染色体受到了感染。然而，由于担心移民搬迁安置产生高额费用，政府竟以科学证据不足为由，竭力否认问题的严重性。直到两名环保局官员被扣押，才宣布对爱河社区外围的家庭进行临时安置，并决定出资购买爱河外围的住

---

[1] Elizabeth D. Bulm, *Love Canal Revisited: Race, Class, and Gender in Environmental Activism*, Lawrence: University Press of Kansas, 2008, p. 22.

[2] Lois Marie Gibbs & Murray Levine, *Love Canal: My Story*, Albany: State University of New York Press, 1982, p. 3.

宅，爱河保卫战终获胜利。

"爱河事件"的发生震惊了当时的美国乃至整个世界，它使广大民众乃至政府开始关注有毒有害垃圾对社区居民健康的影响。而包括"爱河事件"在内的草根群众反对有害物的运动也给环境正义运动带来了最直接的经验基础，即采用"最直接的行动"抗议种种环境不正义行为。例如由爱河居民建立的著名环境正义组织"有毒废弃物房屋清扫组织"对全国的草根反有毒物运动都施以援手，并与7000多个地方团体建立了合作关系。不仅如此，草根反有毒物运动还提出了"采用科学技术信息的经验和推动污染预防的理论框架，以及将减少废弃物使用作为政策目标"等观点和主张，这些都给环境正义运动带来了丰富的经验启示。

3. 专业学者的推动

环境正义的第三条重要支流源自一个看似不太可能的场所：学术界。然而，恰恰是专业学者们在点燃、发动和促进环境正义运动的过程中发挥了非常重要的作用。这比之他们在以往的任何社会运动中，都可说是有过之无不及。事实上，早在20世纪60年代早期，就有一些学者发现美国的环境危险物对有色人种和低收入阶层有着不成比例的影响。如布拉德通过研究休斯敦地区的土地使用模式后，发现该地区的垃圾倾倒地多与非裔美国人的居住地有密切关联。他的研究首开美国学界研究环境种族正义之先河，也由此奠定了布拉德在该领域的先锋地位。20世纪80年代晚期，学术界涉及"少数族裔与环境"的学术文章共有12篇，其中6篇为布拉德所写。此后，布拉德对环境正义研究的学术热情变得更为高涨。他的《在南部倾倒废弃物：种族、阶级与环境公平》被认为是研究环境危险物对有色人种不成比例影响的奠基之作。此外，布拉德还撰写了环境正义方面的专著和几百余篇文章。因为他的卓越贡献和不凡成就，布拉德被誉为美国"环境正义之父"。除布拉德外，在研究环境正义方面声名显赫的学者还有查韦斯、李（Charles Lee）、班杨、毛海（Paul Mohai）等。

由于对环境正义有着共同的研究兴趣，上述学者开始定期聚集在密歇根大学，讨论彼此在环境正义领域的最新发现和研究成果。会议的中心议题是"种族与环境危险物的发生率"。随着讨论的深入，大家一致认为他们在环境正义上的发现不能仅仅限于学术上的探讨和分享，而应积极向外界扩散。于是，这个"密歇根小组"给当时的美国"国家环保局"和"健康与人类服务部"的官员写信，要求与之会面并讨论如何应对美国的环境不正义行为。此举带来的最大好处就是美国国家环保局很快成立了"环境平等办公室"（后更名为"环境正义办公室"）。除发动联邦政府抵制环境非正义之外，他们还以团队的形式对环境正义进行了大量实证性研究，揭示了环境危险物对美国有色人种和低收入阶层不成比例的影响。一方面，这些研究成果得益于学者们对草根群众环境正义实践的详细考察。另一方面，学者们的研究成果反过来又在指导环境正义运动上发挥了重要作用。二者可说是互促互进，相得益彰。具体来说，学者们的研究工作对推动环境正义运动的发展发挥了如下作用。

其一，引燃并推进了当地的环境正义斗争。例如布拉德就曾针对路易斯安那州一个核废料处理厂的选址问题提出过批评，指认其违背了环境决策的知情同意原则。受其鼓舞和激励，当地民众愤而掀起抵制运动。最终，联邦政府拒绝了该厂项目的请求。

其二，确证了环境正义领导者们的意识——环境压迫的社会结构和系统性特征。它使环境正义者们明确了自己所遭遇的不公正环境待遇绝非偶然，而是社会经济和政治结构特征在环境问题上的折射。

其三，奠定了环境政策制定的基础。例如在环保局组建的"环境平等工作小组"中，查韦斯和布拉德都是核心成员。在他们的努力下，环保局不仅发布了《环境平等报告》，还成立了"环境正义"办公室。1994年，总统克林顿（William Jefferson Clinton）更是在众多学者和环境正义行动领袖的见证下，签署了美国环境正义政策的重要国家性文件——"第12898号行政命令"，即《联邦政府采取行动实现少数族裔和低收入人群的环境正义》，由此把对环境正义的重视上升到国家层面。它主要包括三部分内容。一是责令所有的联邦机构在项目开发、政策的制定和具体行动当中，都要注意对少数族裔和低收入人群中造成的不合比例的环境影响和健康损害。应力求将损害减少到最低程度，并将实现环境正义作为其使命的一部分。二是成立跨部门环境正义工作小组。该小组由国家环保局等 18 个联邦机构的一把手或其指定人员组成，负责指导并协调各部门的工作；各联邦机构应制订并积极落实推进环境正义的行动计划。三是政府应该为公民参与联邦的环境正义计划创造条件，相关的重要文件、通知等材料应简明易懂，而且应该翻译成多种文字①。总统承认"存在一种需要，即将联邦政府的注意力放在少数族裔和低收入群体的环境和健康状况上，以达到促进环境正义的目的"。应该说，如果没有学者们的积极推动，环境正义问题"可能永远都不会引起白宫注意"。

4. 北美印第安人的斗争

北美印第安人是生活在北美大陆的原住民。在西方欧洲殖民者到来之前，一直过着无忧无虑的生活。但自从哥伦布发现美洲大陆之后，印第安人的命运发生了巨大转变。他们先是遭到白人的掠夺和屠杀，在美国获得独立后又因为民族自治和土地所有权和管理权等问题陷入了和美国政府的长期斗争。

早期西方殖民者把印第安人视为原始人和野蛮人，否认其对土地的所有权。在北美移民的眼中，自然就是荒野，而荒野几乎总是同野蛮、蒙昧与不开化联系在一起，这些被等同于印第安人才有的特征。所以殖民者征服北美荒野的过程是和征服印第安人的过程结伴而行的。这其中的首要一步，就是否认印第安人的土地所有权。譬如早期英国殖民者就曾依据所谓"文明的权利"和"宗教的优越性"，诋毁印第安人是未开化的野蛮人，对上帝和基督教全然无知，既没有效开发利用土地，也无土地私有概念，故只配拥有土地使用权。"新英格兰的土著没有圈围任何土地，他们既没有定居下来，也没有驯化的家畜来改良土地，因而他们对这个地方拥有的权利只不过是自然的权利。"② 普利茅斯殖民地总督曾声称："美洲一片广阔无边、无人居住的土地，十分富饶，适宜定居。在这里找不到任何文明居民，只有一些野蛮粗暴的人出没期间，而这些人与

---

① 高国荣：《美国环保运动和环境政策溯源》，载徐再荣等《20 世纪美国环保运动与环境政策研究》，中国社会科学出版社 2013 年版，第 73 页。

② ［美］温斯罗普：《到新英格兰参与建立拓殖地的人们的缘由》，载李剑鸣《美国通史》第一卷《美国的奠基时代 1585—1775》，人民出版社 2001 年版，第 173 页。

出没的野兽并无多大差别。"① 在把北美大陆的土地看成无主之地的所谓前提下,殖民者开始采用一切手段掠夺印第安人的土地。"在殖民地时期,殖民者就通过战争和欺诈性条约等方式,开始了对印第安人土地占有权的剥夺,到独立战争结束时,印第安人已经被全部驱赶出了十三州境内。"② 美国独立后,仍因循早期殖民者的做法,即通过小规模战争或带有欺诈性的条约迫使印第安部落割让土地。此外,印第安人的事务还被强行纳入了政府管理,如1789年的宪法就明确规定由国会管理"印第安部落的贸易"③。

在被西方殖民者和美国政府掠夺土地和同化的过程中,印第安原住民也饱受环境非正义之苦。从某种程度上甚至可以说,印第安人是美国环境种族主义的第一批受害者。在西方白人眼中,印第安人和世界其他有色人种一般无二,均属于智力方面的"劣等人"。基于这种心理,西方殖民者尤其是独立后的美国政府不遗余力地将许多环境恶物强行转嫁到了印第安人头上。例如,纳瓦霍部落的居住地曾是北美印第安人最大的保留地,由于该地区蕴藏着大量铀矿,所以长期以来一直被美国政府用作核工业原料的生产和加工基地。在这一过程中,印第安人不仅成为铀矿工人的主力军,更可怕的是他们世代生存的土地还成了核废料储存的"理想之地",给生存安全带来了巨大风险。在印第安人看来,美国政府采取变相的"种族屠杀和灭绝"政策,损害和削弱了原住民保留、发扬本民族文化和生活习惯的能力,是对原住民文化的不承认和不尊重。直到今天,他们依然为实现民族自治和抵制美国政府的种种环境不正义进行着不懈抗争。这些都给环境正义运动带来了争取民族部落自治和对土地掠夺式开发进行抵制的宝贵经验。

5. 工人运动

工人运动也为环境正义提供了重要的动力支持。在美国,"每年大约

---

① 张红菊:《美国环保运动和环境政策溯源》,载徐再荣等《20世纪美国环保运动与环境政策研究》,中国社会科学出版社2013年版,第19页。
② 张红菊:《美国环保运动和环境政策溯源》,载徐再荣等《20世纪美国环保运动与环境政策研究》,中国社会科学出版社2013年版,第42页。
③ [美] J. 艾捷尔编:《美国赖以立国的文本》,赵一凡等译,海南出版社2002年版,第54页。

有 2500 万工人在工作场所不同程度地受到有毒物质的侵害。其中，每年死于与此相关的并发症的工人大约在 5 万到 7 万之间"①。出于对安全和健康的关注，工人进行了抗争。如农业工人对 DDT 杀虫剂进行了抵制，工业工人呼吁关注职业安全。其中，尤以农业工人对 DDT 的抵制为最甚。在人类历史上，对害虫的控制自农耕时代就开始了。但随着"二战"后 DDT 被广泛使用，人类对害虫的控制也进入了全新的时代。DDT 通过有效控制害虫数量，能大大增加农作物的产量。但这种方便易用、见效快的新型农业技术对人体健康的损害很快开始显现。而在美国，农场工人是受保护最少的群体之一。这体现在无论联邦政府的《职业安全和健康法案》还是《公平劳工标准》中规定的健康标准，都把农场工人部分或全部排除在外，在工人补偿法和失业保险法中亦不例外。而农场主也没有被要求告知工人所使用的化学杀虫剂的名称。他们甚至不向工人提供劳保工具。出于对安全的考虑，农场工人开始抱怨和抵制杀虫剂的使用。他们建立的"农场工人联盟"曾进行过大罢工。而代表工人利益的工会组织也和农业公司展开了较量谈判，要求"立即停止使用 DDT、乙醚、磷酸三乙酯以及任何对农场工人、消费者和环境有极端危害性的有毒物"②。这些行动有效地限制了 DDT 在农业中的使用，在一定程度上使农业工人得到了有效保护。除关注职业场所的安全外，工人们及其工会组织还积极配合支持社区居民们抵制有毒物的运动。在一些地方，"工会和它的工人们甚至加入到社区居民反对有毒废弃物和污染的队伍中来"③，由此大大促进了环境正义运动的开展。

6. 传统环保主义者

传统环保主义者主要指活跃在环保运动前沿的主流环境组织，如塞拉俱乐部、地球之友、荒野协会、自然资源保护协会等。它们主要致力

---

① Patrick Novotny, *Where We Live, Work and Play: The Environmental Justice Movement and the Struggle for a New Environmentalism*, Westport: Connecticut, 2000, p. 41.

② Laura Pulido, *Environmentalism and Economic Justice: Two Chicano Struggles in the Southwest*. Tucson: The University of Arizona Press, 1996, preface, xiv.

③ Patrick Novotny, *Where We Live, Work and Play: The Environmental Justice Movement and the Struggle for a New Environmentalism*, Westport, Connecticut: Praeger Publishers, 2000, pp. 41–42.

于对荒野、湿地、濒危物种、水等公共资源的保护，在促进美国政府制定环保法律等方面产生了不可估量的影响。但相对于其他支流，传统环保主义组织对环境正义的推动作用最小。有学者甚至认为，由于对"环境"一词理解的巨大差异，环境正义运动从根本上说是对传统主流环境运动的大逆转和反叛。"传统的环境主义和环境正义的主张截然相反。因为二者有着不同的目标和背景，来自不同的世界。"[①] 但公允而论，主流环境组织还是在很多方面促进了环境正义运动的发展，如吸收草根群众加入自己的团体，雇佣环境正义组织中的成员，声援环境正义运动并与环境正义组织合作等。

二 环境正义之发端与原则

尽管环境正义在当今早已成为一个耳熟能详的词语，但对于其发端，学界的看法却不一而足。布拉德将1967年美国一群非裔学生因休斯敦地区一位年仅8岁的黑人女孩溺死在垃圾池而进行的抗议活动看作环境正义的开始；有学者则将著名黑人民权运动领袖马丁·路德·金1968年因支持田纳西州孟菲斯垃圾清运工的罢工斗争而被暗杀的事件视为环境正义的肇始；还有学者将环境正义追溯至美洲原住民几百年前面临欧洲殖民者的入侵而进行的抗争活动。

发生在1982年美国北卡罗来纳州瓦伦县的由众多非裔美国人掀起的抗议有毒废弃物倾倒的斗争事件——"瓦伦抗议"，被公认为是环境正义运动真正兴起的标志。瓦伦抗议可追溯至1978年，当时的北卡罗来纳州政府打算在以非裔美国人和低收入白人为主要居民的瓦伦县肖科镇修建一个垃圾处理填埋场，用来储存从该州其他14个地区运来的含有PCB的渣土废料。这一决定遭到了当地居民的强烈反对。其实在此之前，州政府也曾考虑过将有毒废料安置在亚拉巴马、新泽西、得克萨斯等地进行处理，但这些方案或遭到反对或由于成本过高而被迫放弃。而瓦伦县之

---

① Kristin Shrader-Frechette, *Environmental Justice: Creating Equality, Reclaiming Democracy*, New York: Oxford University Press, 2002, p.6.

所以会成为州政府储存有毒废料的觊觎之地的最重要的原因,就是生活在这里的人们无论在经济还是社会地位上,都属于不折不扣的弱势群体。瓦伦县是北卡罗来纳黑人比例最高和最贫困的地区之一。"1980年,该县黑人占全县人口的63.7%。在填埋有害垃圾的肖科镇阿夫顿社区,黑人比例超过了84%。瓦伦县人均收入在全州100个县中排名第92位,比全州平均水平还低24.7%。在1982-1983年间,这里的失业率为13.3%,总之,当地的一系列经济指标都远远落后于其他地区。"① 而按照"最小抵抗原则",将有毒垃圾场修建在瓦伦县似乎再正常不过。因为无论从政治还是经济上看,这里的居民都是"处于无权地位的黑人和穷人,容易欺负"②。

对于州政府的决定,瓦伦县的居民表达了不满和抗议。在经历了长达三年的法院诉讼之后,结果令他们大失所望:法院最终裁定允许建造该垃圾填埋场。人们决心用生命捍卫自己的权利。在当地教会和民权组织的支持领导下,几百名非裔妇女、孩子以及少数白人组成了人墙,封锁了装载有毒垃圾的卡车的通道。许多人甚至横卧在马路中央,誓死保卫家园。在抗议中居民们与警察发生了激烈冲突,有523人被捕,瓦伦抗议最终以失败告终。此后,"共有7223车含有多氯联苯的有害垃圾被倾倒在这片20英亩的土地上"③。即使这样,瓦伦抗议却被看作美国乃至世界环境正义运动史上一次具有里程碑意义的事件,因为它不仅标志着环境保护运动史的重要转向,而且对美国的环境政策走向产生了重要而又深远的影响。同时,它也预示了以社区为基础,以少数族裔及低收入阶层为核心力量的环境正义运动的出现。

由民权运动、草根反有毒物运动、学者、工人,以及原住民等形成的强大力量,最终促成了1991年"第一届有色人种领导高峰论坛"会议的召

---

① Robert D. Bullard, *Dumping in Dixie: Race, Class and Environmental Quality*, CO: Westview Press, 1990, p. 30.
② Eileen Maura Mcgurty, *Transforming Environmentalism: Warren County, PCBS, and the Origins of Environmental Justice*, New Brunswick, N. J.: Runtgers University Press, 2007, p. 4.
③ 高国荣:《20世纪80年代以来的美国环保运动》,载徐再荣等《20世纪美国环保运动与环境政策研究》,中国社会科学出版社2013年版,第273页。

开，并形成了对后世具有深远意义和广泛影响的 17 条原则。而论坛本身也标志着环境正义已发展成被美国乃至全世界广泛关注的社会运动，是环境保护运动史上的重要转折点之一。环境正义的 17 条原则[①]如下。

1. 环境正义确认地球母亲的神圣性、生态的完整性，以及所有物种的相互依赖关系，并确信它们有权利免于生态破坏。

2. 环境正义主张公共政策建立在相互尊重的基础上，亦主张所有人应免于任何形式的歧视和偏见。

3. 环境正义以适合人类和其他生物生存的可持续星球的利益为名，授权人类对土地和可再生资源进行伦理的、平衡的和有责任的使用。

4. 环境正义呼吁保护人们免受核试验、核开发、有毒或危险废物的生产、处理等威胁到清洁空气、土地、水和食物的伤害。

5. 环境正义确信所有人拥有政治、经济、文化和环境自我决定等基本权利。

6. 环境正义要求停止有毒危险废物、放射性材料的生产，要求所有过去和现在的生产者为其有毒物的生产负责。

7. 环境正义主张在每个决策制定的过程中，人们有作为平等主体参与的权利，包括所需的评估、计划、实施等。

8. 环境正义确信工人享有安全和健康的工作环境的权利，无须被迫在失业和在危险生存环境中工作这二者当中进行选择。它也确信那些在家中工作的人能够免于环境灾难。

9. 环境正义确认环境非正义的受害者有获得全额赔偿、伤害弥补以及健康护理的权利。

10. 环境正义主张将政府的环境非正义行为视为是对国际法、人权宣言以及联合国公约的违背和一种种族屠杀行为。

11. 环境正义确信美洲原住民拥有自治和自我决策的权利。

12. 环境正义确信需要有城市、乡村生存政策去清洁和重建我们的城市和乡村地区，以与大自然保持平衡。

---

① The People of Color Environmental Leadership Summit, "The Principle of Environmental Justice", http://www.ejnet.org/ej/platform/html.

13. 环境正义号召对知情同意原则的严格实施，要求停止对有色人种的生殖和疫苗接种实验。

14. 环境正义反对跨国公司的破坏性行为。

15. 环境正义反对对土地、人民、文化以及其他生命形式的军事占用。

16. 环境正义号召对当代人和后代进行教育，并相信他们会基于文化多样性观点认真看待社会和环境问题。

17. 环境正义要求每个个体做出消费选择，以尽可能少地消耗地球母亲的资源，尽可能少地产生废物，并有意识地挑战我们的生活方式，以确保为当代和后代提供一个健康的家园。

从环境正义的17条原则中，可以发现其包含的多方面诉求。一是生态原则。确立地球母亲的神圣性，明确人类和非人类物种对地球母亲的依赖关系；确立人类对地球的管家地位与责任。人类被授权负责任地管理和使用地球资源；对人类的消费模式、消费伦理提出挑战和进行倡议。鼓励个体改变不可持续的消费行为、习惯和方式，努力做负责任的消费者，如消费更少，产生更少的废物；环境教育。确立教育在保护地球母亲中的重要性，号召对当代和后代进行环境和生态教育，以更宽广的心态对待社会和环境问题。二是正义原则。如代际平等、代内平等、参与正义等。作为平等主体，人们有权按照知情同意原则，对可能影响到自己的环境决策制定行使参与权和投票权。三是自治原则。确认所有人拥有对环境的自我决定权。对于原住民，尤其应赋予其自我管理、自我决定的权利，并充分尊重其文化的独特性。四是明确了企业和政府责任。它要求企业的生产活动应尽量避免有毒有害物的产生，应该为过去的环境非正义行为埋单，并进行赔偿。跨国公司不能进行生态污染转嫁。政府更要负起责任，不能从事国家间的环境非正义行为。

首届有色人种环境领导高峰论坛及其17条原则的提出是美国环保运动史上的重要分水岭，对其未来的走向产生了深远影响。首先，扩大了需要保护的"环境"的内涵与外延。在环境正义行动者们看来，除非人类生物和大自然的安全和健康需要得到关注和保护外，人们学习、工作、玩耍的地方，亦即生存的微环境的健康和安全也需给予重视。这就是说，环境不只存在于荒郊野外，同时也存在于城市、乡村的各个角落，存在于人们生活的社区和工作的场所。其次，它在确认环境保护重要性的同时，将环境权益与社会公正联系了起来。这既是对社会公正的拓展，同时也给主流环保组织敲响了警钟，并提醒其关注社会弱势群体的利益。最后，它对"环境正义运动的总体目标、发展策略、行动计划及国际合作进行了讨论并达成了一些共识，为环境正义运动的未来发展指明了方向"①。

三　环境正义之性别视角

（一）女性在传统环保运动中的空场

在传统环境保护运动中，主角几乎是清一色的男性，女性很少或几乎不参与环保运动。造成这种局面的原因与人们对大自然的看法和想象，以及社会对男性和女性的性别角色定位密不可分：一方面，人们对大自然充满敬畏与好奇。大自然被认为是原始荒蛮的且充满了危险性，只有男性才有胆量和机会接近它，进行科考和探险等活动。"在19、20世纪的大多数时期，主流环境组织是由男性来支配的。这种性别倾向的形成与人们对大自然的想象密不可分。自然环境被认为充满了原始和野蛮性，人们需要借助探险和研究，才能将充满原始气息未经利用的陆地变得能为人类所用，比如进行经济和娱乐等活动。"② 另一方面，对荒野的体验被视为男人日常生活中的一部分，而与女人无关。自然荒野被认为充满了野性特征。对它的征服必须由精力旺盛、带有强烈征服欲且彪悍的男人们去完成。由此，经历荒野的需要和愿望，尤其是通过打猎、探险、登山、滑雪、垂钓等活动去体验荒野，这些活动被认为只适合于男性。譬如在美国进步运动时期，总统西奥多·罗斯福（Theodore Roosevelt）就立志要把美国打造成一个勇猛帝国，并认为这必须借由男性在荒野中的

---

① 高国荣：《20世纪80年代以来的美国环保运动》，载徐再荣等《20世纪美国环保运动与环境政策研究》，中国社会科学出版社2013年版，第277页。
② Robert Gottlieb, *Forcing the Spring: The Transformation of the American Environmental Movement*, Washing, D. C.: Island Press, 1993, p. 212.

活动才能实现。他也因此成为"荒野性别观念"的坚定推行者。在他眼中，大型狩猎活动是男性的专属。"在荒野中狩猎，这种大型的游戏活动应是精力旺盛和专横的男人们的运动。"① 总之，与荒野打交道被视为培养纯正男子汉气概的最佳途径，这样的观念和思想倾向大大减少了女性走向户外，走进自然荒野去参与环境运动的机会。

女性在传统环保运动中缺失的又一原因，与人们对男性和女性在家庭与社会中的角色定位和性别形象界定不无关联。通常而言，男性是借助工作以及和自然的紧密联系被定义的，女性则常被定义成"家庭的看护者"，养育和抚养孩子被认为是女人的第一要务。② 如在第一次世界大战前，美国就曾流行过著名的童子军运动，意在培养男孩子自信、自立和坚毅的性格。在荒野中进行体验，被普遍认为是培养男孩子坚毅性格的最佳选择。"童子军是最具潜力的活动，因为它的基础深深地扎根在只有男孩才适合的自然户外活动中。"③ 与之不同，女子军则主要用来指导和帮助女孩子学会烹饪、缝纫和照顾婴幼儿等家务劳动。人们认为，女性"在家庭中的服务非常重要，因为家庭是社会的单元。好的家庭制造者即是好的公民"④。这种对男女定位的性别二分法进一步强化了男主外、女主内的性别形象。"妇女的领地是家庭，女性被定义为家庭的看护者。男人则被定位为通过工作而与家庭生活相分离。"这更是大大强化了户外运动的男性倾向。"户外或自然逐渐与家的观念相分离，并被型塑为男性的专属。由此，对自然和资源的保护就成为男性的目标。"⑤ 著名作家雷格曾在主流环保组织"艾萨克·沃尔顿联盟"⑥的出版物中指出："我对保护美国森林和水的希望，就是将美国父辈的精神植入其中。"⑦ 在他眼

---

① Robert Gottlieb, *Forcing the Spring*: *The Transformation of the American Environmental Movement*, Washing, D. C.: Island Press, 1993, p. 213.
② Ibid., p. 216.
③ Ibid., p. 212.
④ Ibid., p. 213.
⑤ Ibid., p. 214.
⑥ 艾萨克·沃尔顿联盟是一个致力于保护国家自然户外游憩资源的组织，如防止水污染和土壤侵蚀、保护森林、防止商业开发侵占公共土地、保护鱼类和野生动物以及鼓励生态保护教育等。
⑦ Robert Gottlieb, *Forcing the Spring*: *The Transformation of the American Environmental Movement*, Washing, D. C.: Island Press, 1993, pp. 215–216.

中，如果一个父亲想要为儿子留下可继承的东西，这种东西一定是对户外运动的热爱，并使其成为拓荒者中最伟大的人。与该联盟的精神如出一辙，塞拉俱乐部也将自然看成粗糙、荒芜和充满了冒险精神。登山和与荒野为伴作为其环保运动的一部分，被认为是不适合女性的，这进一步加剧了女性在传统环保运动中的缺失。

（二）环境正义：一场家庭主妇们的运动①

与在传统环境运动中话语权的丧失相比，女性在环境正义运动中一改世俗偏见，从默默无闻的家庭主妇一跃成为保护环境的领头羊。在这方面，最杰出的人物有约翰逊（Hazel Johnson）、吉布斯（Lolis Marie Gibbs）、刚诺（Marie Gunnoe）等人。

1. 约翰逊：环境正义运动之母

约翰逊是著名反环境种族主义斗士。自1982年以来，她创立的"社区复兴公民"就一直在美国芝加哥南部地区反对环境种族主义的斗争中发挥着先遣部队的作用。但约翰逊绝不只是一个社区的领导者，她的声誉和影响远超美国本土之外。早在20世纪60年代，约翰逊就积极声援过马丁·路德·金的民权运动。1992年在"联合国环境与发展"大会上，约翰逊更是大力提倡人权运动、女性权利运动和环境运动。她还在白宫亲眼见证了克林顿签署"12898号命令"。而对于她所在社区的许多孩子甚至是成人而言，约翰逊就是一位妈妈，是人们心中"环境运动的黑人母亲"。

让约翰逊声名大噪的是发生在芝加哥奥特哥德花园的一起严重污染事件。该事件被视为"环境不平等的教科书式的案例"、"美国环境种族主义最可怕的案例"和"北美历史上最大的生态灾难之一"。奥特哥德花园是一个公共住宅社区，1945年由芝加哥房屋管理部门建成，用于"二战"期间的非裔退伍老兵家庭居住。社区中的居民97%都是非裔美国人，而他们中的62%生活水平还处于贫困线以下，因而该社区以高犯罪率、

---

① 王云霞：《环境正义中的女性：另类的生态女性主义运动》，《自然辩证法研究》2016年第2期。

高失业率和贫困而闻名芝加哥。然而可怕的是，人们刚搬来时，并不知道社区被修建在一个被市政府使用了 5 年多之久的市政垃圾填埋场上，而且填埋场与一个污水处理厂为邻。在约翰逊眼中，政府将非裔美国人安置在这种地方居住，不亚于一场"种族大屠杀"。"这是一个被人遗忘的地方。我们几乎得不到任何来自城市方面的服务。这种感觉就如同生活在一个孤零零的小岛上。"

多年来，居民们喝的是从被污染的井里抽出来的水，上面漂浮着令人作呕的化学油污。更可怕的是，奥特哥德花园还被 50 多个有毒设施处理厂包围着，包括"填埋场、炼油厂、废水氧化池、污水处理厂、水泥厂、钢铁厂、焦化厂和焚化炉等"①。用约翰逊的话来说，这个地方简直就是一个不折不扣的有毒油炸圈饼。"无论从哪个角度看，都会发现它们呈 360 度环绕着我们，我们被有毒物从四面八方包围着。"② 由此，"在有毒油炸圈饼"中生活的居民所面临的环境毒害可想而知。"居民们呼吸着约 126000 磅重的有毒污染物散发到空气中的可怕气味，并被美国每平方英里存在最多的填埋场所包围。"③ 孩子们从一出生起，就不得不以医院为家。一位社区居民曾这样谈到自己的窘境："因为儿子的哮喘病，我已经来医院无数次了，感觉自己就像住在医院中了。这里的许多孩子都患有哮喘病。不能种植蔬菜，也没法养花。不知道空气中有什么，当走在公路上时，空气中的气味会使人胃酸。这种气味就像带有酸味儿的粪便味道。在医院时有人问我：'你的孩子是什么时候得哮喘病的？'我说：'打一出生，他就生病了'。"④ 而 1983 年的一份调查数据更是显示，该社区癌症发生率是市区其他地方的两倍，是芝加哥 20 个社区中婴儿出生体重偏低的社区之一，也是婴儿出生夭折率最高、铅污染感染者最高和癌症死亡率最高的地方。

约翰逊的早期注意力主要放在改善住房待遇，为孩子们争取田野旅

---

① David Naguib Pellow, *Garbage Wars: The Struggle for Environmental Justice in Chicago*, Cambridge: The MIT Press. 2002, p. 68
② Ibid., p. 69.
③ Ibid., p. 68.
④ Ibid., p. 69.

行等权利上。她过早地经历了因丈夫肺癌死亡而导致的悲伤。或许是花园社区的人们因癌症而死亡的事情太多，约翰逊对此早已变得麻木甚至具有了免疫功能。但当奥特哥德花园4个女婴因患癌症而死亡时，那种凄惨的场面还是深深刺痛了她："孩子是那么弱小，以至于她们可以被安放在鞋盒子里。"① 尽管没有任何教育、经济和政治背景，约翰逊还是下决心将此事查个水落石出。通过走访调查，约翰逊发现花园社区不仅有着很高的癌症死亡率，而且还有因各种不明原因而导致的严重健康问题。约翰逊在社区发放了调查问卷，反馈回来的结果使她逐渐把人们的疾病与社区所存在的环境风险联系起来。约翰逊随即创立了"社区复兴公民"组织，这是全美第一个与公共住房有关的环境正义机构。在约翰逊早先调研的基础上，"社区复兴公民"要求当局对奥特哥德花园展开全面健康调查研究。后来的健康报告证实了他们的猜测：有一半以上的妇女经历过流产、死胎、早产或婴儿出生缺陷。有超过四分之一的人患有严重的哮喘病。先前居住在这里的居民曾饱受疾病折磨，而当搬离后，疾病便会自行消失。当得知社区前身是一个污水处理厂和PCB填埋场后，愤怒的人们在约翰逊的带领下，要求环保局彻查相关污染企业并永久禁止在该地区建立废物处理厂。

约翰逊和她的"社区复兴公民"保卫家园的斗争最终赢得了胜利。在她的努力下，居民们喝到了干净的水，社区的污水处理设施也得到很大改善。但约翰逊并未停下脚步，而是和其他环境正义组织一道，共同向芝加哥存在的环境种族主义行为开战。通过对当地居民的健康调查和将种族、收入与有毒物释放联系起来的研究，他们发现在芝加哥的162个"毒地点"中，"有99个地方住着超过65%的有色人种；有6个地方的有毒废物最多，其中有5个地方住着至少70%的有色人种。有10个社区儿童铅中毒的比例最高，这些儿童中至少70%是有色人种。在芝加哥有将近80%的非法垃圾倾倒地都安置在有色人种居住的地方"②。约翰逊知

---

① Unger Nancy C, *Beyond Nature's Housekeepers: American Women in Environmental History*, Oxford: Oxford University Press, 2012, p. 187.

② David Naguib Pellow, *Garbage Wars: The Struggle for Environmental Justice in Chicago*, Cambridge: The MIT Press, 2002, p. 69.

道，要想真正改善社区环境，环境正义组织就必须联合起来，去挑战政府和污染企业，甚至是生产有毒垃圾和侵害有色人种家园的白人。多年以来，她以此为目标，孜孜不倦地战斗着。她的勇敢、机智和坚持赢得了人们尤其是有色人种的尊重和赞誉。在1991年华盛顿召开的第一届有色人种环境领导人高峰会议上，约翰逊被尊称为"环境正义之母"。

2. 吉布斯：为孩子的健康而战

与约翰逊相比，有一位女性更要闻名遐迩。她就是因"爱河事件"而声名远播的吉布斯，是"爱河事件"让吉布斯从一位普通内向的家庭妇女成长为美国乃至全世界的环境正义女英雄。

吉布斯是爱河社区的一位普通妇女，性格极其内向，甚至有点羞涩和胆怯，对政治没有什么热情，和附近的居民也少有来往。和其他人一样，搬到爱河的吉布斯深深地热爱着这片土地。在她眼中，爱河美丽、年轻，充满活力与朝气。"这里有许多年轻的夫妇，他们带着年幼的孩子在社区的街道上散步玩耍。社区富有活力，生机勃勃，人们在院子里修剪花草。这就是我想要的生活。学校近得走几步路就能到达。孩子可以每天走路上学，甚至还能回家吃午饭。这种生活多么浪漫，它是我梦寐以求的生活方式。我根本不知道它会很快变成一场可怕的梦魇！"①

让吉布斯开始关注爱河污染物的是《尼亚加拉日报》的记者布朗。自1977年起，布朗就在报纸上陆续刊发文章，报道爱河存在大量有毒废料的事实。吉布斯起初未留意，直到从一篇报道中得知儿子就读的学校刚好建在爱河之上时，她震惊了。吉布斯随即到报社查看报纸上与爱河有关的报道。她发现这些报道早已指出爱河中存在着大量有毒化学物质，并列举了它们对人体的危害。而其中的一些刚好与儿子的患病症状吻合。如会导致人体中枢神经系统破坏、使人患上白血病等。那时吉布斯儿子的血小板数量已经出现明显下降，并常伴有癫痫症状。吉布斯拿着医生的诊断报告找到学校要求转学，但校方认为她的想法是无稽之谈，不仅拒绝了她的请求，而且声称如果学校所在的地方有毒，那么所有孩子都

---

① Elizabeth D. Bulm, *Love Canal Revisited: Race, Class, and Gender in Environmental Activism*, Lawrence: University Press of Kansas, 2008, p. 24.

应转学。愤怒的吉布斯决心保护自己的孩子。她一改往日的内向，一户户敲开了社区街坊的大门。通过挨家走访，吉布斯发现大家面临着同样的问题：妇女流产，婴儿夭折，出生缺陷，孩子们患有不同的疾病，等等。这些相同的境遇把人们紧紧联系在了一起。不久，"爱河社区业主委员会"宣布成立，吉布斯被推举为领导人。她开始频频出现在各种公众场合，参加会议进行演讲，将自己和其他母亲的不幸经历公之于众，用母性的演讲修辞策略博得了人们的同情。

在吉布斯的带领下，爱河社区的母亲们纷纷走出家门，走向街头。她们试图用游行的方式唤起公众对有毒物与儿童健康危害的关注。不仅如此，妇女们还敦促政府部门对社区环境进行检测和对居民进行体检。在一位科学家的热心帮助下，爱河业主委员会对爱河的化学物质展开了调查研究。结果表明，爱河中有超过200多种成分不同的化合物，有至少12种是致癌化学物质。除会诱发人患上白血病的苯以外，还含有致命化学物质二噁英。1978年8月，尼亚加拉城所属纽约州健康署宣称，鉴于爱河社区存在着的严重污染，当局应立即关停学校，并尽快撤离与爱河毗邻的家庭住户。在爱河社区业主委员会的努力下，爱河中心区所有怀孕妇女及两岁以下的儿童都得到了临时撤离安置。但受到严重污染的并不仅限于紧邻爱河的两条街道。在此后的两年多时间里，爱河社区业主委员会又继续为处于核心污染区外的居民争取撤离搬迁而斗争。1979年2月，在爱河较外围居住的怀孕妇女和两岁以下的儿童也得到撤离安置，但政府拒绝了吉布斯将所有居民撤离的请求。在此期间，吉布斯不断向政府部门请愿，要求对爱河社区居民的健康风险展开调查评估工作。他们的不幸遭遇得到了全国声援，在社会舆论和两名国家环保局官员被爱河居民扣押的压力之下，白宫最终撤离了爱河所有的家庭，并由政府出资购买了爱河外围的住宅。

"爱河事件"震惊了美国乃至整个世界。它使广大民众和政府开始关注有毒危险废物对社区居民的影响。"它并不是孤立的偶然事件，而是遍布全美的成千上万个社区污染事件中最令人瞩目的一起。作为一个普通白人社区，爱河社区的遭遇表明，解决近在咫尺的有毒有害垃圾污染迫在眉睫。"① "爱河事件"发生后不久,美国政府加强了对有毒有害物质的管理,并很快通过了《超级基金法》,要求环保局加强对危险物质和企业的管理。法案也要求造成泄漏的企业要负责清理危险物质。政府还设立了"危险物质信托基金"(超级基金),用于应急和清理有害物质。应该说,这一切都和吉布斯在"爱河事件"中发挥的积极作用以及付出的艰苦努力密不可分。原本不善社交的她,一度成为所在社区的代言人和政治领袖。"吉布斯组织会议,举行新闻发布会,会见官员,与州长及其代表进行谈判,在国家电视台演讲,在国会作证,在大学作报告,她的努力受到总统的称赞。"② 卡特曾这样评价吉布斯:"我要特别感谢爱河社区的基层领导人吉布斯,没有她的积极倡导和热心投入,可能政府永远都不会宣布爱河社区为紧急事件,也永远不可能通过对社会居民加以重新安置的决定。"③

"爱河事件"期间,吉布斯每天都会接到无数来自全国各地的电话。人们把相似的经历讲给她并请求声援。这使吉布斯意识到爱河只是美国有毒废弃物污染的冰山一角。不久,吉布斯成立了全国性的环境正义组织"公民清理有害废弃物协会"(后更名为"健康、环境与正义中心")。作为草根环境机构,该中心长期致力于为各地群众的环境正义斗争提供信息、资源、技术以及培训等方面的帮助,以共同抵制社区面临的有毒废弃物风险,被它援助过的草根团体有万余之多。吉布斯也成为家喻户晓的传奇人物,并获多种殊荣。2003 年她被提名为"诺贝尔和平奖"候选人。不夸张地说,"对于关注社会中的无权势者挺身捍卫环境正义的人而言,吉布斯无疑是一位英雄"④。

3. 刚诺:向"山顶煤矿开采"宣战

刚诺是美国西弗吉尼亚州的一名环保斗士,草根环境组织"俄亥俄

---

① 高国荣:《美国环境正义运动的缘起、发展及其影响》,《史学月刊》2011 年第 11 期。
② Lois Marie Gibbs, *Love Canal: The Story Continue*, Gabriola Island: New Society Publishers, 1998, p. 14.
③ Ibid., p. 13.
④ Thomas H. Fletcher, *From Love Canal to Environmental Justice: The Politics of Hazardous Waster on the Canada - U.S*, Ontario: Broadview Press, 2003, pp. 11 - 12.

山区环境联合会"的负责人。她长期同西弗吉尼亚州大煤炭公司的"山顶煤矿开采"作战，以保卫生存的家园。刚诺的家乡位于阿巴拉契亚山脉一个普通的小镇。阿巴拉契亚山脉是北美洲东部的巨大山系，有着丰富的自然资源，并以蕴藏丰富的煤矿资源闻名于世。拥有优质的矿产资源固然是一件好事，但正如所有资源丰富的地方一样，阿巴拉契亚也难逃"资源诅咒"①的命运，并因为煤矿开采而遭受了巨大生态破坏。尤其是当一些大的煤炭公采用"山顶移除"法后，阿巴拉契亚山脉变得更是满目疮痍。"山顶移除"是用炸药炸开山顶来达到移除山顶的目的。通过清除森林，炸开煤层，再用巨大的挖掘机挖出山体里的煤矿。山顶炸开后的"副产品"岩石和土壤则被倾倒在下面的山谷。相比地下采矿，"山顶移除"法快速高效。因为只需一些炸药，"黑色黄金"就可唾手而得。但它的生态后果也极为严重：不仅破坏了很多物种的自然栖息地，而且因爆炸而溅起的岩石和土壤都被倒进了下面的山谷，由此堵塞了河流，杀死了水中的生物，影响了下游的水源供应，造成了水体污染。

刚诺对家乡阿巴拉契亚山有着特殊的感情。她的身体中流淌着印第安民族的血液，有着106岁高龄的曾祖母不仅传递给刚诺有关自然环境的知识，教会了她辨别山中可食用的植物，而且给她渗透了一种文化遗产的信念——对自己山区文化的自豪感。在她的记忆中，阿巴拉契亚山美丽富饶，是梦想中的天堂。但山顶煤矿开采改变了这一切，它不仅破坏了原本良好的生态环境，而且损害了当地居民世代相传的山地文化遗产，导致其生存能力严重受损。"山巅开采破坏了环境，污染了河流，毒害了我们的空气，破坏了我们的文明和遗产。"② 由于持续不断的洪灾，果园几乎被全部淹没。桥梁被毁，河水不能游泳，井水也不能用来洗澡。自2001年以来，刚诺的家更是经历了无数次洪水劫难。2004年的时候，整个院子被有毒沉淀物充斥，导致家里水供应被切断，不得不依靠购买瓶装水度日。

---

① "资源诅咒"是一个经济学理论，多指与矿业资源相关的经济社会问题。丰富的自然资源可能是经济发展的诅咒而不是祝福，大多数自然资源丰富的国家比那些资源稀缺的国家增长得更慢。

② 周一妍：《美国的煤矿生态危机》，http://www.bundpic.com/link.php?linkid=13320。

但真正让刚诺无法忘记和原谅的是 2003 年 6 月 15 日的特大洪灾。那天刚好是女儿生日，全家人度过了愉快的一天。凌晨 4 点突然下起雨来，而且越来越大，整整持续了 3 个小时。刚诺感觉仿佛身陷地狱，倾盆而至的大雨不仅将她的家置于一片汪洋之中，山上倾泻下来的泥石流还堵住了逃生的去路。由于屋子里已积满了水，刚诺不得不抱着女儿在齐腰深的水中艰难前行。万幸的是早晨 7 点雨终于停了，她们才得以捡回性命，但孩子却因这次劫难而迟迟无法恢复到正常的生活中。"我的女儿经历了一种创伤后紧张、混乱和失调的状态。在下雨和打雷的日子里，她常常彻夜不眠。任何与天气警示有关的新闻都使她无法安睡。"① 一天夜里，正在梦中的刚诺被雷声和闪电惊醒，此时已是凌晨 3 点。她起身走到女儿房间，发现可怜的女儿正"蜷缩在床的一角，穿着鞋、外套和裤子……"②。这一幕让刚诺心如刀绞，她决心和山顶采矿煤炭公司斗争到底。在她看来，正是山顶移除的采煤方法破坏了阿巴拉契亚的山峰，这种行径简直就是一种强暴。此后，刚诺走上了艰难的维权之路。她立志要通过收集"山顶移除"的污染证据，去说服政府叫停这种煤炭开采方式。为调查煤灰等有害化学物质对当地居民健康产生的不良影响，刚诺甚至向西弗吉尼亚大学的博士学起了医学。根据西弗吉尼亚大学的公共卫生机构研究的结果，生活在该地区的人们比其他地区的居民患肺癌、慢性肺病、心脏和肾脏疾病的概率更高，出生率也更低。刚诺将这些信息整合起来，和其他维权者一道前往华盛顿和纽约去维护自己的权益。他们向议员们施加压力，敦促政府加强对采矿业的管理，要求当地政府对山顶采矿方式颁布禁令。"美国环保署的会议，刚诺总是不请自到。她甚至现身联合国的可持续发展会议。"③ 刚诺还挨家挨户进行走访调研，劝说人们不要接受煤炭公司的搬迁条件，而要坚决抵制山顶煤矿开采。她还游走奔波于美国各地，向人们讲述煤炭公司的环境非正义行为，以

---

① Bell Shannon Elizabeth, *Our Roots Run Deep as Ironweed: Appalachian Women and the Fight for Environmental Justice*, Urbana, Chicago, and Springfield: University of Illinois Press, 2013, p. 13.

② Ibid., p. 13.

③ 周一妍：《美国的煤矿生态危机》，http://www.bundpic.com/link.php?linkid=13320。

引起社会公众对山顶煤矿开采破坏性的认识。

在刚诺和众多阿巴拉契亚山脉居民的推动努力下，美国政府曾在2010年尝试颁布苛刻的环境条例：山顶煤矿开采将受到严格限制。但该法令一直无法得到有效执行。一来美国对能源的需求依然十分强劲，导致短期内无法摆脱对煤炭的严重依赖；二来弗吉尼亚州的经济在全美排倒数第二，这使得它高度依赖煤炭产业；三来煤炭行业在一定程度上促进了当地的经济发展，解决了部分居民的就业问题。这些都给刚诺的保卫家园之梦蒙上了阴影，她的人身安全也不断受到威胁。尽管她是赫赫有名的环保英雄，但却成了煤炭公司及其工人的眼中钉。因为刚诺不断劝说当地居民拒绝搬迁，给煤炭公司带来了诸多麻烦。而对山顶煤矿开采的抵制也会影响到矿工们的工作乃至生计。所以，刚诺经常会接到带有人身威胁的电话和信件。尤其是当以她为主人公拍摄的环保纪录片《燃烧未来》播出后，她面临的潜在威胁也越来越大。但这些都无法阻挡刚诺捍卫家园的决心。她希望通过自己的努力为子孙后代换回一方干净明朗的天空。在她看来，阿巴拉契亚山脉是人们世代生活的见证和文化象征。"它是我们的文化。我们的血液已经融进了大山中，我们是属于大山的民族。"①

4. "契普克"：为保卫喜马拉雅山而战②

契普克（Chipko），即"抱树运动"，是对印度妇女采用抱树的方法使其不被木材公司砍伐，从而有效保护森林的简称。抱树运动是印度人民对其民族解放运动领导人圣雄甘地（Mohandas Karamchand Gandi）"非暴力不合作"思想的继承和发扬。甘地的追随者和助手米拉（Bain Mira）与贝恩（Salara Bain）都是印度抱树运动的坚定支持者和身体力行者。米拉曾连续几年居住在喜马拉雅山中。她注意到该地区的洪水一年比一年严重。经过调查研究，米拉发现洪水肆虐是森林中的喜马拉雅橡树被

---

① Joyce M. Barry, *Standing in Appalachia: Women, Environmental Justice, and the Fight to End Mountaintop Removal*, Athens: Ohio University Press, 2012, p.95.
② 王云霞：《"生态正义"还是"环境正义"？——试论印度环境运动的正义向度》，《南京林业大学学报》（人文社会科学版）2020年第1期。

木材公司砍伐所致。她还注意到当地林业部门砍伐了橡树，种植了能带来高额利润的经济林。但这种短视行为给喜马拉雅山带来了严重的生态灾难，也威胁到当地妇女的生存。在她的领导下，印度妇女掀起了声势浩大的抱树运动。

在印度文化中，通过抱树使其不被砍伐的观念由来已久。但"契普克"这个词真正得到流行，则要归因于印度一位诗人在目睹了1972年喜马拉雅的树木被大面积砍伐后，用诗歌对人们掀起的抗议活动的描述："将树环抱，使其免于砍伐；它们是喜马拉雅山的财产，要拯救它们不被砍伐。"[①] 1973年，抱树运动在乌塔尔卡斯希和高帕什渥这两个中心地区达到高潮。1973年3月，高帕什渥村庄的300棵梣树被林业官员划分给了运动物品制造商。不久，公司代理人来到村庄准备砍伐树木。愤怒的妇女们聚集在一起，列队步行，敲鼓齐唱传统歌曲。她们用自己的身体将树团团围住，不让伐木工人靠近。一年后，林业部宣布拍卖雷尼森林的2500棵树，妇女在保护这片森林发挥了决定性作用。当伐木工人来到现场时，50岁的德维（Devie）不顾个人安危，率领着由30位妇女和儿童组成的团体找承包商交涉。她毫不畏惧地站在一位持枪的伐木者面前，声称如果想砍树，除非先把她杀了。德维还试图用言语打动伐木工人："兄弟们，这片森林是我们的母亲，我们的家。不要砍它们，否则泥石流会毁了我们的房屋和田地。"当天晚上，德维组织村里的妇女为树林站岗，成功阻止了承包商的伐树计划。1980年8月，在丹戈瑞潘德利的一个小村庄，由男人组成的村委会与园艺部门达成协议，打算用附近的橡树林进行一场交易：用砍伐树木的手段来换取一条水泥路、一所高级中学和医院和向村庄供电。这个消息令萨尔乌达耶的环境主义行动分子不安和愤慨，她们试图劝说委员会改变立场，但遭到了拒绝。被激怒的男人们警告妇女，如果敢反抗委员会的决定，就把她们杀了。然而女人们的勇气势不可挡，她们举行了抱树示威集会，拯救了橡树林，并促使政府颁布了禁止在该地区砍树的法令。1997年11月，抱树运动在德尼伽惠

[①] Vandana Shival, *Ecology and the Politics of Survival*m, New Delhi: Sage Publications India Pvt Ltd, 1991, p.106.

尔的一个小村子再次掀起。为阻止林业部门和木材商的伐木交易，妇女们把圣珠系在了即将被砍伐的树上，而按印度教习惯，把圣珠系于某人（物）身上就建立了保护者与被保护者的关系。妇女们的这一举动让试图说服其让步的林业官员气得大吼："愚蠢的女人！你们知道森林意味着什么吗？树脂、木材和外汇！"一位妇女响亮地回应道："是的。我们知道森林的含义：土壤、水和清洁空气！"①

印度妇女之所以发起抱树运动，并将这种传统延续下来，是因为这关系到她们的日常生活，特别是生存与可持续发展问题。因为在印度汲水、做饭、拾柴等家务通常都是由女性来承担的，这决定了她们对自然环境有着天然的依赖性。印度妇女一天需用大量的时间做饭，而这其中的80%都会用于取水和砍柴。正因如此，妇女们对树木砍伐和森林破坏有着超乎寻常的敏感。树木被砍伐，意味着她们需要花费更多的时间和精力去从事繁重艰苦的家务劳动。由此，印度妇女成为生态环境保护的旗手就成为情理和现实的必然，因为她们需要为生存而战。而相比其他社会运动，抱树运动也更有力地证明了妇女比男性更具保护生态环境的热情，更富于献身精神，毕竟生态环境的健康与否直接关系到她们的生存。

针对抱树运动，印度著名生态女性主义者席瓦（Vandana Shiva）曾做过深有见地的分析。在她看来，"契普克"与印度以往社会斗争的最大区别，就是它的生态基础。"通过非暴力的消极抵抗和不合作主义的契普克运动去拯救和保护森林，并非源于人们对无法接近森林资源的某种怨恨，而是对喜马拉雅山生态不稳定警示信号的一种反应。"②席瓦认为，树木砍伐和森林破坏会影响食物的供应，导致印度自给自足的传统生产方式被破坏，由此造成土地的过度开发和土壤肥力的下降。而由印度妇女发起的抱树运动不仅是一种生态自救行为，更是对当地林业部门对森林竭泽而渔式管理方式的最有力反驳。而从表面上看，抱树运动好像只

---

① 帕麦拉·菲利浦：《印度妇女的抱树运动》，吴蓓译，《森林与人类》2002年第2期。
② Vandana Shival, *Ecology and the Politics of Survival*, New Delhi: Sage Publications India Pvt Ltd, 1991, p.109.

是印度妇女的一种生存自救行为，但实质上暴露出来的却是"发展优先"与"生态考虑"两种范式之间的矛盾与冲突。具言之，林业部门采取的是经济还原方式，即将树木、森林统统还原为能带来经济利益的东西。而印度妇女则是用整体论和长远的眼光看待问题。在她们眼中，经济发展固然重要，但绝不能凌驾于生态之上，置生态于不顾。而只注重经济发展和短期利益的行为注定无法持久。"在发展与生态之间进行错误和危险的二分法，会掩盖生态发展与不可持续的、对生态破坏的经济发展之间的真正区别。"① 席瓦认为，抱树运动并不是对发展形成障碍的消极东西，而是凸显了一个需要每个国家深刻反省的问题：应当如何处理生态发展和经济发展之间的关系？在她看来，与生态系统的稳定性相比，经济的过度发展远非一种必需。因为经济发展总是通过对支撑生命的系统的破坏和对生活边缘化的人们的物质剥削来达到目的，但真正的发展必须建立在生态稳定的基础之上。而印度妇女的抱树运动不但体现了其誓死保卫生存资源的勇气和决心，也开启了生态政治斗争的新方向。

（三）女性缘何成为环境正义的急先锋

女性在环境正义中迸发出的强大力量着实令人震撼。她们的行为挑战了将政策和权力的公共世界与日常生活的私人世界相分离的主流意识形态。这种意识形态将大多数女性的生活贬低为私人和非政治的领域，由此使政治上的沉默成为妇女生活的象征。"男人治理国家，照顾民间社会的责任留给妇女。"但环境正义不仅允许妇女们积极参与其中，而且使她们对自身的身份角色进行了重新定位和思考。作为挑战制度权力的组织者和领导者，许多妇女也被改造成了他人眼中"面目全非"的人。从世俗眼中的"沉默羔羊"到成为环境正义的"先遣部队"，这种强烈的对比和反差不能不说是个耐人寻味的问题。那么，是什么使女性在环境正义中变得如此活跃，实现了从"沉默羔羊"到"凶猛狮子"这一华丽转身呢？

---

① Vandana Shival, *Ecology and the Politics of Survival*, New Delhi: Sage Publications India Pvt Ltd, 1991, p.111.

1. 母亲保护孩子的先天本能使然

纵观女性在环境正义斗争中的表现，不难发现她们比男性更多地显示出了大无畏的战斗勇气和保卫家园的坚强决心。而之所以能义无反顾地冲在最前面，一个最重要也是最主要的原因，就是出于对孩子的本能保护。因为作为母亲，妇女总是能够"最先知晓她们的孩子处于什么样的危险之中"[①]。母亲和孩子的天然联系，孩子的弱小无辜，以及在有毒物侵害中饱受的折磨和苦痛等，都会使陪伴孩子的母亲揪心和痛苦。而保护孩子不受伤害的母性本能也会自然而然地流露和表达出来。与阿巴拉契亚山顶煤矿开采做斗争的刚诺曾这样描述其作为守护孩子的母亲的心情："我只想做一个称职的母亲，能保护孩子、让孩子安全不受伤害的母亲。"[②] 她认为，男人与女人相比在对孩子的关注和保护上要远远落后，而女人比男人更强烈地具有献身精神。"你很难通过威胁一头母熊使其离开它的孩子，这几乎是不可能的。但幼熊的父亲所做的可能只是挡在路上。你知道这意味着什么吗？男人远不如女人更有献身精神。在这个世界上，大多数母亲愿意为了她的孩子而舍弃自己的性命。我就是其中的一个。而男人更容易被工人或煤矿企业威胁。……而女人则更强大，当她们所爱的东西被破坏或损毁时，女人更容易挺身而出。"[③] 身为母亲的责任，对孩子与生俱来的爱，都会让女性在保护孩子的斗争中奋不顾身。因为在孩子和其他东西之间，她们别无选择，也不愿做出其他选择。

在"爱河事件"中表现出色的吉布斯之所以能成为保护家园的杰出领袖，同样与她对孩子的关心和保护密不可分。当决定挨家挨户去敲邻居家的门，以便知晓他们的孩子是否患有和她儿子同样的病症时，她曾一度怀疑自己的想法是否有些疯狂。特别是当试图敲开第一户人家的门却吃了闭门羹时，她倍感无助跑回家伤心哭泣，犹豫要不要坚持下去。

[①] Robert Gottlieb, *Forcing the Spring: The Transformation of the American Environmental Movement*, Washing, D. C.: Island Press, 1993, p. 209.

[②] Bell Shannon Elizabeth, *Our Roots Run Deep as Ironweed: Appalachian Women and the Fight for Environmental Justice*, Urbana, Chicago, and Springfield: University of Illinois Press, 2013, p. 14.

[③] Ibid., p. 21.

最终，是孩子被病痛折磨的痛苦和保护孩子的强烈渴望使吉布斯战胜了恐惧和彷徨心理。通过和其他妇女交流，吉布斯发现这些母亲和自己一样，都在为孩子的健康和安全忧心忡忡。也正是基于这种共同的遭遇和心情，吉布斯很快联合其他女性成立了环境正义组织，誓死为她们的孩子和社区的健康而坚强战斗。"我认为女性之所以能在这场运动中积极参与，是由于我们的大部分时间都在思考有害物质是如何影响到了我们的孩子。对孩子健康的关注是反对有毒物运动的核心。在面对有毒物时，孩子是最软弱和无力的，他们无法使自己得到保护。"①

应该说，正是身为母亲的身份和保护孩子的母性使然，才奠定了女性在环境正义运动中领导地位的重要基础。更值得一提的是，与主流环境主义不同，妇女们更喜欢将环境和有毒物问题视为一种痛苦的个人经历，而前者却倾向于将有毒物问题界定为一个科学和政策问题。而且主流环境主义喜欢过分依赖专家和专业主义，这使得他们对草根群众尤其是儿童的疾病和母亲们的痛苦采取了麻木不仁的态度，而这也招致妇女们的不满与怨恨。与之不同，妇女们不愿诉诸科学和依赖专家。她们自认与科学专家相比，自己对孩子的遭遇更有发言权，这种发言也更具权威性。因为母亲是孩子成长最好的监护者和最有资格的代言人。

总之，作为母亲，女性对孩子的健康有着超乎寻常的警惕性，"她们知道什么是错的，什么需要去做"②。正是这些因素，使妇女们在环境正义斗争中临危不惧。

2. 维护家园健康和对生存基础的依赖所致

在社会世俗的眼光中，外面的世界是男性的归属之地，家庭才是女性的天然处所。女性也常被视为缺乏理性的感情动物和"歇斯底里"的家庭主妇。因着这种性别角色定位和被赋予的"先天性缺陷"，女性在社会政治活动中几无地位可言。她们被定格和限制在琐碎的家庭琐事当中。照顾孩子、做好家务劳动、守护好家园被看作女人的本分和天职。但也

---

① Robert Gottlieb, *Forcing the Spring*: *The Transformation of the American Environmental Movement*. Washing, D. C.: Island Press, 1993, p. 209.
② Ibid., p. 209.

正是这种角色定位，促成了她们在环境正义斗争中的卓越表现。

作为"家庭的缔造者"，妇女们一改世俗眼中惯于顺从和被动的角色，成为环境正义中的无畏战士。"作为家庭的看护者和养育者，母亲们在环境正义运动中最有激情，其行动也最为直接。当家园受到处理有毒物或废物的场地等威胁时，妇女们便成为保卫家园最决绝的勇士。"[①] 譬如，吉布斯领导的女性组织"公民清理有害废弃物协会"在捍卫环境权益的斗争中表现果敢勇猛。在"爱河事件"中，她们不惜冒着被捕入狱的危险，故意毁坏了一些建筑物，甚至烧毁了地方长官的雕塑。妇女们之所以这样做，理由很简单。她们认为必须保卫家园的健康和安全，并希望通过行动诉求使社会认识到这一点。而印度妇女的"抱树运动"同样彰显了女性的果敢和勇猛。当伐木者准备砍树时，妇女们置个人安危于不顾。她们手拉手将珍贵的大树团团围住，因为守住了大树就等于守住了赖以生存的家园。这种"抱树运动"绝不能归于简单的感情运动，而是妇女们的日常生计对森林的高度依赖所致。毕竟对包括印度妇女在内的世界中的大多数女性而言，"对土地、水、空气和能源的保护并非抽象，而是简单活下去的一部分"[②]。为了达到这一目的，她们宁愿被砍头也在所不惜。"让他们知道在我们倒下去之前，他们不能伐倒任何一棵树。当男人们举起斧头时，我们将拥抱树使其不被砍伐。"[③]

3. 与男性在环境正义斗争中的志趣有别

对女性在环境正义中先锋地位的强调，并不是要否认男性在环境正义运动中所发挥的作用。毋庸置疑，男性对家园健康的维护亦不可小觑，但和冲在战斗第一线的女性相比，他们所表现出来的勇气、斗志和决心则要逊色得多。这种差异的产生与二者在环境正义斗争中的志趣差异不无关联。比如在个人需要与孩子的健康、家园的安全之间进行选择，男性往往会把自己看得更为重要。他们更乐于要求妻子做好分内之事，比

[①] Robert Gottlieb, *Forcing the Spring: The Transformation of the American Environmental Movement.* Washing, D. C.: Island Press, 1993, p. 209.

[②] Ynestra King Feminism and Ecology, *Richard Hofrichter. Toxic Struggles: The Theory and Practice of Environmental Justice*, Salt Lake City: The University of Utah Press, 1993, p. 81.

[③] Catherine Caufield, *In the Rainfores*, Chicago: University of Chicago Press, 1984, p. 157.

如准备好一日三餐和洗净衣服,没必要跑到大街上招摇示众,耽误家庭主妇的本职工作。"妇女们的丈夫会说:把房子收拾干净,给我做好饭。是我重要,还是孩子的健康重要?你自己选择。但妇女们认为自己无法满足这种自私无理的要求:我怎么做出选择?让我在孩子的健康和你那卑劣的晚餐之间进行选择,我如何去做?"① 这充分说明男性与女性在志趣上的巨大差异。与男性相比,女性自认对家园肩负着更多的责任,因为它关涉孩子的健康与幸福。"作为母亲,你必须确保孩子能在一个安全的环境中长大。……男人与女人的区别就如同白天和黑夜的不同,在面临战斗时更是如此。"② 另外,在和企业进行斗争和较量时,男人往往更看重眼前利益,比如金钱、工作等。若能换取这些东西,他们往往会选择妥协,从而把对家园的守护置之脑后。但女人刚好相反,对她们而言,维护家园的安全和孩子的健康才是生活的第一要义。

(四)女性在环境正义斗争中的困境

环境正义为妇女们提供了施展才能的机会,但她们也面临着来自政府企业的压力和丈夫的不理解等困境。"我们被教导要相信民主和正义,相信那些掌权的执政者。但当卷入有毒废弃物问题时,却不得不面对一些老的信仰和改变一些事物。我们需要直面政府和污染者,需要与大公司抗衡。他们有足够的金钱去游说、收买、贿赂、哄骗和对政府施加影响。他们威胁我们,但我们必须用仅有的东西——'人民和真理'去挑战他们。我们知道政府不会保护我们的权益。为保护家庭,我们不得不提高戒备、进行抗议和发出呐喊。"③ 从这些表述中,不难看出女性在面对政府的不支持和权势企业压制时所表现出来的无助与愤慨。但让她们更感烦扰的还有来自家庭的阻挠。一方面,参与环境正义斗争需要占用

---

① Ynestra King, "Feminism ad Ecology", In Richard Hofrichter, eds., *Toxic Struggles: The Theory and Practice of Environmental Justice*, Salt Lake City: The University of Utah Press, 1993, p. 114.

② Ibid., pp. 21 – 22.

③ Celene Karauss, "Blue-Collar Women and Toxic-Waste Protests", In Richard Hofrichter, eds., *Toxic Struggles: The Theory and Practice of Environmental Justice*, Salt Lake City: The University of Utah Press, 1993, pp. 111 – 112.

较多的时间和精力，这使妇女们不得不在看护孩子和参与环境正义斗争的矛盾中挣扎纠结。另一方面，卷入社会运动中会不可避免地改变她们与丈夫的关系，引发矛盾和冲突。她们会面临在丈夫的需要和孩子的健康之间进行选择的矛盾。因为丈夫并不会和她们一样对孩子的健康给予同等的关心和重视。当然，在必须做出决断时，她们会义无反顾地选择后者。而这样的结果通常会导致家庭中出现更大的矛盾和冲突，甚至是家庭的破裂。

（五）另类的生态女性主义运动

作为女性运动的重要一脉，生态女性主义是女权（女性）运动和生态运动相结合的产物。将其与环境正义中女性的主张和行动放在一起进行分析比较，既是应然之义，更是一个有趣的话题。因为二者的中心议题都与环境保护有关，更为重要的是，二者都高度认可女性在保护环境中的先锋作用。但我们究竟应该如何看待二者的关系，这是一个值得深思的问题。而对这一问题的思考也必然会引发一系列更为具体的子问题。其一，环境正义中的女性运动是否可归于生态女性主义运动的一脉？其二，为维护孩子和家园健康而不顾一切的女性是否就是不折不扣的（生态）"女性主义者"？还有一个更为突出和关键的问题是：生态女性主义者和环境正义中女性眼中的"生态"或"环境"有着相同的内涵和指称吗？

事实上，尽管环境正义运动带有非常强烈的女性特征，但由于双方在行动目的和价值诉求等方面均存在着较大差异，因而不能把环境正义中的女性行为简单划归于生态女性主义阵营，理由如下。

1. 环境正义中的女性并不自认是"女性主义者"

在环境正义斗争中，妇女们虽有意吸纳了女性主义运动当中的一些理念，但同时也避开了一些东西。譬如发表公共舆论的权利通常被女性主义者视为妇女突破传统角色地位的重要标志，环境正义运动中的妇女也的确看重在公众场合表达自己心声和意见的权利，但她们却不愿将自己定位成"女性主义者"。在某种程度上，妇女们对女性主义甚至抱有一种反感和抵触心理。因为在她们看来，女性主义存在非常消极的一面即"反家庭"因素。比如它鼓吹妇女摆脱家庭琐事，以获得与男人平起平坐的机会。但妇女们认为这种诉求与自己作为妻子和母亲的身份极不相干，甚至互相冲突。因此，尽管接受了女性主义的某些观念，如女性享有公开发表言论的权利，有权要求政府采取相应的行动等。她们在环境正义斗争中也使用了女性主义的某些语言，但"妇女们公然拒绝女性运动的目标，许多人厌恶自己作为妻子的行动和参与到户外的政治活动中"①。这也就是说，她们的目的并非是要摆脱在家庭中的责任，而是想进一步明确和强化身为家庭主妇的作用。简言之，妇女们希望在家园危机结束后，生活能尽快恢复到原先的状态，即男人外出赚钱，自己在家看护孩子。这显然和女性主义所追求的将妇女从繁重的家庭事务中解放出来的理念格格不入。这也由此造成了一个悖论：妇女们在环境正义中既吸纳又拒绝了女性主义的某些核心理念。她们在环境正义斗争中使用了女性主义的某些语言，但目的却是进一步强化女性身为母亲和妻子的价值，而不是女性主义所鼓吹的对这些角色的摆脱和罢黜。

以"爱河事件"为例，妇女们尽管有意识地吸收了女性运动中的一些东西，如男女政治平等的理念，但她们也清晰地表明了拒绝女性主义的立场和态度。因为在这些妇女眼里，"20世纪70年代的女性主义是反家庭的"②，这导致妇女们不愿将自己的行动归属于女性主义旗下。比如有位妇女就明确表示自己对妇女运动毫无兴趣，因为后者并不关注"煮饭、打扫卫生和照顾孩子这些事情"。但她认为这些看似琐碎无意义的劳作却正是家庭妇女的天职所在。而吉布斯即便是在环境正义斗争中扮演了极其成功的角色，但却从未将自己定位为女性主义者。不仅如此，她还公开批评女性主义，认为其最大的错误就在于不能正确认识到"女性作为家庭的制造者是一种职业，需要辛勤劳作和技能"。她也反对"女人在任何时候与男人有联系的时候，都是从属于后者的"③ 这样的观点。

---

① Elizabeth D. Bulm, *Love Canal Revisited: Race, Class, and Gender in Environmental Activism*, Lawrence: University Press of Kansas, 2008, p.33.
② Ibid., p.33.
③ Ibid., p.48.

"在我的婚姻中，我和丈夫会一起商量如何做事，有时会按我的方式做，有时则会按他的方式做。我们共同承担责任，没有谁从属谁，谁必须服从谁的问题。"① 应该说，这些都和女性主义批判的女性长期以来处于被男性压制境地的看法形成了鲜明对比。由此也不难看出，女性之所以选择在环境正义运动中抛头露面，并非想要摆脱女性的传统角色和家庭地位蜕变为一个女性主义者。她们之所以选择勇往直前，只是不愿孩子承受环境非正义带来的伤害，只是想守卫家园安全，却无意打破男主外女主内的家庭格局，更不是想和男性平起平坐，与父权制斗争。这些都与生态女性主义所批判的父权制压迫，以及所追求的将女性从男性的压迫和奴役下解放出来的主张有着天壤之别，彰显了不同的志向和旨趣。

尽管自认并不属于女性主义运动，但妇女们在环境正义斗争中还是借鉴了女性主义的一些东西。譬如她们主张妇女发出的声音与男性一样，在政治上具有同样的分量。可以看出，尽管为捍卫环境权益的妇女们极力想撇清与女性主义的联系，但无论从其行动理念抑或行动本身，我们依然可窥见女性主义的影子。

2. "环境"一词对二者有着不同的指向和意义

作为生态运动与女性运动联姻下的产物，生态女性主义的中心议题是谋求妇女和自然的共同解放。在其理论视域中，将大自然从人类的压迫奴役中解救出来和把女性从男性的压迫奴役中解放出来，这是一而二，二而一的问题。在生态女性主义眼中，需要保护的是人类生存于斯的生态大环境，而环境正义中的妇女关心的却是家庭社区这个小微环境。对她们而言，社区的健康安全是更为迫切和需要关心的问题。外在自然生态环境的健康美丽似乎还远未提上议事日程，尚属一件十分遥远的事情。由此来看，"环境"或"生态"对二者实则有着不同的内涵和指向。概言之，生态女性主义关心的是宏大的"自然叙事"，环境正义中的女性在乎的却是渺小的社区微环境。之所以会有如此大的差异，从根本上说乃是二者在大环境主义背景下，不同价值理念和行动目标所导致的必然结果。

---

① Elizabeth D. Bulm, *Love Canal Revisited: Race, Class, and Gender in Environmental Activism*, Lawrence: University Press of Kansas, 2008, p. 52.

作为环境伦理学中的一脉，生态女性主义面对的问题是严重的生态危机，肩负的使命是如何拯救大自然。而环境正义的根本出发点却是维护小环境即家园社区的健康。对其而言，大自然的健康并非不重要，但相比之下，维护家园环境的健康更为迫切。由是观之，环境正义关注的"此环境"（社区健康）并非生态女性主义关心的"彼环境"（自然环境）。因此，不难得出这样的结论：环境正义中的女性运动不能简单归并到生态女性主义旗下，充其量只能算作另类意义上的生态女性运动。

尽管生态女性主义与环境正义中的女性运动有着不同的价值诉求和行动旨趣，但并不意味着二者就是两条泾渭分明的平行线。事实上，它们之间存在广泛合作的平台和基础。因为不管是大环境还是小环境，不论是大自然被破坏还是家园社区遭受环境不正义侵害，女性和她们的孩子都注定会在这些破坏中首当其冲地受到伤害：喜马拉雅森林的毁坏会导致依赖其生存的妇女汲水、采薪、做饭变得异常困难；有毒废弃物焚化炉被建在自家后院同样会给妇女和她们的家庭带来严重灾难；尼日利亚的石油开采活动既会对生态环境造成毁灭性破坏，也会给当地妇女的生存带来致命性打击。这些困境都会使妇女们行动和联合起来，去共同维护大环境和小环境的健康。因为无论是哪种意义上的环境出了问题，妇女们都将无法回避和逃脱。既然她们是家庭的缔造者，家庭是她们的领地，妇女们就有充分的理由为家庭安全和生存的可持续而战。而这正是生态女性主义和环境正义结合的重要基础和共同努力的方向。

四　环境正义对环境主义之挑战[①]

与环境正义这支新生力量相比，环境主义可称得上是环境保护运动中的资深前辈。这不仅是因为它在美国绿色运动史上出现较早，更主要的是它在美国政府的环境政策制定、环境法律的实施等方面长期发挥着主导作用。环境主义最早可追溯至19世纪末20世纪初美国的资源保护运

---

① 王云霞：《环境正义与环境主义：绿色运动中的冲突与融合》，《南开学报》（哲学社会科学版）2015年第2期。

动。当时，围绕"该怎样对待和使用美国的自然资源"这样一个问题，以平肖（Gifford Pinchot）和缪尔（John Muir）为代表，形成了两派针锋相对的观点，即功利主义与超越功利主义的资源管理模式。前者主张人类在自然面前要有所作为，也即应对自然进行有计划的开发和利用。"我们林业政策的目的不是为了它们美丽而保护……也不是因为它们是野生动物的庇护所……而是为了繁荣的家园。"① 后者则反对在国家公园和自然保护区内进行任何有经济目的的活动，并强调要对原生态自然按原样保护起来。当时的总统西奥多·罗斯福采纳了平肖的建议，并在美国掀起了第一次资源保护运动的高潮。如开辟了许多国家公园和野生动物自然保护区，对国家森林资源进行有目的的扩建和管理；对水利进行综合治理；通过了《联邦土地开垦法》，实行对公共土地的有偿使用等。环境主义的第二个发展阶段发生在20世纪30年代初期的经济大萧条之后，并在美国第32任总统富兰克林·罗斯福（Franklin D. Roosevelt）的新政管理时期达到顶峰。尽管该时期围绕的主题"依然是有关资源保护的问题"②，但归因于环境主义强有力的推动，美国政府介入该问题的规模达到了前所未有的水平。人们逐渐认识到，"管理环境是一项需要知识、权力和金钱的巨大任务，唯有政府才能担此重任"③。

在经历了第二次世界大战的干扰而被迫中断后，环境主义在20世纪60年代中期迎来了它的第三个发展阶段，其直接动力源于现代环境运动的启蒙精英——美国女生物学家卡逊（Rachel Carson）著《寂静的春天》一书的出版和畅销。在这本对后世影响深远的警世之作中，卡逊历数了滥用杀虫剂给环境造成的灾难性后果：污染了空气、土地和水，而且通过食物链，有毒物质被从低等生物向高等生物不断传递和富集，造成了虫鱼鸟兽的大量死亡，也导致人的免疫系统被破坏，直至改变了人的遗

---

① Samuel Hays, *Conservation and the Gospel of Efficiency*, Cambridge Mass: Harvard Universith Press, 1959, pp. 41–42.
② Peter C. List, *Radical Environmentalism: Philosophy and Tactics*, Belmont: Wadsworth, Inc, 1993, preface, vi.
③ Roderick Nash, *The American environment*, Mass.: Addison-Wesley Publishing Company, 1976, p. 98.

传物质。该书的问世犹如石破天惊,产生的影响可说是达到了惊世骇俗的程度。因为它不仅让生产化学品的厂商以及与化学药品生产利益相关的美国经济部门、企业大为震惊,而且引发了一场关于杀虫剂问题的旷日持久的大辩论,大大触发了美国人的环境危机感,提高了其环保意识,成为点燃第三次环境运动的星星之火。而这也让环境主义越发深入人心,并在1970年4月22日的首个"地球日"后得到了公众的广泛认可和支持,从而发展成一种具有广泛影响的社会运动,而这也标志着"环境主义作为美国社会主导力量的时代已经到来"[1]。20世纪60年代晚期至70年代初,环境主义的思想已被制度化为一系列有创新性的联邦和州政府的环境法律,并在政府相关部门中得到了有效实施。但当人们以为对环境的保护已大功告成之时,20世纪80年代频频告急的全球变暖、温室效应、生物多样性消失等全球性生态危机不断向人类敲响警钟,让包括美国在内的全球许多国家措手不及,环境主义也因此饱受诟病。随后,在美国尤其是其他西方国家出现了一些更为激进的环境组织,如"地球第一""地球解放阵线"等。与主流环境主义不同的是,这些激进环境组织常采取一些颇为极端的做法来达到使非人类自然不被破坏的目的。例如"动物解放阵线"组织曾给一些动物科研机构或化妆品研发公司的领导人写匿名信、打恐吓电话,甚至贸然闯入实验室将动物解救出来,以阻止其用动物做实验的行为。"地球第一"则采用往大树里钉入钢钉的办法来阻止伐木公司作业,结果造成伐木工人因钢锯碰到钉入树干的铁钉发生折断而险些丧命。与前两者相比,"地球解放阵线"的做法更为激进和骇人听闻。该组织自成立以来就策划并实施了多起财产破坏事件,如2003年它曾"对加州圣地亚哥的一个在建别墅区纵火,造成了5000万美元的损失"[2]。而动物解放组织和地球解放组织则制造过600多起犯罪事件,导致的损失超过4300万美元。当然,激进环境组织也因为这些"用破坏来阻挠破坏"(破坏那些用于破坏自然界的机器和财产)等极端行为付出

---

[1] Douglas Bevington, *The Rebirth of Environmentalism: Grassroots Activism from the Spotted Owl to the polar Bear.* Washington, DC: Island Press, 2009, p. 19.

[2] Rik Scarce, *Eco-warriors: Understanding the Radical Environmental Movement*, New York: Rouledge, 2016, p. 269

了惨痛代价，如因暴力冲突而受伤，或被拘捕判刑等。或许是因其行为过于激进和充满危险性，这些激进的环境组织并不为社会大众所认可，它们被称为生态恐怖主义者、社会异常者以及空想家。如"地球第一"就因其行动过于暴力而被美国联邦调查局认定为"隐蔽的恐怖组织"①。所以时至今日，主流环境主义依然是美国环境保护运动中占主导地位的社会力量。

　　作为美国绿色运动中的两支重要力量，环境正义与环境主义成为天然的同盟军似乎是最自然不过的事：二者的名字颇为相似，核心字眼中又都有"环境"二字，加之二者都把保护环境这样一个议题作为共同要义。这诸多的相似与联系使人很难将二者视为对手而非朋友。"环境运动与环境正义运动似乎是天然的同盟者。的确，一个人可能会期望一种致力于促进环境完整性与保护的社会运动，与一种致力于追求环境好处与环境决策的正义的社会运动不可能是两种不同的社会运动，而应是一个大运动中的两个方面。毕竟二者都选择了用'环境'这个中心词汇去表达他们的激情，调动他们的成员，以及将信息发给他们想说服的人。为了维护环境的健康、可持续性和完整统一，二者有太多共同努力的目标和合作机会。"②但真相远非人们想象的那样美好。有太多的证据表明，环境正义与环境主义很长时间以来是处于冲突而非融洽的关系当中。从某种程度上甚至可以说，环境正义一开始是作为环境主义的对立面而出现的。这可以从首届有色人种环境领导人高峰会议召开的前几个月谈起。1990年1月16日，"海湾佃户领导发展项目组"给美国的"十大环保集团"③写了一封信，强烈谴责其深藏的"种族主义"与"白人主义"倾

---

① Christopher Manes, *Green Rage: Radical Environmentalism and the Unaking of Civilization*, Boston: Little, Brown, 1990, p. 6.
② Ronald Sandler & Phaedra C. Pezzullo, *Revisiting the Environmental Justice Challenge to Environmentalism: The Social Justice Challenge to the Environmental Movement*, Cambridge: The MIT Press, 2007, p. 1.
③ "十大环保集团"（Group of Ten）也叫"十人帮"，是评论家给美国总统里根执政时期一些主要环保组织起的绰号。它们是主流环保主义的象征。"十大环保集团"包括塞拉俱乐部、奥杜邦协会、地球之友、环境防护基金会、艾萨克·沃尔顿联盟、国家公园和保护协会、国家荒野联盟、自然资源保护协会、塞拉俱乐部League DefenseFund基金会和荒野协会。

向。"环境主义中的种族主义与白人主义是我们的阿基里斯的脚后跟。"①两个月之后,一个名为"西南组织联盟"的环境正义团体给十大环保集团发去了第二封有103位代表共同签名的信。信中对以其为代表的主流环境主义进行了直言不讳的批评:"尽管自称为十大环保集团的环境保护组织经常声称代表了我们的利益,但从你们的所作所为中,我们已清醒地认识到:你们的组织在分离我们的社区中发挥了'重要'作用。十大环保集团对美国和全球中的'第三世界的人民'缺乏责任感。"② 这些信件指控主流环境主义的冷漠和无知,以及它们在美国和别国对有色人种进行环境剥削的行为中扮演了帮凶和共谋犯等不光彩角色。从环境正义对环境主义的指责和声讨中不难看出,虽身处同一阵营,环境正义与环境主义却有着太多的隔阂与矛盾,在目标、理念,以及核心价值等多方面都存在不小的分歧。具体而言,二者的差异主要体现在以下几个方面。

其一,对"环境"一词的理解不同。"环境"是指主体之外且围绕主体,占据一定空间,构成主体生存条件的各种物质实体或社会因素。作为人类生产和生活的场所,环境是人类生存和发展的重要物质基础。然而,这看似简单易辨的字眼对环境正义和环境主义却有着不一样的内涵和意义。概言之,面对一样的"环境",二者却有着"不一样的环境想象"。对环境主义而言,环境就是人类所处的外围自然界,如森林、湿地、荒野、物种、海洋等,这也正是他们长期致力保护的对象。例如在20世纪六七十年代,主流环保组织就曾通过游说、谈判等手段,促使美国政府制定了大量与环境保护有关的法律。"继1970年的首个世界地球日之后,有23部环境法律在20世纪70年代颁布实施"③,包括《国家环

---

① 阿基里斯是古希腊神话中一位伟大的英雄,他有着超乎普通人的神力和刀枪不入的身体,在激烈的特洛伊之战中无往不胜,取得了赫赫战功。但就在阿基里斯攻占特洛伊城奋勇作战之际,站在对手一边的太阳神阿波罗悄悄一箭射中了阿基里斯的脚后跟,这是他全身唯一的弱点。在阿基里斯还是婴儿的时候,他的母亲也就是海洋女神特提斯曾捏着他的右脚后跟,把他浸在神奇的斯提克斯河中,被河水浸过的身体变得刀枪不入,近乎神。可那个被母亲捏着的脚后跟由于浸不到水,成了阿基里斯全身唯一的弱点。

② Ronald Sandler and Phaedra C. Pezzullo, *Environmental Justice and Environmentalism: The Social Justice Challenge to the Environmental Movement*, Cambridge: The MIT Press, 2007, pp. 3 – 4.

③ Douglas Bevington, *The Rebirth of Environmentalism: Grassroots Activism from the Spotted Owl to the polar Bear*, Washington, DC: Island Press, 2009, p. 22.

境政策法》《海洋哺乳动物保护法》《濒危物种保护法》以及《国家森林法》等。这些环保法律的出现代表了主流环境组织当时最重要的成就。而在环境正义者眼中,"环境"却并非指远离人们视野的原始森林、濒危物种和荒野景观,而是与人们的日常生活,即学习、工作、玩耍等息息相关的"小环境",如工人的工作车间、居民们所生活的社区环境等。"环境不只意味着原始森林,它也不意味着只是拯救鲸鱼或者别的濒危物种。他们都非常重要,但我们的社群和我们的人民同样是濒危物种。"①

环境正义者们认为主流环境主义将人类和自然二元化并强行建构了二者的分离,从而将环境视为与人们日常生活无关的主张是带有欺骗性、理论上不连贯和战略上无效的。因为环境并非遥不可及,它恰恰就存在于人们的普通生活当中。对主流环境主义而言,"城市社区被焚化炉污染属于社区卫生问题,而非一般意义上的环境问题"②。但有毒废弃物的倾倒和焚化炉污染,不合规格住房中的铅和石棉中毒,以及广泛的失业问题等,这些都是环境正义行动者热切关注的议题。因为对他们而言,环境就是"生活、工作和玩耍的地方"。也正是基于这一点,环境正义者们批评环境主义者只支持森林增长,或是保护蜗牛,或是斑点猫头鹰的栖息地,而不支持改善清洁安全的城市环境,或是为无家可归者改善生存条件,并认为这种对环境正义的怠慢态度,"绝不会促进环境主义者与有色人种和穷人在未来的关系"③。"主流环境运动的局限性在于,其似乎对濒临灭绝的动物(非人类生物)和原始的未开发的土地,而不是处于危险中的人类更感兴趣。这样的态度使得少数族裔认为主流环境主义关心的并不是'环境'"④。当然,对环境正义对"环境"一词进行拓展的做

---

① Ronald Sandler、Phaedra C. Pezzullo, *Environmental Justice and Environmentalism*:*The Social Justice Challenge to the Environmental Movement*, Cambridge: The MIT Press, 2007, p.7.

② Di Chiro, G., "Nature as Community: The Covergence of Environment and Social Justice", in William Cronon, eds., *Uncommom Ground*:*Rethinking the Human Place in Nature*, New York: W. W. Norton, 1996, p.299.

③ Bryant, B. and P. Maohai, "Introduction to Race and the Incidence of Environmental Hazards", in B. Bryant & P. Maohai, *Race and the Incidence of Environmental Hazards*:*A Time For Discourse*, Boulder: Westview Press, 1992, p.6.

④ Austin, R., and M. Schill, "Black, Brown, Poor and Poisoned: Minority Grassroots Environmentalism and the Quest for Eco–Justice", *Kansas Journal of Law and Public Policy*, 1992 (1).

法，环境主义者深感不悦与担忧。在他们看来，把人类放在环境论述的中心是个巨大错误，因为人类才是环境问题的最大行凶者，而绝不是需要保护的对象。所以他们担心环境正义行动者们这种极具"人类中心主义"倾向的价值观会使本来就身处边缘化的对动物和荒野的保护雪上加霜。而环境正义行动者们则不喜欢自己被称为环保主义者，更不愿意被定位为"新环境主义者"。因为他们不愿将自己视为在老的环保运动旗帜下，以及"拯救鲸鱼和热带雨林"的口号下自然发展的产物或结果。而从其对"环境""环境问题"的解构和重构中亦不难看出，环境正义对"环境"和"环境问题"的理解框架远不同于一般和传统意义上的认识和看法，而这也显示了它和环境主义致思路向的巨大差异。

其二，二者的人员组成有别。主流环境主义和环境正义在其成员的组织结构上亦存在很大差异。环境主义这一派的成员构成特点大体可用"白人主义"（种族主义）、"男人主义"和"精英主义"来概括。白人主义体现在其成员几乎都是清一色的白人。如在塞拉俱乐部中，其"专业成员中没有非裔美国人，也没有亚裔美国人，只有一个西班牙裔美国人"。在有着315名员工的自然资源保护协会中，仅有5名成员为有色人种；在地球之友的40名员工中，仅有"5名为有色人种，其有着27名成员的董事会中仅有一名为有色人种"①。1991年，奥杜邦协会320名工作人员中仅35名为非白人，国家野生动物协会的专业工作人员为283人，其中只有13人不是白人。荒野协会80名专业人员中仅4人为非白人。②这种局面的形成，与美国主流环保运动是由资源保护运动演变而来的有很大关系。非人类物种和外在的大自然是主流环境组织致力于保护的对象，而城市社区和公共环境卫生问题很难进入其视野。而且，在主流环境组织眼中，穷人和有色人种根本不关心生物多样性和对自然的保护等问题。所以，即使面对20世纪80年代以来有色人种已经围绕城市环境问题以惊人的速度成立大量组织的事实，现代主流环境运动依然倾向于

---

① Robert Gottlieb, *Forcing the Spring: The Transformation of the American Environmental Movement*, Washing, D. C.: Island Press, 1993, p. 260.
② Kirkpatrick Sale, *The Green Revolution: The American Environmental Movement*, 1962-1992, New York: Hill and Wang, 1993, p. 22.

"排除有色人种的实质性参与"。"男人主义"则体现为主流环保集团中女性成员的极度缺乏。"在19世纪晚期和20世纪的大多数时期里,主流环境团体无论从领导阶层还是观念框架层面,都是男性占支配地位的组织。"① "精英主义"则体现在其人员的经济和社会地位都相对较高,大都处于中产阶级及其以上。总之,"没有一个主流环境保护组织愿意敞开怀抱,去接纳有色人种、穷人,以及在政治和经济上被剥夺了权利的人……环境运动的领导阶层站在一个顽固的由白人和男人组成的孤岛上。"② 这些都和以草根群众为广泛基础的环境正义形成了极其鲜明的对比。

与环境主义不同,环境正义的成员大多来自普通民众,是由少数族裔、有色人种、家庭妇女,以及工人阶级联合而成的大家庭。其中,有色人种和家庭妇女们在领导和支持环境正义的斗争中发挥了重要作用。在美国,以非裔人口为主的有色人种长期处于受歧视的地位,在环境问题上亦不例外。即使他们用民权运动来抗议种族隔离与歧视等不合理的社会体制,但其社会地位始终未得到根本性改变。在美国,企业和政府在环境问题上采取环境种族主义的态度是秘而不宣的事实。布拉德撰写和编辑的《在美国南部各州倾倒废弃物》《直面环境种族主义:来自草根的声音》,以及美国基督教联合会种族正义委员会分别于1987年和2007年发表的两份题为《美国的有毒废弃物与种族》和《20世纪的有毒废弃物与种族:1987-2007》的研究报告,都向人们揭露了同一个问题:美国商业危险废物处理厂和废弃物填埋场的选址与其周围社区的种族状况有着惊人的相关性。越是有色人种和少数族裔居住的社区,就越容易成为有毒废物处理设施"最理想的场所"。也正是基于这种不平等待遇,有色人种对环境正义的呼声和诉求最高,并理所当然地成为维护环境权益的急先锋。

另外值得一提的是,女性在环境正义的斗争中也发挥了卓越作用。根据"房屋清扫组织"的统计,截止到1991年,在草根抗议的领导者

---

① Robert Gottlieb, *Forcing the Spring: The Transformation of the American Environmental Movement*, Washing, D. C.: Island Press, 1993, p. 212.
② Donald Snow, *Inside the Environmental Movement*, Washington, D. C.: Island Press, 1992, p. xxxiii.

中,"蓝领女性占到了80%"①。"妇女们在新的环境保护运动中发挥了重要作用。她们不是对抽象的自然而是对影响她们的家园和孩子们健康的环境做出回应。……与男性相比,女性更能参与到保护家园的斗争中的原因是因为家通常被定义和规定为是女人的领地。"② 作为家庭的养育者和孩子的看护者,妇女关注有毒物对其家庭成员及社区周围环境的侵害是最自然不过的反应,因为她们需要保护家园和孩子不受侵害。她们打破了社会对女性角色和身份的传统定位,走出家门,走向街头,进行示威、游行、抗议、宣传等活动,以表达对环境正义的诉求。通过创立新组织,帮助培训新成员,以及对种族、阶级等问题的追问,"妇女们在抵抗有毒废弃物设施的斗争中发挥了领导性的作用"③。

其三,二者的组织策略不同。环境主义和环境正义在人员组成结构上的不同也导致了它们在组织策略上的较大差异。由于主流环境主义组织中的成员多为社会中的上层或精英阶层,这使得他们能凭借较充分的专业知识和专业人员,如律师、科技人员等去看待和解析环境问题。他们更喜欢用专业的知识和手段,即先由律师和科技人员搜集大量科学技术数据,再由律师出面通过法律诉讼等途径来达到保护环境的目的。如塞拉俱乐部就拥有大量专业律师队伍。通过法律诉讼手段,该组织成功打赢多起官司,有效地使森林公园、荒野等得到了法律保护。此外,向政府部门和首脑如国会、国家环保局甚至总统进行政治游说,也是主流环境主义常见的组织策略。1976年美国的税制改革后,主流环保组织的游说活动急剧增加。一些组织如奥杜邦协会"立即在华盛顿特区设立了专门的游说办公室。到1985年,主流环保集团共雇用了88位游说家"④。

---

① Celene Karauss, "Blue-Collar Women and Toxic-Waste Protests", in Richard Hofrichter, eds., *Toxic Struggles: The Theory and Practice of Environmental Justice*, Salt Lake City: The University of Utah Press, 1993, p. 107.

② Cynthia Hamilton, "Women, Home, and Community: The Struggle in an Urban Environment", in Peter C. List, eds., *Radical Environmentalism: Philosophy and Tactics*, Belmont: Wadsworth, Inc., 1993, p. 222.

③ Robert Gottlieb, *Forcing the Spring: The Transformation of the American Environmental Movement*, Washing, D. C.: Island Press, 1993, p. 207.

④ Douglas Bevington, *The Rebirth of Environmentalism: Grassroots Activism from the Spotted Owl to the polar Bear*, Washington, DC: Island Press, 2009, p. 23.

与主流环境主义的组织策略不同,环境正义主要吸收和延续了民权运动的惯常做法,即采用直接行动,如游行示威、请愿、抗议等策略来表达对环境非正义行为的不满。这种组织策略依赖于环境正义强大的草根基础,即社区群众不合比例地承担环境恶物的痛苦经历和直接体会。如果说主流环境主义组织喜欢将环境问题视为一个有关科学和政策方面的问题,并过分依赖专家的意见和专业知识,环境正义则更愿意把环境问题看成一种个人经历和痛苦。对他们而言,极其糟糕的生活和工作环境,亲人尤其是孩子遭受的种种有毒物侵害足以使自己去和环境非正义行为进行坚决的斗争。因为他们(她们)知道在环境问题上,"什么是错的,什么需要去做"[1]。

其四,二者的正义指向不同。环境主义与环境正义在组织策略、人员构成上的不同,尤其是对"环境"二字理解的差异,彰显出二者不同的正义指向。环境主义这一派可用"生态正义"旨趣来概括。"生态主义"主要指面对日趋严重的生态危机,一些环境保护组织和绿色环境思潮主张拓展正义的阈限,将人与人、社会与社会之间存在的正义关系嫁接、移植到人类和自然的关系当中,并主张人类和自然之间存在正义关系。20世纪70年代末出现的环境伦理学与人们对生态正义的诉求就不无关联。以动物解放/权利、生物中心主义、生态中心主义等为代表的非人类中心主义流派,极力主张动植物、河流、山川等非人类生物拥有"内在价值"和"道德主体"资格,要求人类对其讲"权利"和"义务",以此来表达对"生态正义"的诉求。应该说,主流环境主义的观点和主张在很大程度上秉承了环境伦理学追寻生态正义的理念,是非人类中心主义思想在实践中的具体体现。因着这样的致思理路,主流环境主义眼中的环境问题就被解读为一个关于人类和大自然之间的生态正义问题。正因如此,主流环境主义喜欢执着于物而非人,并痴迷于保护那些"野生的、自然的"地方,以及"毛茸茸的动物或斑点猫头鹰"等。另外,

---

[1] Robert Gottlieb, *Forcing the Spring: The Transformation of the American Environmental Movement*, Washing, D. C.: Island Press, 1993, p. 209.

其成员构成也是主流环境主义生态正义指向的一个注脚。由于这些成员大多来自社会的中上层,且有着稳定的收入来源和较高的社会地位,这些前提能够保证其居住在健康、优美的社区环境,他们保护环境的目光因而更多地投向了外在的自然界。而与之形成鲜明对比的是,环境正义的成员几乎无一例外地来自社会的最底层。有色人种、工人阶级、贫困妇女这些身份使其成为社会中最不受关注的弱势群体,他们所居住的社区环境也极易成为有毒废物、垃圾焚化炉和垃圾填埋场的集聚地。这些草根群众在环境问题上所面对的环境不正义现象是其在社会中长期遭受歧视的折射。这样的处境使草根群众掀起的环境正义运动更多地具有了社会正义指向。"环境正义运动倾向于把对社会问题的关注和对生态问题的关注结合起来去考虑,并尤为强调正义、社区权利和民主责任。它没有将社会的压制与剥削看成是和自然界的被掠夺、剥削彼此分离的两种东西。相反,它主张人类社会环境与自然环境是交织在一起的,任何一方的健康都离不开对另一方健康的依赖。如果人类环境被污染和毒害了,如果人们没有经济生存能力和食物营养,如果人们没有生存的庇护所,那所谓的生态保护就是远远不够的。"① 由此,草根群众所理解的环境正义就自然地和改变社会不合理的结构等社会正义问题交织和联系在了一起。"对我们而言,环境问题并不孤立。它们并非狭窄地被界定。我们对环境的想象是与社会正义、种族正义、经济正义的框架交织在一起的。"② 对环境正义者们而言,环境正义运动并不只是反对有毒有害垃圾污染这样一个单纯的社区卫生问题,"它涉及环境与经济,涉及和平、社会正义、民权和人权"③。正是在此意义上,环境正义批评"主流环境运动普

---

① Dorceta E. Taylor, "Environmentalism and Inclusion Politics", in Robert Bullard, eds., *Confronting Environmental Justice: Voice from the Grassroots*, Boston, MA: South End Press, 1993, p. 57.

② Ronald Sandler & Phaedra C. Pezzullo, "Revisiting the Environmental Justice Challenge to Environmentalism", in Ronald Sandler &Phaedra C. Pezzullo, eds., *Environmental Justice and Environmentalism: The Social Justice Challenge to the Environmental Movement*, Cambridge: The MIT Press, 2007, p. 7.

③ Mark Dowie, *Losing Ground: American Environmentalism at the Close of the Twentieth Century*, Cambridge: The MIT Press, 1995, p. 172.

遍缺乏对正义的关注"①，认为它没有充分认识到这样的事实：正是社会的不平等和权力的失衡导致了环境退化、资源枯竭、生态污染，以及环境灾难等不合比例地影响到了有色人种、贫困人群以及白人工人阶级。也正是基于环境主义在社会正义上的空场和失语，环境正义坚决主张环境问题的解决必须与改变不合理的经济、政治和社会体制等紧密结合起来。唯其如此，方能使环境正义、社会正义真正得到实现。

鉴于环境正义与环境主义之间存在的诸多差异，有学者主张环境正义运动并非主流环境主义运动的拓展和延伸，而是对后者的大逆转和反叛。但多数学者对二者的关系还是持乐观态度。他们认为，虽然环境正义与环境主义在目标、背景和理念等方面存在诸多分歧与差异，但二者并非来自不同的世界。因为既然同属绿色运动中的一脉，它们就不可能像"黑与白之间那样泾渭分明"②。"白人和少数族裔环境组织的关系在传统上虽是互不信任、彼此疏远、不舒服和相互误解的，……但二者正努力改变这种局面，去积极理解对方，并试图找到双方共同的基础。在致力于找出让他们分离因素的同时，二者也在为跨越双方之间的距离而做出重大改变。"③

事实上，自1990年先后收到环境正义组织的两封信以来，主流环境主义就一直在寻求二者合作的基础，并在组织议程、组织成员等方面作出了重要改变。如"全国野生联盟"就成立了一个与环境正义有关的新项目，并在成员组成和董事会中吸收了少数族裔。1992年，该组织的首席执行官曾自豪地宣称："少数族裔已经占到了员工的23%，董事会也吸收了4名少数族裔。"④"自然资源保护协会"的领导者则发出了这样的感

---

① Robert D. Bullard, "Anatomy of Environmental Racism and the Environmental Justice Movement", in Robert D., eds., *Confronting Environmental Racism: Voices from the Grassroots*, Boston: South End Press, 1993, p. 23.

② Mark Dowie, *Losing Ground: American Environmentalism at the Close of the Twentieth Century*, Cambridge: MIT Press, 1995, p. 127.

③ Dorceta E. Taylor, "Environmentalism and Inclusion Politics", in Robert Bullard, eds., *Confronting Environmental Justice: Voice from the Grassroots*, Boston, MA: South End Press, 1993, p. 59.

④ Robert Gottlieb, *Forcing the Spring: The Transformation of the American Environmental Movement*. Washing, D. C.: Island Press, 1993, p. 261.

慨："环境主义组织的信件就像一记警钟惊醒了我们。如果环境主义不关注他们的草根组织运动，就会处于真正的危险之中。……我们可以和他们一道工作，甚至可以成为一个更大的运动的一部分，否则就会被环境正义运动无情碾压。"①

曾担任塞拉俱乐部主席的费希尔（Michael Fischer）和担任自然自保护委员会主席的亚当斯（John Adams）分别代表其组织参加了首届有色人种环境领导人高峰会议，并诚恳表达了与环境正义组织合作的意愿。费希尔对自己的组织错过了太多环境正义的斗争而深表遗憾。他相信高峰会议会是一个重要的转折点：展望和环境正义在未来的合作，而不是停留在对过去的悔恨里捶胸顿足。他相信环境组织彼此不是敌人而是盟友。"积极投身环境正义运动符合我们的利益……我们需要你们的帮助……在相互信任和尊重的基础上一起制定成功的环境议程。"因为，"我们已逐渐意识到，种族主义、贫困和环境退化相互联系，不可分割。它们都是影响生活质量的政策和实践的组成部分。环保运动不可能只解决一个而不解决或帮助另外一个问题"②。

对于主流环境主义的积极转变和伸出的橄榄枝，环境正义组织表示高度赞许。但他们同时指出，二者的合作必须建基于一些必要的前提，如彼此的平等与尊重。"我们寻求的是一种基于平等、相互尊重、相互利益和正义之上的关系。我们拒绝家长制，我们对家长－儿童式的关系不感兴趣。你们的组织可能比我们年长、老练，也比我们有钱。但如果你们想寻求和我们的关系，它一定是平等，舍此无他。"③ 此外，对人类生存权利优先权的强调也是环境正义者们极为看重的合作基础。在他们看来，虽然二者存在沟通与合作的富饶基础。但"除非我们坚持一些最基本的原则，否则这种合作不会发生……我们不能与认为我们没有权利生

---

① Mark Dowie, *Losing Ground: American Environmentalism at the Close of the Twentieth Century*, Cambirdge: MIT Press, 1995, p. 147.

② Charles Lee, eds., *Proceedings of the First National People of Color Environmental Leadership Summit*, New York: United Church of Christ, 1992, p. 30.

③ Ronald Sandler and Phaedra C. Pezzullo, *Environmental Justice and Environmentalism: The Social Justice Challenge to the Environmental Movement*, Cambridge: The MIT Press, 2007, p. 7.

存的任何人联手。有权利生存下去意味着我们也有住房、医疗保健、工作和受教育的权利。……我们需要我们的朋友——环境主义者看到我们对人类权利的提高。"① 这表明环境正义者们虽不否认保护生态环境的重要性，但他们首先需要肯定的是自身的生存权利，尤其是拥有健康生活环境的权利得到优先保障，这是与环境主义合作的前提和条件。

环境正义与环境主义之间存在着广泛合作的基础，这一点已在二者之间达成共识。接下来，构建什么样的合作平台似乎就成为至关重要的问题。毕竟，虽同处绿色阵营，但二者的目标、背景、理念、组织策略等还是有着太多的差异。而这样的差异势必会在双方的合作中导致分歧，甚至是矛盾冲突的产生。譬如，在全球变暖趋势日趋严重的今天，主流环境主义必定越发担忧冰川融化给北极熊带来的致命影响，而环境正义则会更加关注低地和海洋国家的人们受到的生存威胁。在这样的现实困境下，动物和人类的生命哪一个更值得保护？哪一方的目标更具优先性和急迫性？此外，全球各地的原住民，尤其是那些世代以捕捞鱼类为生的土著部落，其生存需求必定会与致力于保护海洋生物的环境主义组织产生冲突，在经济发展、社会正义与环境保护冲突的情况下，又该如何协调二者的关系？当二者进行合作时，如何保证双方在实现共同目标的同时，又不会使各自的核心价值观发生改变？这些难题决定了环境正义与环境主义之间的合作并非易事。或许采取一种更为实用主义的态度，即在需要合作时携手（Working Together），在应该单独行动时分离（Working Apart）是最佳选择。事实上，二者也在不断努力和探寻着。例如塞拉俱乐部成立的环境正义项目委员会就曾制定了与环境正义组织合作的纲领性指导方针，而在 2002 年召开的第二届有色人种领导人高峰论坛上，与会者们更是制定了一套"共同合作的原则"，作为沟通不同运动之间的桥梁，以"克服共同的障碍，抵制共同的敌人，实现有效的沟通和战略合作"。

从分歧到对话，从冲突到联手，环境正义与环境主义关系的演变为我们展现了绿色环保运动的历史脉络及其重要转向。它打破了主流环境

---

① 高国荣：《美国环境正义的缘起、发展及影响》，《史学月刊》2011 年第 11 期。

主义长期一统天下的主导局面,为环境正义走上历史的前台,并与环境主义一道去面对环境问题提供了无限可能。我们有充分的理由相信:环境正义与环境主义的联合必将使当前的绿色运动更具民主和包容性。因为它不仅关乎对自然环境的保护,更关乎环境权益的平等与社会的公平正义。这样的绿色运动必将为我们构建更加绿色的人居环境,打造更为和谐的人与自然关系提供光明的前景与发展方向。

第二章　环境正义对环境伦理学之突破

环境伦理学作为谋求人与自然之间正义的绿色思潮，曾经历了一段激情燃烧的岁月。然而，由于面临的理论逻辑自洽性矛盾和实践性缺失，环境伦理学也陷入了自我设置的困境。而环境正义的出现，在很大程度上是对环境伦理学"重物轻人"思维路向的纠偏。它所倚重的从现实的人，特别是环境弱势群体的角度出发，去重新思考应该保护何种意义上的"环境"的致思理路，是对环境伦理学的突破与超越。

一　环境伦理学概述

作为实践哲学的一脉，环境伦理学在20世纪70年代开始走进人们的视野，并以人类中心主义和非人类中心主义的持续论争为表征。强人类中心主义、弱人类中心主义、开明的人类中心主义，动物解放/权利主义、生物中心主义、大地伦理学、深生态学、自然价值论等，围绕人类中心主义该"走出"还是"走入"，非人类生物究竟有无"内在价值"和"道德权利"，是否具有主体资格等问题，展开了激烈交锋。

（一）"人类中心主义"

"人类中心主义"（人类中心论）是一个舶来品。在国外尤其是西方，其内涵是流变的，其外延也是大小不定的，没有形成一种独立、完整并一以贯之的理论体系。历史地看，"人类中心主义"是一种伴随着人类对自身在宇宙中地位的思考并不断变化发展着的文化观念。迄今为止，它主要经历了以下四种形态。

1. 宇宙人类中心主义

宇宙人类中心主义是古代人类中心主义最典型的形态，它是基于托勒密提出的"地心说"构建起来的。按照他的理论，是地球而不是太阳居于宇宙的中心，太阳和其他行星都要围绕地球这个中心进行旋转。在这样的背景下，宇宙人类中心主义就成为古代人合乎逻辑得出的必然结论。因为既然地球是宇宙中心，那么地球上的人类和非人类物种也是中心。

2. 神学人类中心主义

神学意义上的人类中心主义产生于中世纪的欧洲。当时的基督教为人类在宇宙中的地位问题提供了一个具有无限权威的答案。按照其说法，人类除了在空间方位的意义上处于宇宙中心之外，还在目的论的意义上处于中心。概言之，人类这个物种是万事万物存在的目的。例如果树之结果就是为了让人类有果子吃；动物长得健壮是为了让人类有肉可吃；大地长出粮食是为了让人类有植物可吃。而这一切都是"伟大的造物主"上帝的巧妙安排，是其仁慈和智慧的体现。

3. 近代人类中心主义

在近代，伴随新假说的提出，古代宇宙中心主义和中世纪神学人类中心主义不断受到批评质疑，并最终趋于瓦解。而这主要得益于哥白尼提出的"太阳中心说"和达尔文提出的"生物进化论"。前者破坏了"人类中心论"的"地心说"基础，后者则给了人的特权信念以狠狠一击。但人类中心论并未销声匿迹，并获得了新的形态，即近代人类中心主义。而它又是随着人类改造自然能力的提高和人主体地位的觉醒应运而生的。近代人类中心主义的核心理念是：人类能够挣脱大自然的束缚，认识自然、改造自然，成为自然的主人。被誉为"近代实验科学的真正始祖"的培根（Francis Bacon）发出了振聋发聩的口号：知识就是力量。他号召人们对待自然应该像对待女巫那样残忍，必须用鞭子抽打，用火攻，用水浇，以使其吐露秘密，满足人类的愿望和利益。近代哲学之父笛卡尔（René Descartes）用"我思故我在"确立了人的主体地位，德国古典哲学创始人康德（Immanuel Kant）用"人为自然立法"论证了存在于人头脑中的先天直观形式,如时间和空间等在构建认识对象过程中的重要性。经验论者洛克(John Locke)主张"对自然的否定就是通往幸福之路"。这些论断无不表明人类在近代已经滋生的在大自然面前的自信,而这种自信又通过近代科技的蓬勃兴起和飞速发展得到了加强。在此背景下,产生了近代意义上的人类中心主义。它高扬人在自然面前的能动性、创造性和优越性,并大大加快了人类向自然进军的步伐。

4. 现代人类中心主义

现代人类中心主义是伴随20世纪六七十年代全球资源的匮乏和生态环境的破坏,特别是生态危机的日益凸显而产生的。它不仅是人类面临日益严峻的环境问题,重新审视自身在宇宙中的地位,以及如何协调人与自然关系的结果,更是当代一些伦理学家面对生态危机对人类中心论进行的再审查,标志着人类中心主义的一次重要转向。现代人类中心主义主张在人与自然的相互作用中,应将人的利益置于根本地位,人类的利益应成为人类处理自身与外部生态环境的根本价值尺度。在它看来,人类中心主义是属于伦理价值层面的,处理人与自然、人类与外在生态环境的一套伦理价值准则,是必须坚持的东西。正像一个人无法抓住自己的头发离开地球一样,人(类)在和自然打交道的过程中,不能,也无法脱离人的利益去思考和行动。但需注意,在和自然打交道时,不应破坏全人类的整体利益和长远利益。

(二) 非人类中心主义

非人类中心主义与人类中心主义的主张大相径庭,它认为伦理关系不光存在于人类社会,也应存在于人与非人类生物、人与自然的关系中。在其视域中,人类中心主义把人类利益和价值置于万物之上,将非人类生物看成只是满足人类目的的工具的做法是极其错误的。非人类中心主义指责人类中心主义,认为其"人要做自然的主人",不承认自然界的利益特别是内在价值的观点造成了今日之生态危机。基于此,它认为只有告别人类中心主义,人类才能摆脱生态困境。在非人类中心主义这面大旗下,聚集了以下派别和人物。

1. 动物解放/权利论

（1）辛格的动物解放论

辛格（Peter Singer）和雷根（Tom Regan）是动物解放/权利主义流派的代表人物。他们都主张关心动物的福利，但依据的哲学基础并不相同，所以在具体理论上存在很大差别。辛格是动物解放论的积极提倡者，他因《动物解放》一书的出版而享誉欧美，并由此成为现代社会系统论述动物解放运动的先驱，《动物解放》则被誉为是动物解放运动中的"圣经"。

在人类历史上，关于应如何对待动物这一问题的思考由来已久①。亚里士多德（Aristotle）认为："动物只能使用身体，只服从本能，所以比拥有灵魂和理智的人类低贱，应该受人类统治。这是自然且公正的。"② 神学家阿奎那（Thomas Aquinas）认为，按照基督教教义，除人之外的生物都是为人类的利益服务的，所以博爱并不涉及动物，人类可以随意对待使用它们。"有人宰杀不能说话的动物是有罪的，这种说法是错误的，要受到驳斥；因为根据神圣的旨意，这些动物在自然秩序中是有意给人使用的。因此，人们利用动物——或者杀死人们，或者任意处置它们——没有过错。"③ 不过，阿奎那也表达了这样一种观点：基督教的教义看起来好像禁止人类残忍对待不能开口说话的动物。因为如果这样做的话，有可能导致人把对待动物的残忍延伸到对同类的残忍上去。笛卡尔认为，人与动物之间的最大区别就是人有语言和理性，而动物缺乏这两种能力。它们表现出来的行为就如同按部就班的机器。既如此，人可以随意折磨或杀害动物。因为它们没有思想，所以感觉不到痛苦。当我们折磨动物时，它们并未真正地感到痛苦，而只是表现得好像在受苦而已。因此，人不应同情动物，可以将其视为机器对待。康德指出，由于动物没有自我意识，并且仅仅是作为其服务的目的——人的手段，所以

---

① 王云霞：《从康德的自然哲学看人类保护自然的理由》，《自然辩证法研究》2019年第8期。
② ［古希腊］亚里士多德：《动物和奴隶》，载［澳］彼得·辛格、［美］汤姆·雷根《动物权利与人类义务（第2版）》，曾建平、代峰译，北京大学出版社2010年版，第5页。
③ ［意］圣托马斯·阿奎那：《理性生物与无理性生物的差别》，载［澳］彼得·辛格、［美］汤姆·雷根《动物权利与人类义务（第2版）》，曾建平、代峰译，北京大学出版社2010年版，第5页。

人对动物没有直接的义务和责任。我们对动物的责任归根结底只是基于对人类所衍生出来的间接责任。但康德也指出，人必须学会对动物友善，因为对动物残忍的人在处理其人际关系时也会对他人残忍。而"倍加温柔地对待不会说话的动物，这种感情会培育出对人类的人性感情。"①

在辛格之前，西方一些学者或爱动物人士就已对人类粗暴对待动物的方式表示了不满。例如洛克曾对落入儿童手中的小动物的命运感到担忧。洛克注意到小孩子"当得到一个可怜的动物的时候，他们倾向于以错误的方式去摆弄它们。他们经常会折磨和非常粗鲁地对待一只小鸟、一只蝴蝶和类似的其他小动物。这些动物只要落入他们手中，他们就会随心所欲地去摆弄它们。我想，这类事情是能够在孩子们身上观察到的，如果他们有这类残酷的倾向的话。他们应该受到在对待动物问题上完全相反的教育。因为折磨和杀死野兽的习俗在一定程度上将使孩子们的心灵在成长的过程中变得冷酷；那些喜欢看到低等动物遭受痛苦和毁灭的人将不会对他们自己的同类产生怜悯或宽厚的情感"②。洛克认为儿童折磨和杀死动物的习惯会潜移默化地使他们的心甚至对人也变得凶狠起来，而那些从低等动物的痛苦和死亡中寻找乐趣的人，通常很难养成对其同胞的仁爱之心。基于此，洛克认为毫无必要地伤害动物在道德上是错误的。

功利主义哲学家边沁（Jeremy Bentham）则针对英国当时残酷对待殖民地黑人的行为富有前瞻性地提出："总有一天，人们会认识到，腿的数量、皮肤绒毛的形式、骶骨终端的形状都不足以作为让一个有感知能力的生命遭受厄运的理由。还有什么其他的理由应该划分这条不可逾越的鸿沟？是推理能力，还是说话能力？但是，一匹完全发育成熟的马或狗比一个一天大、一个星期大、甚至一个月大的婴儿更加理性、更为健谈。然而，假设事情完全不是那样的话，又有什么用呢？问题不在于'它们能推

---

① ［德］伊曼努尔·康德：《伦理学演讲录：对动物和神灵的责任》，载［澳］彼得·辛格、［美］汤姆·雷根《动物权利与人类义务（第2版）》，曾建平、代峰译，北京大学出版社2010年版，第26页。
② ［美］汤姆·雷根、卡尔·科亨：《动物权利论争》，杨通进、江娅译，中国政法大学出版社2005年版，第81—82页。

理吗?',也不在于'它们能说话吗?',而在于'它们会感受到痛苦吗?'"①鉴于动物能够像人类那样感知痛苦与快乐,边沁主张把道德关怀运用到动物身上去。达尔文认为,人类的道德情感如同情心应该向外拓展。在他看来,道德的范围一开始是少数人组成的部落,然后是大的联合体、民族和国家。而随着道德的进化,所有有感觉能力的存在物都会被包括到道德共同体中来。人类也终将克服有害的习惯,达到对所有生命超越功利的爱。

英国一些人道主义者也纷纷对人类残忍对待动物的行为表示不满,并极力主张动物享有权利。如有人认为生命和情感是拥有权利的必要条件,牲畜拥有生命和情感,因而也拥有权利。"国家应正式承认它们的这种权利,并制定这样一条法律,以保护它们免遭人类不负责任而又毫无顾忌的残酷行为的伤害。"还有人主张"动物拥有的生存权和自由权与人拥有的同样多"②。在边沁等人道主义思想家的影响和动物保护主义人士的努力下,一些动物保护组织如"禁止残害动物皇家协会"等相继成立。英国议院还通过了禁止残酷对待牲畜的法案。法国、爱尔兰等国也出台了反对虐待动物的多项法案。这些都大大促进了对动物的保护,也为辛格系统提出动物解放论提供了思想上的来源和基础。

作为主张将哲学伦理学向动物进行扩展的哲学家,辛格自20世纪70年代开始就已指出,将动物排除在道德考虑之外就如同用白人主义和男人主义将奴隶和妇女拒之门外的行为一样,属于赤裸裸的"物种主义"。在他看来,拒绝承认道德身份在种族和性别上的平等是一种道德上的错误,不承认道德身份在物种成员上的平等也是一种错误。辛格吸收了边沁的思想,认为使一个生物拥有平等道德身份的前提条件并非取决于其是否和人类一样,能进行推理判断和交谈,而是看其能否感知痛苦与快乐,这种忍受或体验痛苦的能力是拥有利益的必要条件。在辛格眼中,一个无知觉的物体比如石块就无所谓利益,而一只老鼠却能感受到疼痛。

---

① [英]杰里米·边沁:《功利主义的一个观点》,载[澳]彼得·辛格、[美]汤姆·雷根《动物权利与人类义务(第2版)》,曾建平、代峰译,北京大学出版社2010年版,第28页。
② 杨通进:《动物解放/权利论》,载何怀宏《生态伦理——精神资源与哲学基础》,河北大学出版社2002年版,第375页。

所以我们应最大限度地促进猫、狗等动物的善，因为它们具有感知痛苦与快乐的能力，这种能力决定了其拥有自身的利益。而缺乏这种能力的动物、植物和无机物等，因为不拥有利益，因而不能获得人类的道德关怀。"忍受和享乐的能力是有没有利益的先决条件，是在我们有意义地谈论利益之前必须满足的条件。一个小孩在马路上踢一块石子，你说这不符合那个石子的利益，这是毫无意义的。一块顽石并无利益，因为它不会痛苦。我们对它做任何事也不会对它的利益有任何改变，而痛苦和享受的能力不仅仅是必要的，也是对我们说该事物有利益是充分的——至少其利益在于避免痛苦。比如，一只耗子有在路上不被杀死的利益，因为否则它会忍受痛苦。"①

通过论证某些动物和人类一样拥有感知痛苦和快乐的能力，辛格成功地将动物纳入了人类道德伦理关怀的范围之内。但这是否意味着在享有自身的利益方面，动物和人类能够真正平起平坐？这是辛格需要面对的问题。毕竟和人类相比，动物在很多方面还是存在显著差异。对此，辛格给出了这样的答案：虽然从原则上讲，我们应当用平等的道德观去对待所有有知觉的生物，但这并非意味着我们不必区分人类与其他动物。与动物不同，人类拥有更复杂的情感和心理承受力，这决定了人们对某些行为会有比动物更复杂的痛苦感知程度。因此，拥有复杂心理承受能力和情感状态的人理应拥有比动物多得多的利益。所以，平等只是关心原则上的平等，而非事实上的平等。但辛格同时指出，人类不能为了某些自私的利益而拿动物的生命作赌注。比如打猎以满足猎奇和好胜心理；将小牛与母牛强行分开，并通过喂食小牛流质奶粉、维生素以及生长剂，以获得颜色粉红的嫩牛肉满足口腹之欲；给动物设陷阱以将其诱捕；电击动物以测定其刺激反应能力；为检验化妆品的安全性在动物身上超剂量使用眼部刺激实验等。至于把动物拘禁在动物园，使其丧失野性供人类观赏和嬉戏的做法，在辛格看来更是对生命的不尊重。他强烈呼吁释放实验室和动物园中的动物，废除工业化农场，并实行部分或完全的素

---

① ［美］戴斯·贾丁斯：《环境伦理学：环境哲学导论》，林官民、杨爱民译，北京大学出版社2002年版，第127页。

食主义。"我们得在对待动物的态度上来个根本的转变,包括饮食结构、农业方式、科学领域的实验方案,还有对荒野、狩猎、陷阱的看法和对穿戴动物皮毛的看法,还有对马戏团、围猎场及动物园等的看法。总之,大量的痛苦本是可以避免的。"①

(2) 雷根的动物权利论

辛格基于功利论的观点,认为既然动物有其自身的善(快乐且无痛苦),我们的伦理责任就应该最大化它们的快乐,最小化其痛苦。与辛格不同,同样致力于动物解放的雷根却吸收和发展了康德的"道义论",以论证其"动物权利论"主张。

和辛格一样,雷根也谴责了人类对待动物的种种不恰当行为,如进行商业和科学研究,从事娱乐和狩猎活动,将动物囚禁在动物园和进行宠物饲养等。但与辛格不同,雷根并不认为这种不道德只是因为减少了动物的快乐,增加了其痛苦,而是因为从根本上侵犯了动物的利益特别是权利。既如此,雷根又是如何论证动物拥有不能被侵犯的内在"权利"的呢?雷根借鉴和发挥了康德的"内在价值"思想,并将其扩展到了动物身上。内在价值在康德的道德哲学中是一个很重要的范畴,被康德视为人是一种内在目的性存在的基础。康德认为,作为理性的存在物,人是其自身的目的,不能被这种或那种意志任意地作为手段。"人类的行为,不管是针对他自身还是针对其他理性存在物,他或他们必须同时被当做目的。相反,一个物不以其自身为目的,就没有内在价值,只是充当外在价值。如所有的客观物,在成为意欲的目的时,只有有条件的价值。因为在作为其价值基础的欲望和需求不存在时,其价值就化为乌有。因而成为我们行为目标的客观物的价值总是有条件的。"② 在康德眼中,唯有人,而且只有理性的人才是具有内在价值的目的性存在物。雷根认为康德将内在价值仅限于那些具有理性和自律能力的人的观点未免太过苛刻,因为还有很多并不具备理性能力的人,如白痴、幼儿、精神不正

---

① [美]戴斯·贾丁斯:《环境伦理学:环境哲学导论》,林官民、杨爱民译,北京大学出版社 2002 年版,第 128 页。
② 刘晓华:《论内在价值论在环境伦理学中的必然性——从康德到罗尔斯顿》,《哲学动态》2008 年第 9 期。

常者或处于昏迷状态的人等,他们和正常人有着显著区别,无法对自身的行为进行负责或做出选择,但我们不能因此而否定其作为一个人而不受侵犯的内在权利。"一个刚受孕的人的卵细胞,以及一个植物人,都是人;但是他们都不是康德意义上的真正的人。人类晚期胚胎、婴儿、几岁的儿童以及所有那些由于各种原因缺乏康德用来定义真正的人的精神能力的人,同样也不是康德意义上的真正的人。……如果我们把这些不是真正意义上的人仅仅当做工具来对待,那么,康德将不能够理解我们为什么和如何对他们做出了错误的行为。"① 雷根的意思是说,按照康德的标准,那些不具有理性和自律能力的人势必要被人类的道德体系排除在外,但在现实生活中,人们并没有充足的理由证明可对儿童以及精神障碍者做出错误的行为。这说明人之被视为拥有内在价值的主体可以采用更宽泛的衡量标准。基于此,雷根认为需要"抛弃康德式的把所谓真正的人作为拥有内在价值的标志,用另一个观念取代康德的标准"②,这个新标准按雷根的说法,就是"生命的主体"(subjects of a life,拥有生命),也就是说拥有生命本身就是拥有内在价值的标志。作为生命的主体,"不仅仅意味着活着,也不仅仅是有知觉。生命的主体……有信仰和愿望,有知觉、记忆、及对未来的感觉,包括他们自己的未来;有感觉幸福和痛苦等情绪的生活;有偏好和福利利益;在追求其愿望和目标时有行为能力;有对时间的心身确定能力;在其实际生活中独立于他们相对于别人的工具性之外的生活体验的好坏"③。就这样,雷根发展了康德的思想,将是不是"生命的主体"作为能否拥有"内在价值"的根据,从而为尚不具有理性能力的"道德患者",如婴幼儿、精神病患者等找到了不受侵害的理由。"不同于康德的人格的标准,权利论把生活的主体作为决定一个人拥有内在价值的基础。……因此权利论承认被康德的人格

---

① [美]汤姆·雷根、卡尔·科亨:《动物权利论争》,杨通进、江娅译,中国政法大学出版社2005年版,第126页。
② [美]汤姆·雷根、卡尔·科亨:《动物权利论争》,第126页。
③ [美]戴斯·贾丁斯:《环境伦理学:环境哲学导论》,林官民、杨爱民译,北京大学出版社2002年版,第131页。

标准所排除的人的道德权利。"①

基于以上基础,雷根进一步指出,某些哺乳动物也具有上述生命主体那样的特征,因而也应被看作生命的主体,且拥有内在价值。"只把天赋价值赋予所有的且只是作为生活主体的人,同时又否认作为生活主体的其他动物的这类价值的道德世界观,是不完满的。"② 而如果那些与我们有关的非人类生物与我们存在相似性,即都是生命的主体,那么它们也应拥有内在价值和不受侵犯的权利。就这样,通过一步步的逻辑论证,雷根成功地赋予了某些动物以权利资格,并由此将其纳入道德关怀的范围。

在确立了动物的权利资格后,雷根提出了比辛格更为激进的解放动物思想:"完全废除商业性的动物农业,完全废除皮毛工业,完全废除科学对动物的利用。"③ 他还指出,当人类利益和其他动物物种发生利益冲突时,在特殊情况下,某些动物个体的权利可以被侵犯,但前提是能够阻止对其他无辜个体更大的伤害。总之,动物虽不能表达要求和进行游行示威,但这并不能削弱"我们捍卫它们的利益的责任意识,相反,它们的孤独无助使我们的责任更大"④。

2. 生物中心主义

虽然辛格和雷根的动物解放论/动物权利论为人类扩大伦理关怀视野的努力迈出了可喜的一步,动物权利论甚至一度被誉为是"现代动物保护运动的发动机和牵引器"⑤。但辛格和雷格也遭到了批评和质疑。一些学者指出,动物解放论/权利论把能否感知痛苦与快乐,或是否属于拥有"固有价值"的生命主体作为某些动物能否免于人类侵害的理论依据,这样的主张既有失偏颇,而其关注非人类生物的视域范围又显得过于狭窄。事实上,所有生物都值得尊重。在这种质疑声中,出现了以史怀泽(Albert Schweitzer)和泰勒(Paul Taylor)为代表的"生物中心主义"。

---

① [美]汤姆·雷根、卡尔·科亨:《动物权利论争》,第131页。
② [美]汤姆·雷根、卡尔·科亨:《动物权利论争》,杨通进、江娅译,中国政法大学出版社2005年版,第145页。
③ [美]汤姆·雷根、卡尔·科亨:《动物权利论争》,第3页。
④ 雷毅:《生态伦理学》,陕西人民教育出版社2010年版,第92页。
⑤ [美]汤姆·雷根、卡尔·科亨:《动物权利论争》,译者前言。

(1) 史怀泽"敬畏生命"的伦理学

史怀泽是"生物中心主义"的先驱，因提出"敬畏生命"的伦理学而闻名于世。他出身于一个牧师家庭，天性善良、多愁善感，并常常感到有同情生物的必要。每天晚上做祷告时，史怀泽都会用自己编的词为所有生物做祷告。在他看来，同情生物是真正人道的天然要素。许多年以后，史怀泽作为一名医生在非洲的兰巴雷内诊所从事国际人道主义援助时，这一信念与日弥坚。

1915年9月的一天，史怀泽乘着外出巡诊的小船沿河逆流而上。日落时分，小船驶到一个村子附近，一群河马正在河中嬉戏饮水。坐在甲板上的史怀泽当时正为一个问题苦思冥想：伦理体系最坚实的基础是什么？当小船从河马中间缓缓穿过时，史怀泽的脑海中突然闪出一个念头，那就是要"敬畏生命"①。从此，在长达半个世纪的岁月长河中，史怀泽身体力行，不仅以志愿者的身份积极投身于非洲的医疗事业，还向欧洲的人们宣讲关于"敬畏生命"的伦理。在日常生活中，他也总是践行着"敬畏生命"的理念。比如从道路中央捡回迷路的蚯蚓并把它们放回到草丛中，或是把在水池中挣扎的昆虫救出来。为了不使飞蛾误扑到油灯上，史怀泽宁愿关上窗户去呼吸闷热的空气。他甚至不愿拍死屋里的蚊子，而只是将它们赶出屋外。即使是带有致病菌的蚊子，他也不愿伤其性命。因为他认为敬畏生命的伦理学就是要"敬畏我自身和我之外的生命意志"。"成为思考型动物的人感到，敬畏每个想生存下去的生命，如同敬畏他自己的生命一样。他如体验自己的生命一样体验其他生命。他接受生命之善：维持生命，改善生命，培养其能发展的最大的价值；同时知道生命之恶：毁灭生命，伤害生命，压抑生命之发展。这是绝对的、根本的道德准则。"②

"敬畏生命"是史怀泽提倡的新伦理学的基石，它明显区别于传统的主流伦理学。史怀泽认为，真正的伦理就是"扩展为无限的对所有生命

---

① ［美］戴斯·贾丁斯：《环境伦理学：环境哲学导论》，林官民、杨爱民译，北京大学出版社2002年版，第153页。
② ［美］戴斯·贾丁斯：《环境伦理学：环境哲学导论》，第53页。

的责任"①。但遗憾的是，流行的伦理学只涉及人与人的关系，因而是不完整和有缺陷的，且不具有充分的伦理功能。因为它只是去规范人的行为，告诉人们在现实生活中"应该做什么"，而不是让人去思考"我应该成为什么样的人？"这样真正的伦理学问题。而在史怀泽看来，"敬畏生命"不仅仅是做事法则，更是一种做人的态度。"敬畏生命更是一种态度，这种态度确定我们是什么样的人，而不仅仅是我们该做什么。它描述的是一种品性，或是种品德，而非行为规范。一个有道德的人应持这样一种态度：敬畏任何有固有价值的生命。"② 史怀泽认为，敬畏生命的伦理学不会对所谓高级和低级的、富有价值和缺少价值的生命进行区分。因为在真正具有伦理观念的人眼中，一切生命都是神圣的，没有生命等级之分，都值得敬畏。而只有当人认为所有生命，包括人的生命和一切生物的生命都是神圣的时候，他才是伦理的，亦即真正有道德之人。

从某种意义上来说，史怀泽的伦理学更多地属于美德伦理学，而非规范伦理学。因为它不是将重点放在规范人应该如何做事，而是叩问"我应该成为何种类型的人"这样一个问题。它试图从人的品行出发，去定义"何为有道德的人"，关注的是人们对非人类生命的态度。史怀泽认为，通过敬畏生命的伦理学，人能够突破"小我"的界限，同宇宙万物建立起更为丰富和亲近的联系。而正是通过对其他生命的同情和关心，人才能够把自己对世界的关系提升为一种有教养的精神关系，从而赋予自身存在以新的意义。对生命的敬畏也能够使我们过上一种充实而有意义的生活。"由于敬畏生命的伦理学，我们与宇宙建立了一种精神关系。我们由此而体验到的内心生活，给予我们创造一种精神和伦理之文化的意志和能力，这种文化将使我们以一种比过去更高的方式生存和活动于世。由于敬畏生命的伦理学，我们成了另一种人。"③

---

① ［法］阿尔伯特·施韦泽：《文化哲学》，陈泽环译，上海世纪出版集团2008年版，第308页。
② ［美］戴斯·贾丁斯：《环境伦理学：环境哲学导论》，林官民、杨爱民译，北京大学出版社2002年版，第154页。
③ ［法］阿尔贝特·史怀泽：《敬畏生命——五十年来的基本论述》，陈泽环译，上海人民出版社2017年版，第7页。

史怀泽敬畏生命的伦理学的确给人以启示和震撼，它不仅拷问着被广泛认可的主流伦理学取向，更拷问着世人对"人何以为人"这一问题的思考。其实，在人类的文明史上，敬畏生命、生养万物的伦理思想并非空谷足音。中国先哲王阳明先生就曾这样说道："大人者，以天地万物为一体者也。其视天下犹一家，中国犹一人焉……是故见孺子之入井，而必有怵惕恻隐之心焉，是其仁之与孺子而为一体也。孺子犹同类者也，见鸟兽之哀鸣觳觫，而必有不忍之心焉，是其仁之于鸟兽而为一体也。鸟兽犹有知觉者，见草木之摧折而必有悯恤之心焉，是其仁之于草木而为一体也。草木犹有生意者也，见瓦石之毁坏而必有顾惜之心焉，是其仁之于瓦石而为一体也。"① 在他看来，彰显与生俱来的光明德性（明明德），就是要倡立以天地万物为一体的本体，而关怀爱护民众和珍爱怜惜万物，就是天地万物一体原则的自然运用。从关心自己，到同情落入井中的孺子；从同情他人，到怜悯凄苦鸣叫的鸟兽；从怜悯动物，到怜惜体恤摧折的草木；从怜惜植物，到惋惜毁坏的瓦石，这种对他人万物的恻隐既是人之仁心的自然流露，更是通达圣人之境的最佳途径。阳明先生分别从自我与他人、鸟兽、草木、瓦石这四重关系来说明个体扩展其道德关怀境界之可能，从而为个体如何从生活中的点滴出发努力向善，以成为"大人"指明了方向。这与史怀泽敬畏生命的伦理旨趣可谓千古知音。因为二者追求的都是人之为人内在德性的提升和完美人格的体现，对开启人的生态心性，唤醒人的生态良知，塑造人的生态品格，培育人的生态美德等，无疑有着重要的意义和作用。

（2）泰勒的生物中心主义

与史怀泽相比，泰勒的生物中心主义思想要系统和精致得多，而其观点的特别之处恰恰就在于"仔细论证了为什么要敬畏自然"② 这样一个问题。泰勒不赞同辛格将感受痛苦和快乐的能力当作一个事物具有道德重要性的必要条件的观点。他认为，感受性是事物具有道德地位的充分

---

① 施邦曜辑评：《阳明先生集要》，王晓昕、赵平略点校，中华书局2008年版，第145页。
② ［美］戴斯·贾丁斯：《环境伦理学：环境哲学导论》，林官民、杨爱民译，北京大学出版社2002年版，第157页。

条件，但并非必要条件。没有感受性的生物如植物和低等的动物，也应被给予道德关怀。在其《尊重自然：一种环境伦理学理论》中，泰勒详细阐述了他的生物中心主义思想，为史怀泽敬畏生命的伦理学提供了充分的理论依据。概括来讲，可分为以下三项主要内容。

其一，尊重大自然的态度。它是指将地球生态系统的动物、植物都看作拥有固有价值的实体并给予尊重和关怀。生物有固有价值被认为是尊重态度的基本价值前提假设。那么何谓生物的"固有价值"呢？泰勒认为，所有的生命个体都是有其自身之"好"的存在物，这种"好"不依赖于是否对他物有用，而仅仅是基于对它自身有利，即是否促进了其更好地生存与发展。判断一个存在物是否拥有自己的好的标准，是该存在物能否受益或遭损，而不是它是否拥有利益。因此，一部分没有利益但有自身的好的事物也应被给予道德关怀。"比如一只蝴蝶，我们不好说它的利益或偏好，我们或许会在考虑其善或欲求时完全否认它有什么价值。但是一旦我们了解了其生命周期，并且知道了在健康状况下生存它所需要的环境条件，我们就不难说出什么对它有利和什么对它有害。一只蝴蝶以正常方式经历了其生命的卵、幼虫、蛹的不同阶段，然后，在有利的环境条件中成为一只继续生存的健康的成虫，我们完全可以说这是蝴蝶的兴盛和繁荣。它生活得很好，在其整个生命中成功地适应了其自然环境，并且维持了其物种的正常的生物学功能。当它真的是这样时，我们就有理由说这一只蝴蝶的善已经完全得以实现。"[①] 这就是说，不管生物个体能否意识到发生在自己身上的"好"，但这种"好"对它的成长和发展却是非常有利的。比如蝴蝶虽不能感受满意或沮丧，但从它的立场出发，依然能够判断发生在它身上的事情是有益还是有害的。而如果一个实体有其自身的"好"，那么它就具有"固有价值"，也就是说它的"好"被实现了的状态比没被实现的状态好。这种固有价值与人类对它的评价无关，与它实际上是否增进或实现了其他事物的好亦无关联。"说一个实体 X 拥有固有价值，也就是说：X 的善得到实现的状态好于 X 的善

---

① [美]保罗·沃伦·泰勒：《尊重自然：一种环境伦理学理论》，雷毅等译，首都师范大学出版社2010年版，第40—41页。

得不到实现（或未得到同等程度的实现）的状态，而且，这种好坏的比较，独立于人这一评价者（从内在性或工具性的角度）对 X 所做的评价；独立于 X 在事实上是否促进了有意识的存在物的目的，或是否有助于其他存在物（无论是人还是人之外的其他存在物，也无论是有意识的还是无意识的）的善的实现。"① 拥有了固有价值，也就意味着具备了获得尊重的资格。

其二，生物中心主义的世界观。泰勒的生物中心主义的世界观的主要议题是关于人类在生物圈中地位的界说，其核心主张是否定人在自然界中的优等地位。具体为：

一是"人类与其他生物一样，都是地球生命共同体中的一员"②。泰勒认为，人的生命只是地球生物圈自然秩序的一个有机部分，只是生物物种的一个普通成员。人和其他生物一样都拥有自身的"善"。人所宣称的拥有自由意志、自主性和社会自由在某些生物身上也可以看到。更主要的是，相对于某些动植物的历史而言，人类的存在时间只不过是一瞬间而已。而在此之前，地球上的各个物种之间早已建立了一种相互适应、相互依赖的关系。人类的出现只不过是这个既定的关系网上的一个结，因而没有特权任意损毁地球这个生物共同体所共有的家园。再者，生态学事实表明，人类的生存与繁荣需要依赖和借助其他生物，但后者却并不依赖人类。即使人类在地球上彻底消失，地球生物圈依然可以延续下去，其他生物也能够照样生存下去。所以人类的消亡不会给大自然和其他物种带来任何损失。在一定程度上，或许还恰恰是非人类生物世界的福音。"假定我们人类把自己给毁灭了，……地球生物圈仍然会继续存在。没有我们人类，生命也会继续。我们的灭亡不会给其他物种造成任何损失，也不会给自然环境造成负面影响。相反，其他生物还会因此受益匪浅。……如果人类全部地、绝对地、最终地消失了的话，那么，不仅地球生命共同体会继续存在，而且十有八九其福利还会得到提高。总

---

① ［美］保罗·沃伦·泰勒：《尊重自然：一种环境伦理学理论》，雷毅、李晓重、高山译，首都师范大学出版社2010年版，第46页。
② ［美］保罗·沃伦·泰勒：《尊重自然：一种环境伦理学理论》，第100页。

之，我们的存在不是必不可少的。如果我们能站在生命共同体的立场，表达生命共同体的真正利益的话，地球上人类时代的结束很可能会受到大家发自内心的感叹：'真是谢天谢地！'"①

二是"人类与其他物种一起，构成了一个相互依赖的系统，每个生物的生存和福利的好坏不仅取决于其环境的物理条件，也取决于它与其他生物的关系"②。整个生命世界就是一个巨大的综合体，各种生物（包括人类）之间有着相互依存的共生关系。如果其中一个生态系统被改变或遭到完全破坏，就会影响其他生态系统的安全，甚至造成整个生态圈的崩溃。

三是"所有生物都把生命作为目的的中心，因此每个都是以自身方式追求自身善的独特的个体"③。在泰勒眼中，任何个体的行为都是按照其所属物种的本性法则去行使自己的生命功能的。"所有生物，无论是有意识的还是无意识的，都是生命目的论中心的，也就是说，每个生物都是一个由各种有目的活动构成的协调统一的有序系统，这个系统不断地力求保护和维持生物的生存。"④ 把个体看成生命目的论中心并不是要将其人格化。比如认为一棵树是生命的目的论中心并非指它会有意地努力使自己存活、尽力避免死亡，并会在意自己的死生。而是说它拥有自身的善，它的行为安排也是紧紧围绕自己的善来展开的。"正是由于生物具有自身独特的维持生存以追求（未必是有意识地）自身善的方式，使它具有了个体性。"⑤ 总之，每个有机体都是其生命目的中心，都会从自身角度与世界发生关联并予以"评判"。这个"自身角度"就是它对周围环境做出的反应并与其他有机体相互联系，以及由它的生命周期变化的独特方式所决定的。作为人类，应避免以个人的好恶去评判其他有机体，并尽可能客观公正和感情中立地看待非人类生物的善。

---

① ［美］戴斯·贾丁斯：《环境伦理学：环境哲学导论》，林官民、杨爱民译，北京大学出版社2002年版，第72页。
② ［美］戴斯·贾丁斯：《环境伦理学：环境哲学导论》，林官民、杨爱民译，北京大学出版社2002年版，第100页。
③ ［美］戴斯·贾丁斯：《环境伦理学：环境哲学导论》，第62页。
④ ［美］戴斯·贾丁斯：《环境伦理学：环境哲学导论》，第77页。
⑤ ［美］戴斯·贾丁斯：《环境伦理学：环境哲学导论》，第77页。

四是"人类并非天生地优于其他生物"①。泰勒严厉批评了这样的传统信念，即"人类拥有一种'低等'生命形式所不具备的价值和尊贵。凭着是人类，我们就被认为是比动植物高贵的存在物"②。他提出这样的疑问：人类是依据何种理由做出这样的论断的？有人可能会说，因为人类具有某些动物所不具备的能力，比如拥有理性、审美创造力、自由意志等。对此，泰勒提出了诘难："为什么这样的能力就应该被视为优越于动物的标志？是从什么角度、基于什么原因来断定这些能力就是优越性的标志？"③ 在泰勒看来，许多非人类物种有着人类所不具备的能力，但为什么它们不能被看成优于人类的标志呢？诚然，人类有看似高于其他生物的能力，如理性、自由意志、道德性等，但问题是它们对动物而言却一文不值。而假使动物具有这些貌似高级的能力却丧失了其原有的生物本能，将会导致可怕的后果。"当我们从猎豹的善的立场出发来考虑猎豹的飞奔速度时，它所具有的这种速度就是使它优越于人类的标志。要是它的奔跑速度跟人一样的话，它就无法捕获猎物了。"④ 而如果动物在日常行为中也像人类那样讲道德的话，恐怕早就灭绝了。所以，如果站在非人类存在物的立场上看的话，人类所谓的优越性的判断都会遭到拒斥。

其三，具体的环境伦理基本规范。

泰勒提出的具体环境伦理规范，即不伤害、不干涉、忠诚和补偿正义等四项原则。不伤害是指不伤害自然环境中拥有自身善的任何实体。包括不杀害生物，不毁灭物种种群和生命共同体，避免任何严重损害生物、物种种群和生物共同体的善的行为。泰勒认为人类最容易犯的错误就是总是倾向于伤害那些对我们无害的生物，这严重违背了不伤害原则。

不干涉原则是指我们对生物个体和整个生态系统和生物共同体都应采取事不关己态度。比如对于动物之间的厮杀和捕猎行为，要以平和心看待，不能因同情弱小的一方或偏爱被猎食者而进行干涉。

---

① ［美］戴斯·贾丁斯：《环境伦理学：环境哲学导论》，第62页。
② ［美］戴斯·贾丁斯：《环境伦理学：环境哲学导论》，第81页。
③ ［美］戴斯·贾丁斯：《环境伦理学：环境哲学导论》，林官民、杨爱民译，北京大学出版社2002年版，第82页。
④ ［美］戴斯·贾丁斯：《环境伦理学：环境哲学导论》，第82页。

忠诚即"不要打破野生动物对我们的信任；不要欺骗或误导任何能够被我们欺骗或误导的动物；维护动物在我们过去对其的行为基础上形成的期望；我们的意图要真诚，这种真诚的意图会使动物对我们产生信赖。忠诚规则的基本道德要求是我们始终忠诚于动物对我们的信赖"①。泰勒严厉谴责了狩猎、诱捕和钓鱼等违背忠诚原则的行为。在他看来，"背信弃义是高超（即成功的）的狩猎、诱捕和钓鱼的关键所在"②。

补偿正义是指当道德代理人的错误行为给道德主体带来了不必要的伤害时，为了把正义的天平拉回到平衡状态，必须对道德主体做出补偿。比如当生物个体已经被伤害但没有被杀害时，补偿正义原则要求道德代理人将这些生物送回到其栖居的自然环境中，以使它们能继续追求自身的善。如果生物个体已经被杀害，道德代理人就必须通过补偿该生物所属的种群以实现正义。泰勒认为，这是一种尊重的延伸，即"由尊重个体向尊重它的有遗传关系的亲属和生态伙伴的延伸"③。而如果某种群遭到损害，则应对种群中剩下的个体进行永久性保护。如果某生命共同体被整个毁灭，则可通过保护另一个与其相类似的生态系统进行间接补偿。

3. 生态中心主义

与动物解放/权利论相比，生物中心主义在解放大自然方面迈出了更大胆的一步，因为它把包括动植物在内的生物共同体都囊括进了道德关怀的范围中。但一些学者对此并不满足，并试图将伦理关怀进行了以下更大范围的拓展。

（1）深生态学④

作为深生态学的开山宗师，奈斯（Arne Naess）于1973年在《浅层生态运动和深层、长远的生态运动：一个概要》⑤ 一文中对深层生态学和

---

① ［美］戴斯·贾丁斯：《环境伦理学：环境哲学导论》，第114页。
② ［美］戴斯·贾丁斯：《环境伦理学：环境哲学导论》，林官民、杨爱民译，北京大学出版社2002年版，第115页。
③ ［美］戴斯·贾丁斯：《环境伦理学：环境哲学导论》，第120页。
④ 深生态学、深层生态学是一个意思，不同文献的用法不同，因此，本书未统一为一个词。
⑤ Naess A., "The Shallow and the Deep, Long-Range Ecology Movement: A Summary", Inquiry, 1973 (1).

浅层生态学进行了对比分析。他认为，二者的不同可在诸多方面体现出来：在面对生态危机时，浅层生态学流于问题的表面，只关注如何消除污染和资源枯竭问题，其中心目标仅仅是发达国家人民的健康和富裕。而深生态学更注重考察造成污染和资源耗竭的深层次根源。在如何看待人与自然的关系上，浅层生态学秉持主客二分即人与自然相分离并对立的态度。深层生态学则崇尚生物圈平等主义，认为人和其他非人类生物一样，都是自然这张大网上的一个结。深生态学还崇尚多样性与和谐共生原则，认为这可以使地球上的生命形式变得更加丰富多彩。这与浅层生态学过分拔高人类在生物圈中地位的做法有着根本性的不同。深生态学还反对中心化和中央集权的生产和生活方式，鼓励人类生活方式、文化、职业、经济等方面的多样性，反对经济、文化侵略和统治，并主张用多样性、共生和生态平等原则去处理人与人、人与自然的关系。

"自我实现"和"生态中心主义平等"被奈斯视为最能体现深生态学主旨和要义的两条核心准则。"自我实现"是对个体生态道德境界的一种高要求，它力求让作为生存个体的每个人即"小我"通过自身努力达到与世间万物一体的境界。这里的"自我"不是与周围其他事物相分离孤立的自我，而是与自然界相联系的自我，是形而上的自我和生态的自我，是一种"大我"。奈斯对在西方文化传统中成长起来的，过分注重个体自我的人的生存方式忧心忡忡。他认为西方文化传统中的自我主要强调个体的欲望和为自身的行为，注重追求享乐主义的满足感，但它使人们丧失了探索自身独特精神的机会，也大大疏远了自然。奈斯强烈主张突破与超越这种狭隘的自我。在他看来，只有当人们不再把自己看成与外界分离的自我，并同家人、朋友乃至整个人类紧密结合在一起时，人自身的独有精神才会发展起来。随着这种精神的逐渐成熟，自我便会进行更深层次的扩展，将自己融入更大的非人类生物群体中，达到对非人类世界的"自我认同"。"自我认同"就是从道德情感上能与其他非人类生命同甘共苦。比如当看到鸟深陷泥潭，人们会感同身受并站在其立场上感到悲哀，这是人内心善的一种显现。而随着自我认同范围的扩大与加深，人作为人的潜能便得到了充分展现，并达到了真正"人"的境界，能

"在所有存在物中看到自我,并在自我中看到所有的存在物"①。

"生态中心主义平等"作为深生态学的另一个准则,是指生物圈中的一切存在物都是相互联系的整体中公平的成员,拥有相同的内在价值,并都有生存、繁衍、充分体现个体自身,以及在大写的"自我实现"中实现自我的权利。"生物圈的万物都有平等的生存和繁衍权,有在更大的自我实现内达到它们各自形式的表现和自我实现的权利。这一基本直觉即作为相关整体的部分,所有生态圈中的生物和群体在内在价值上是相等的。"② 按照生态中心主义平等论,人在生态系统中并无先天的优越性,不过是众多物种中的一种,是被编织于自然这张大网之上的一个普通的结。在自然的整体关系中,人既不比其他物种高贵,也不比其他物种卑微。而且更重要的是,生态中心主义平等和自我实现密不可分。自我实现通过关注"小我"之外的世界而扩大了对自我的认同,从而使自身和外在的世界息息相通,并达到了"他者不是别人,正是你自己"的生态"大我"的境界。所以,当我们伤害了自然界的其余部分时,实际上就等于伤害了自己。而当"我要保护热带雨林的时候,保护的恰恰是我自己,因为我是热带雨林的一部分",就成为自我实现和生态中心主义平等准则下的应有之义。

(2) 大地伦理学

大地伦理学的提出者利奥波德(Aldo Leopold)被誉为"发展生态中心主义环境伦理学最有影响的大师"。他的《沙乡年鉴》有"环境伦理学的圣经"之美誉。不过利奥波德的大地伦理学思想在他那个年代并不被人理解和认可。有评论家认为《沙乡年鉴》最多就是一本描绘大自然的精美散文集。该书问世时美国正急于从第二次世界大战的阴影中走出来,对发展经济有一种天然的狂热,所以《沙乡年鉴》在相当长的时期内都只是"静静地躺在书架上无人问津"。直到全球性环境难题的出现,才引发人们对该书价值的热切探索,但利奥波德早已故去。"利奥波德是20世纪60年代和70年代新的资源保护运动高潮的摩西,他颁布了法律,却

---

① 雷毅:《深层生态学:阐释与整合》,上海交通大学出版社2012年版,第65页。
② [美]戴斯·贾丁斯:《环境伦理学:环境哲学导论》,林官民、杨爱民译,北京大学出版社2002年版,第253—254页。

没能活着进入希望之乡。"① 美国内政部长尤道尔（Stuart Udall）盛赞《沙乡年鉴》是美国人对地球的挽歌，包含了对新的土地伦理的呼唤。著名环境伦理学家克里考特（John Baird Callicott）将利奥波德视为现代环境伦理学的开路先锋，认为他是一位创造了新的伦理学范式，把所有的自然存在物以及作为整体的大自然都包括进伦理体系中来的人物。概括起来讲，利奥波德的大地伦理学主要由以下四部分组成。

其一，大地伦理学扩大了道德共同体的边界。利奥波德在"大地伦理"一节的开篇讲述了古希腊英雄奥德赛的故事：奥德赛从特洛伊战场上回来后，怀疑12个女奴对其不忠，便将她们在一根绳子上统统绞死以示惩罚。在当时，这种看似残忍的行为并无任何不妥之处，因为奴隶被视为主人的私有财产，可被随意处置。利奥波德认为，从那时候起人类的伦理就开始走上漫长的进化之路，奴隶、黑人、女人等也先后进入了被解放者的行列。然而令人遗憾的是，迄今为止大地仍被视为只是一种财产，人们对它享有权利而无须承担义务，这在利奥波德看来是不能接受的。在他眼中，大地并非死气沉沉、毫无生机的物体，而是一个有机体。基于此，利奥波德强烈主张扩展道德共同体的阈限，将大地纳入伦理关怀的范围。在他看来，大地伦理学的任务就是扩展道德共同体的边界，使之包括土壤、水、植物和动物，或由它们组成的整体——大地。"大地是一个共同体。这是生态学的基本概念。大地是可爱的且应受到尊重。这则是伦理学的一种扩展。"②

其二，大地伦理学改变了人在自然中的地位。利奥波德认为，人也是大地共同体中的一个成员，这已经被生态学上的事实充分证明。"事实上，人只是生物队伍中的一个成员的事实，已由对历史的生态学上的认识所证实了。很多历史事件，至今都只以人类活动的角度去认识，而事实上，它们都是人类和大地之间相互作用的结果。"③ 既然人并无任何特殊之处，只是大地共同体中的普通成员，他在自然界的恰当地位，就不

---

① 杨通进：《生态中心主义：大地伦理学》，载何怀宏《生态伦理——精神资源与哲学基础》，河北大学出版社2002年版，第448页。
② 雷毅：《生态伦理学》，陕西人民教育出版社2000年版，第132页。
③ 雷毅：《生态伦理学》，第133页。

应是一个统治者或征服者的角色,而应当是大地(自然界)共同体中一个好公民的角色。而大地伦理学所要达到的,就是"要把人类在共同体中以征服者的面目出现的角色,变成这一共同体中的平等的一员和公民,它暗含着对每一个成员的尊重,还暗含着对这个共同体本身的尊重"①。

其三,大地伦理学需要确立新的伦理价值尺度。利奥波德认为社会中流行的伦理价值观是有缺陷的,因为它总是将经济价值视为衡量一切东西的尺度。譬如对自然的保护政策总是倾向于用经济尺度来代替其他尺度,全然不考虑其内在价值,而只把自然当作资源来进行保护和管理。但事实表明,这种片面的价值尺度并没有解决好人类自身的生存问题,反而恶化了人类与大地共同体其他要素尤其是与大地本身的关系。"一种孤立的以经济的个人利益为基础的保护主义体系,是绝对片面性的。它趋向于忽视,从而也就最终要灭绝很多在土地共同体中缺乏商业价值,但却是(就如我们所能知道的程度)它得以运转的基础成分。"例如如果只从经济价值的角度去考虑,生长在大地上的一些没有商业价值的物种和生物群落就会被人们破坏或毁灭,但殊不知这些看似毫无用处的物种和生物群落却恰恰是构成大地共同体不可或缺的一部分。它们对维护和保持共同体的稳定起着非常重要的作用。毁掉它们,就毁掉了大地维持生命的完善功能。有鉴于此,利奥波德要求抛弃那种"合理的大地利用只是经济利用的传统思路",转而去考察"每一个伦理学和美学方面什么是正当的问题。"② 唯其如此,才能建立一种集经济、生态、伦理和审美等多价值的评价体系为一体的大地伦理。

其四,大地伦理学需要确立新的道德原则。利奥波德认为,如何思考和看待大地的伦理价值与我们心中是否有热爱和尊重大地的态度息息相关。"我不能想象,在没有对土地的热爱、尊敬和赞美,以及高度认识它的价值的情况下,能有一种对大地的伦理关系。"③ 这就是说,人对大

---

① [美]奥尔多·利奥波德:《沙乡年鉴》,侯文蕙译,吉林人民出版社1997年版,第194页。
② 雷毅:《生态伦理学》,陕西人民教育出版社2000年版,第136页。
③ [美]奥尔多·利奥波德:《沙乡年鉴》,侯文蕙译,吉林人民出版社1997年版,第212页。

地的伦理关系在很大程度上是由对大地的道德情感所决定的。如果从内心去尊重和热爱大地，就会有对大地的伦理关系。而将对大地的热爱、尊重和敬佩落实到实践上，就是要致力于维护大地共同体的和谐、稳定和美丽。"当一个事物有助于保护生物共同体的和谐、稳定和美丽的时候，它就是正确的，当它走向反面时，就是错误的。"① 所以，人类在和大地打交道的时候，应努力做到维护大地共同体的和谐、稳定与美丽。

（3）自然价值论

自然价值论的提出者是美国著名环境伦理学家罗尔斯顿（Holmes Rolston Ⅲ）。作为一位足迹遍布七大洲的学者，罗尔斯顿的早期梦想是成为一名出色的物理学家去认识和改造世界。但随着学习的深入，物理学那种用还原、机械的思维方式去看待和思考自然界的做法让他感到深深的厌恶。罗尔斯顿逐渐认识到物理学虽然很基本，但却将自然还原成了无生命的东西。这促使他将研究兴趣转向生物学和博物学，直至转向自然哲学，并最终走向了环境伦理学。

罗尔斯顿对环境伦理学的最大贡献就是深入挖掘和阐述了自然界的内在价值。在他看来，在传统伦理学的视域中，人是唯一拥有内在价值且应得到道德关怀的物种。自然界中的其他生物，乃至自然界本身都是没有（内在）价值的，或者说是只有工具价值的。正是这种片面的价值观鼓励了人对自然不负责任的行为，并导致了对它的破坏。若想与自然握手言和，就必须建立起一种新的伦理学。这种伦理学不仅关心人的福利，而且关心非人类物种的福利。而要完成这项任务，就必须对自然重新进行审查，用生态学的眼光去评价自然界的各种价值，在自然价值的理念上建立起人与自然之间的新型伦理关系。

在对自然界多年考察与潜心思考的基础上，罗尔斯顿最终建立了被学界广泛称为"自然价值论"的环境伦理学理论。他认为自然界承载着多维价值。一是支撑生命的价值。作为一个进化的系统，大自然创造了数不清的物种，滋养着生长于其中的生命。二是经济价值。大自然中的许多事物可以在经济上进行核算和评估，因而具有经济价值。三是消

---

① ［美］奥尔多·利奥波德：《沙乡年鉴》，第213页。

遣价值。生活在喧嚣和嘈杂都市中的现代人可以在大自然中休养生息，获得心灵平和。四是科学价值。通过对自然的研究，我们可以更好地了解自然和自身。五是审美价值。自然界的很多景观现象能给人带来美的愉悦和享受。六是塑造性格的价值。自然事物如鹰的天性可以塑造人的刚强、坚毅、谦虚等品格。七是文化象征价值。如鸽子和橄榄枝象征和平，秃鹰则象征着美国的民族形象和抱负。八是宗教价值。通过"攀登高峰、观看落日、抚摸岩层、穿越紫罗兰草地，都会使人领悟到运动和精神贯穿于所有事物之中"①。此外，大自然还有稳定性和自发性的价值、生命价值、多样性和统一的价值、历史价值，以及使基因多样化的价值等。

二 环境伦理学之困境

由前文梳理可知，环境伦理学大致分成了人类中心论和非人类中心论这两大针锋相对的阵营，并形成了由人类中心主义、动物解放/权利论、生物中心主义和生态中心主义"四足鼎立"以及后三者强势来袭的局面。它们齐声吟唱，共同谱写了环境伦理学的华丽篇章。然而，在看似热闹非凡的场面下，环境伦理学也暴露出种种理论缺陷与矛盾，并呈现出诸多困境②。

其一，自然人化、人自然化之尴尬。

非人类中心主义这一派坚持认为，人类中心主义是生态恶化的罪魁祸首，自然破坏的根源就在于非人类生物没有被赋予和人类一样的内在价值和权利。基于此，它坚决主张拓展传统伦理关怀的范围，赋予非人类生物以内在价值和道德主体资格。在非人类中心主义流派看来，只承认人类具有内在价值、仅对人类进行伦理道德关怀的传统伦理学狭隘而有害，会导致对非人类生物的冷漠和残忍。"只承认人类的价值，不承认

---

① 雷毅：《生态伦理学》，陕西人民教育出版社2000年版，第207页。
② 王云霞、杨庆峰：《非人类中心主义的困境与出路——来自生态学马克思主义的启示》，《南开学报》（哲学社会科学版）2009年第3期。

自然本身的价值，在自然和人类之间划定事实与价值的界限，是与应该的界限，就必然导致在实践中不尊重非人类的自然物和一切生命的存在权利，对它们不行使道德义务，就必然带来自然价值的毁灭。"① 由此，拓展伦理关怀的阈限是必需的。在此思路下，非人类中心主义将论证非人类生物拥有"内在价值"和"生态权利"视为其理论的刚性需求。在其看来，只要将内在价值、生态权利这两个环境伦理学的"硬核"确立起来，自然保护就指日可待。为做到这一点，非人类中心主义动用了一切智慧，借用了生态学、系统论、自组织理论等现代科学成果来论证自然非人类生物具有目的性、自主性、能动性和创造性。"按照系统论、协同学对目的的理解，生命系统是一个有目的性的系统。它们在与环境进行物、能量、信息的交换过程中，能够通过自身的内部调节过程来维持自己的存在并完善自己的存在形式。因此，自然事物自身的目的就是它的内在价值。"② "自然中心主义者把自然的内在价值作为保护自然的最重要的伦理性根据。……他们担心自然若不具有内在价值，自然的价值就会依存于人的评价，自然的保护就会从属于人的利益和状况"③。对于非人类生物拥有权利的论证，非人类中心主义也作了诸多的努力。如雷根就指出："从理性的角度看，把权利论仅仅限制在人类范围内是有缺陷的。毫无疑问，动物缺乏人所拥有的许多能力。它们不会阅读，不会做高等数学，不会造书架，不会玩轮盘赌游戏。然而，许多人也没有这些能力，而我们并不认为——也不应该认为，（他们）这些人因而就拥有比其他人更少的天赋价值和更少的获得尊重的权利。"④ 在他看来，既然低能儿或精神错乱的人都拥有天赋价值和权利，那么理性就会迫使我们承认，动物也拥有同等的天赋价值。而且，基于这一点，"它们也拥有获得

---

① 余正荣：《自然的自身价值及其对人类价值的承载》，《自然辩证法研究》1996 年第 3 期。

② 王国聘：《现代生态思维的价值视域》，《清华大学学报》（哲学社会科学版）2006 年第 4 期。

③ ［日］高天纯：《自然具有内在价值吗——关于环境伦理的争论》，《哲学研究》2004 年第 10 期。

④ ［美］汤姆·雷根：《关于动物权利的激进的平等主义观点》，杨通进译，《哲学译丛》1999 年第 4 期。

尊重的平等权利"①。

在将自然拟人化的同时，非人类中心主义还不断将人自然化。如罗尔斯顿就以天文学为依据，得出人只不过是茫茫宇宙中一粒微小的"尘埃"，充其量"不过是一些运动中的物质"②；辛格则根据生命科学理论，把人还原为"长毛的"动物；纳什也说过："与其说人类是自然的主人，不如说他是自然共同体的一个成员。"③ ②利奥波德则得出了"人只是生物队伍中的普通一员"的结论。总之，非人类中心主义"要把人类在共同体中以征服者的面目出现的角色，变成这个共同体中的平等一员"④。

由上观之，一方面，为了让非人类生物拥有与人类同等的内在价值和权利，非人类中心主义不惜将非人类生物道德主体化，将人物化、自然化。在其逻辑框架中，既然自然具有不依赖于人类意志为转移的内在价值，人类就没有理由不对其加以尊重保护。所以，他们千方百计让自然获得主体地位，让一切客体都穿上道德主体的新衣，以寻求人类对自然保护的伦理根据。另一方面，为了提升非人类生物的主体地位，他们又不得不刻意下放人的主体地位，将人类降格为大自然中平凡的一类物种。尽管这种做法暗含了抗议人的粗暴给自然带来的伤害，饱含了对非人类生物的同情，但也使非人类中心主义陷入尴尬境地：被强行赋予道德主体资格的非人类生物实则并不具备维护自身内在价值和权利不受侵犯的"话语权"；被下放"发配"到自然共同体中普通一员的人类却被要求承担起诸多保护自然的责任。而"赋予生态环境、生命存在以内在价值，必然使人类思想、行为限于不可救药的混乱：它一方面把物拔高为'人'，使之成为道德主体，可这个道德主体却不需要、也不知道承担道

---

① ［美］汤姆·雷根：《关于动物权利的激进的平等主义观点》，杨通进译，《哲学译丛》1999 年第 4 期。
② ［美］霍尔姆斯·罗尔斯顿：《哲学走向荒野》，刘耳译，吉林人民出版社 2000 年版，第 4 页。
③ ［美］罗德里克·纳什：《大自然的权利：环境伦理学史》，杨通进译，青岛出版社 1999 年版，第 23 页。
④ Aldo Leopold, *A Sand Count Almanac*, New York: Oxford University Press, Inc, 1966, p.194.

德责任；另一方面把人降低为物，而这个物却需要承担道德责任"①。但问题在于，自然物永远也不能独立主张自身的权利。既然"非人类存在物并不具有道德主体应有的自主、自为及自觉的性质。既然无主体资质，无法集道德权利与义务于一身，非人类存在物又何以与人建立起真正意义上的主体际道德交往关系呢？"②

其二，人之主体地位的消解。

公允而论，非人类中心主义这一派在某种程度上存在着严重降低甚至贬抑人类主体地位的现象。在其理论视域中，生态危机之产生与人类主体地位的张扬不无关联，甚至可说是导致生态危机的罪魁祸首。因着这样的结论，非人类中心主义便千方百计将人类自然化，要把人类由征服者变为大自然中的普通一员，以此来降低和消解人的主体地位。在他们眼中，从发生学的意义上说，人只不过是自然界的作品，是一个后来者，是自然界出现了适宜生命生长的各种条件下的产物。因此，人只是自然的一部分，是自然自我进化过程中的一个偶然性存在。如利奥波德所言："事实上，人只是生物队伍中的一员的事实，已由对历史的生态学认识所证实。"③ 辛格则通过一系列科学事实以证明人与动物由于生理上的同质而导致的价值上的等量。他还指出，只有当我们把人类仅仅看作栖息于地球上所有存在物中的一个较小的亚群体来思考的时候，我们才会认识到，我们在拔高人这一物种地位的同时却降低了所有其他物种的相应地位④。泰勒的生物中心主义世界观也公开表明：作为一个地球晚近产生的物种，人类并无任何优越之处。

但问题是人的主体性真能够被消解吗？贬抑、降低人的主体地位和赋予自然存在物以主体地位，真的能帮助我们改善生态环境吗？答案恐怕是否定的。的确，从发生学意义上讲，人是自然之子。人与其他动物确实存在诸多相似性，但人更是一种特殊性存在，既是"存在先于本质的存在"，更是"属人性的存在"和"社会性的存在"。换言之，动物的

---

① 程亦欣：《环境哲学三题》，《哲学研究》2004年第10期。
② 王建明：《当代西方环境伦理学的后现代向度》，《自然辩证法研究》2005年第12期。
③ Aldo Leopold, *A Sand County Almanac*, New York: Oxford University Press, Inc, 1966, p.241.
④ ［美］P. 辛格：《所有动物都是平等的》，江娅译，《哲学译丛》1994年第5期。

本质在其未出生时早已被它所属的那个物种所决定,而出生后也只是实现它先在的本质所决定的那些东西。但人不一样,人的本质并非被自然先天预定,而是其自身在实践中不断创造的产物,这恰恰是人之主体性的体现。这决定了人之为人的主体性是无法被消解的。正是人的这一本质规定性使人在自然界中获得了主体性地位,成为一种主体性的存在。基于此,马克思才说:"主体是人,客体是自然。"①

退一步讲,即便自然等非人类生物真的被赋予了主体地位,恐怕也难行其职。因为我们一点也看不到作为"主体"的自然能为生态环境的改善做些什么;而消解人的主体地位,将人贬抑到只是自然存在物的层次,恐怕只能使环境问题变得更加糟糕。显然,要想真正解决人类当前所面临的生态危机,像非人类中心主义那样,靠赋予非人类生物以主体地位和消解人的主体地位是根本行不通的。毋庸置疑,非人类中心主义将内在价值、权利、利益等属人概念强加于自然,无非是认为只有赋予其主体资格,自然才能免遭人类破坏。但人类在自然界中的地位以及如何和何时成为主体,并不是一个逻辑的或生物学的问题,也并不是靠哲理的论证才成立的问题,而是一个历史的问题或历史演化的结果。尽管人类作为主体既有功劳也有过失,既有优点也有缺点,但我们不能也无法取消其主体地位。所以,从主体出发,充分肯定人在自然生态中的主体地位,才是解决生态危机的必由之路。我们只能反思人作为主体的限度,而不是罢黜人的主体地位。如果设想由别的什么生物作为主体的话,是不会比以人作为主体和尺度更好的。因此,我们应该做的并不是去提升非人类的主体地位,更不是把人降格为大自然中的普通一员。而是要坚决捍卫人的主体地位,并从人类的社会关系中去审视和解决环境问题。

其三,话语普适性之虚妄。

非人类中心主义认为,把道德关怀界限固定在人类的范围内是不合理的,必须突破传统伦理学对人的固恋,把道德义务的范围扩展到人之外的其他存在物上去,设定人与自然之间的伦理关系,承认其他生物物种的道德权利,即不仅要对人类讲道德,而且也要对其他生物物种乃至

---

① 《马克思恩格斯选集》第2卷,人民出版社1995年版,第3页。

自然无机物讲道德，并认为只有这样，人类保护自然维护生态平衡的行为才会有确定的基础和内在的动力。因此，其流派纷纷主张拓展传统伦理学的阈限，要求赋予非人类生物以内在价值和道德权利，以使自然从人类的粗暴奴役中解脱出来。但这一看似合理的主张能否作为一种普适性伦理在全世界推广却让人生疑。因为"一种普遍的环境伦理思想不仅应当解释协调人与自然关系的道德理由和道德准则，还应当为不同利益主体在解决环境问题时选择不同的立场提供适当的理论说明，（特别是）应当为弱势群体的道德选择提供合法性理由"①。遗憾的是，非人类中心主义不仅未能担当此重任，却极易走向一种西方中心论，从而造成对不发达国家的一种漠视和非正义。例如深生态学竭力主张的维护荒野价值的做法就遭到了来自不发达国家的强烈谴责。印度学者古哈就曾对此作出批评。他指出，一些激进的环境主义者正试图"把美国自然公园的系统植于印度土壤中，而不考虑当地人口的需要，就像在非洲的许多地方，标明的荒地首先用来满足富人的旅游利益。……可能出于无意，在一种新获得的极端伪装下，深层生态学为这种有限和不平等的保护实践找到了一个借口。国际保护精英正在日益使用深层生态学的哲学、伦理和科学依据，推进他们的荒野十字军"②。这种观点或许有些激进，但确实触及了非人类中心主义的要害。因为自然环境对于处于经济弱势的国家、地区和群体来说，首先意味着生存。而当贫困成为人们生存的最大威胁时，不发达国家的人们当下的第一需要绝不是可持续发展，而是可持续生存。他们所关注的焦点也绝非非人类生物，而是现实中的人。因为对于处于饥饿和温饱状态的人来说，遑论自然的权利和内在价值显然有隔靴搔痒之嫌。因此，非人类中心主义昭示的价值理想难以在社会现实中实现，其话语普适性也难以奏效而终将流于空泛。

而人类中心主义这一派坚持以人类的共同利益作为环境伦理的出发点和基础的想法，也显得过于理想。因为纵然人类作为一个命运共同体

---

① 曾建平：《环境正义——发展中国家环境伦理问题探究》，山东人民出版社2007年版，第53页。
② Ramachandra Guha, "Radical American Environmentalism and Wilderness Preservation: A Third World Critique", *Environmental Ethics*, 1989 (1).

生活在地球村中，但世界却是由不同国家、不同民族组成的巨系统。在自我利益的驱动下，对全球环境的保护极易蜕变为"自我的环境保护"，亦即各个国家只是从自身利益出发去对待环境问题。这样一来，"遥远的共同利益由此便失却了观照现实的效力，自然仍是被各方诸强瓜分豆剖的牺牲品"①。由此，环境保护的多元化立场必然导致以一元化主体来维护人类的共同利益缺乏现实基础。"类共同体的虚幻性必然导致人类中心论的理论设想陷入虚幻和空洞。"②

其四，环境保护实践之缺失。

自诞生以来，环境伦理学就以其流派和理论视角的多元性备受关注。"环境伦理学否弃话语霸权，崇尚平等商谈，主张文化、理论和视角的多元性。……人类中心主义、动物解放/权利论、生物中心主义以及生态中心主义都为环境伦理学提供了各具特色，且具有一定合理性的道德依据，从而使各方声音汇成了后现代环境伦理学的澎湃之潮。"③ 然而，在众声喧哗的背后，环境伦理学也面临着与实践脱节之尴尬。毋庸置疑，环境伦理学的出现正是基于全球生态危机产生之时，为人类走出生态困境而登上历史舞台的。但它能否以及是否担当得起这一重要使命，尚需考量。一个不容否认的事实是，全球环境问题并未因着环境伦理学诸流派的美好愿望而有根本性改观，而种种动植物也并未因着被人们善意赋予的内在价值和道德权利而免于被破坏和灭绝的危险。理论的繁荣与现实的无力形成的巨大落差令人深思。究其原因，是因为多年来环境伦理学的发展"更多地是围绕着某些理论命题或基本概念来展开思考的，如关于环境伦理学的独特性和附属性、人类中心主义和非人类中心主义、自然主义和人本主义、自然的内在价值和工具价值、自然的主体性和非主体性等问题展开讨论"④，但对于环境伦理学究竟如何与具体的环保实践相结合则着力不多。这种学理上的

---

① 曾建平：《环境正义——发展中国家环境伦理问题探究》，第49页。
② 曾建平：山东人民出版社2007年版，《环境正义——发展中国家环境伦理问题探究》，第52页。
③ 王建明：《当代西方环境伦理学的后现代向度》，《自然辩证法研究》2005年第12期。
④ 李培超：《我国环境伦理学的进展与反思》，《湖南师范大学社会科学学报》2004年第6期。

曲高和寡难免使环境伦理学成为少数学者的"话语游戏",从而导致在面对现实的环境问题时极易患上失语症。在全球 1/3 的人处于饥饿状态的残酷现实面前,抽象地谈论人类中心主义该不该罢黜,非人类生物究竟有没有内在价值和道德权利,不免充满了童话般的虚幻色彩。而当人们高唱所有物种平等的赞歌,当宝贵的自然物得到悉心照料和关心时,世界上却还有几十万的儿童衣食无着,得不到应有待遇。这种轻人重物的思想在实践中已将人们导向了误区:过多地讨论人对自然的伦理、人与自然的公正,却忽视真正的环境伦理——人与人之间、国与国之间在环境问题上的非正义性,从而无法为解决生态危机找到正确方向。

三 环境正义:重塑环境伦理学的现实情怀

由上可知,非人类中心主义诸流派为谋求人与自然的和谐,在挑战和突破传统伦理学的道路上可谓越走越远。这体现在其尝试拓展的伦理关怀对象不但从人延伸到了有感知能力的动物,而且到了有自身的"好"的植物,甚至到了"懵懂无知"的生态系统身上。但殊不知,被其善意赋予内在价值和道德主体资格的非人类生物并不能理解、领会和维护被好心人赋予的权利,因而在被破坏和伤害时,仍不得不做"沉默的羔羊"。这也使非人类中心主义流派陷入尴尬,并使其主导下的环境伦理学流于虚妄。环境伦理学的产生起因于对全球生态危机的强烈关注,但其并未很好地担当起守护大自然的使命,完成解救非人类生物于水深火热之中的崇高任务。当然,无论是对于唤醒人们的生态保护意识,激发人类关注非人类生物的境遇,还是让人关心地球这个人类唯一的也是共有家园的生态命运等,环境伦理学所付出的努力都值得肯定。只是由于在探求生态危机的根源和寻找解决的良药上走入了迷途,从而导致其颇有些吃力不讨好的意味。

其实,不赋予非人类生物以道德主体资格和内在价值,不见得就找不到善待它们的理由。在这方面,康德[①]的思路或许能给我们启示。在他

---

① 王云霞:《从康德的自然哲学看人类保护自然的理由——兼谈环境伦理学的困境与出路》,《自然辩证法研究》2019 年第 8 期。

看来，温柔地对待动物是一个人人性最自然和最美好的情感体现。因为当人们"倍加温柔地对待不会说话的动物"时，这种感情"会培育出对人类的人性感情"。而当无缘无故地伤害非人类生物时，人们应感到内疚，它"对一个有人性的人来说是一种自然的情感"①。而且，康德将美视为道德之象征，认为对大自然的无功利审美会使人超越过分看重自然之实用价值的狭隘短视心理；对大自然在数学与力学上的崇高的敬重感与敬畏感则会让人将对物质财富的追逐抛之脑后。更值得深思的是，康德颇具深意地指出：大自然看似盲目和无意识进化的背后，实则隐藏着内在的终极目的——将人置于进化链的顶端，使之成为有道德能力的物种并勇敢承担起厚德载物的重任。而唯有在成全万物的过程中，人才能成为真正有德性之人。这一注重从提升人性出发，而非徒劳地寻求自然之内在价值的思维旨趣，全然不同于环境伦理学。

沿着康德的思路，我们完全可以设想在不赋予自然内在价值的前提下，找到善待它们的理由。因为人之区别于其他物种的特质，恰恰就在于有道德能力，能够主动承担起道德义务。人的特质可以作为一种开放性的精神，不仅指向同类，也指向异类。"开放精神所具有的态度是什么？如果只是拥抱全人类，那我们并未走得太远，我们几乎还走得不够远，因为这种爱可以广及动物、植物和全部自然。"② 它是人之为人的证成，是人发扬人性和完善道德的必由之路。所以，我们应做的绝不是下放人的主体地位，贬低人的主体资格，让渡人的内在价值，而是要反其道而行之——勇敢坚持人的主体地位，尤其是要弘扬人的道德主体地位。因为唯有人能担负起呵护自然之道德责任，实现自然解放之可能。

其实，环境正义运动的出现及其对"环境"一词内涵的解构与重构，有很大一部分原因就是想与以环境伦理学为行动之理论依据的环境主义划清界限，并试图将其从天堂拉回到人间的尝试。前已述及，环境正义行动者们不喜被称为"新的环保主义者"，因为后者只青睐荒野、河流和

---

① ［德］伊曼努尔·康德：《对动物和神灵的责任》，载［澳］彼得·辛格、［美］汤姆·雷根《动物权利与人类义务（第2版）》，北京大学出版社2010年版，第26页。
② ［法］亨利·柏格森：《道德与宗教的两个来源》，北京联合出版公司2014年版，第25页。

毛茸茸的动物等,并将保护它们视为自己的神圣职责。但环境主义者在拔高自己关注视野的同时,对发生在有色人种、低收入阶层身边的小环境的健康安全却视而不见,这种"只见物不见人"的选择性偏见,说到底是对环境正义和社会正义的漠视。当然,也正是由于这种缺陷,才使得环境主义曲高和寡,无法在广大贫困阶层那里赢得共鸣和支持。相应地,我们也就不难理解印度学者古哈为何会对环境伦理学提出那样尖锐的批评。在他看来,环境伦理学及其指导下的环境主义不过是发达国家的白人、富人和有闲中产阶级的奢侈品,而与第三世界国家"穷人的环保主义"风马牛不相及。因为后者关心的是生计和生存安全问题,而环境主义则是富人和中产阶级在酒足饭饱之后寻求荒野体验和刺激的"小资情怀"。然而,执着于谋求人与大自然之间的"生态正义",却因缺乏"对现实生活的细致关注"[①]而置普通民众的环境正义诉求于不顾,最终只能成为梦中呓语,也无法获得最广泛的社会运动的基础。

与环境伦理学的生态正义价值取向形成鲜明对比的是,环境正义将它所认定的环境牢牢锁定在与人们日常生活、工作和玩耍的地方的健康与安全上,这既是对当代环境伦理理论及其指导的西方主流环境保护实践提出的挑战,也为当代环境伦理提供了一个从现实角度看待和分析环境问题的崭新视角。诚然,我们不应忽视关注大自然的命运,但如果这种关注不与最广大民众生存的小微环境的安全结合起来,势必会影响和削弱环境伦理学的影响力和感召力,也不利于一个统一的绿色运动的有效开展。应该看到,只有让人们有对于自己"工作、生活和玩耍的场所"之健康安全的信心和底气,才能使其投入到对更大范围的环境——濒危物种、荒野、原始森林的保护中去。而事实上,对小微环境和宏大环境这二者的守护并不矛盾,因为它们都是我们赖以生存的家园,都是绿色环保运动的意义所在。

总之,环境正义对环境伦理学而言的最大意义,就在于会使一个绿色的环保运动能更好地将自然与人类环境联结起来,并更具民主与包容性,更关乎社会的平等与正义。

---

① 李培超:《自然的伦理尊严》,江西人民出版社2001年版,第122页。

第三章　环境正义之理论维度考察

环境正义的理论维度是其核心议题。它不仅关涉对环境正义之"正义"内涵的把握和理解，更与环境正义斗争实践中人们的正义诉求紧密相关。自罗尔斯（John Bordley Rawls）的《正义论》一书问世以来，学界对正义理论的研究就围绕着"如何使社会资源得到最大程度的合理分配"展开。这种将正义归约或化简为分配维度的思想倾向，很长时间以来影响着包括"环境正义"在内等领域的研究范式。学界普遍认为，正义即"分配正义"，环境正义就是环境善物和恶物能否得到公平分配的问题。但随着20世纪90年代以来一些学者对传统正义论的反思和批评，将分配视为正义唯一尺度的思维定式受到了越来越多的质疑和挑战。许多学者认为，分配正义固然是正义首先要关注的维度，但正义之内涵远不止于分配正义，而应有更宽泛的指向，如承认正义、能力正义、参与正义等。为此，他们积极主张重构正义的理论框架，也由此使对环境正义理论维度的拓展成为可能。

一　分配正义之滥觞

（一）罗尔斯之前的分配正义观[①]

作为自古希腊以来的一个重要政治哲学概念，"正义"在不同历史时期被学者们赋予了多样化的诠释。在古希腊神话故事中，忒弥斯是掌管

[①] 王云霞：《分配、承认、参与和能力：环境正义的四重维度》，《自然辩证法研究》2017年第4期。

正义的女神。她右手持利剑，象征惩恶扬善；左手提秤，象征公平公正。忒弥斯的双眼被布蒙着，以避免在执行正义时受到利诱或是威胁。在苏格拉底时期，通过和别人无休止的辩论，他对"正义究竟是什么"这一问题进行了极为艰难的探讨。实话实说，有债必还，妥善地为人保管钱财，助友害敌等，是否就意味着是正义的实现？苏格拉底对此一一进行了质疑。虽然他最终并没弄清楚"正义是什么"，但却激发了后人对正义内涵的持续探究。柏拉图在《理想国》中曾按照自己的设想，论述了国家正义和个人正义。在他看来，国家正义是指一个正义的城邦，是一个以城邦全体成员的幸福为目标的城邦。"我们建立这个国家的目标并不是为了某一阶级的单独突出的幸福，而是为了全体公民的最大幸福。"① 个体正义是指个人在理性、意志和欲望这三者之间的平衡。柏拉图认为，"正义就是有自己的东西干自己的事情"②。在它看来，一个城邦大体可划分为三个最基本的等级：统治者、护卫者和劳动者。统治者依靠智慧（理性）管理国家，护卫者凭借勇敢（意志）保卫国家，劳动者通过节制（欲望）使国家保持稳定。"当生意人、辅助者和护国者这三种人在国家里各做各的事而不相互干扰时，便有了正义。"③ 不难看出，柏拉图理解的正义其实就是秩序正义，即当人们能做到各行其是、各安其位时，就实现了城邦的正义。

秉承柏拉图的思想，亚里士多德将正义视为城邦政治生活中的"首要德性"。在他看来，"一个对正义概念没有实际一致看法的共同体，必将缺乏作为政治共同体的必要基础。这种基础的缺乏也将危及我们自己的社会"④。不仅如此，亚里士多德还将正义区分为分配正义和惩治正义。他也由此成为分配正义的最早提出者。不过需要指出的是，亚里士多德此处所谈分配正义与现代意义上的分配正义所指并非完全一致。通常而言，人们在谈到分配正义时，都是在现代意义上理解的，亦即将分配正

---

① ［古希腊］柏拉图：《理想国》，郭斌和等译，商务印书馆1986年版，第133页。
② ［古希腊］柏拉图：《理想国》，第155页。
③ ［古希腊］柏拉图：《理想国》，第156页。
④ ［美］阿拉斯代尔·麦金太尔：《德性之后》，龚群译，中国社会科学出版社1995年版，第308页。

义视为探寻如何在人们之间合理分配社会资源的原则。但这种对分配正义的理解并非古希腊到当代一以贯之的认识。譬如按照亚里士多德的理解，分配正义其实是依据美德，按比例进行荣誉、政治职务或金钱的分配。分配上的公正或平等意味着每个人都能根据自己的美德得到相应比例的财富。"两个人相互是怎样的比例，两份事物间就要有怎样的比例。"① 所以，在美德上不平等的人被平等对待就是非正义的。反之，在美德上平等的人被有差异地对待也是不公正的。一个人能否参与分配，能分配多少，这些都与他的美德息息相关，所以美德是分配正义不可或缺的元素。至于分配的内容是什么，他并未作出过多阐释，甚至根本没有提到过物质财富的分配问题。"对于分配正义，亚里士多德最关心的是政治参与度（投票或者担任公职的能力）应该如何分配的问题，后来在《政治学》中他还重新提到。他确实偶尔把分配正义和分配物质财富联系起来，但并未提到正义要求国家在公民中组织物质分配的基本框架，甚至连可能性都没有提。"② 与分配正义不同，矫正正义是指做错事者应当按照造成的伤害程度，给予受害者以赔偿。与分配正义不同，矫正正义上的平等要求每个受害者都能得到同样的补偿，这种补偿与受害者的品德无关。"不论是好人骗了坏人还是坏人骗了好人，其行为并无不同……法律只考虑行为造成的伤害。它把双方看成是平等的。它只问是否其中一方做了不公正的事，另一方受到了不公正对待；是否一方做了伤害的行为，另一方受到了伤害。"③ 从这段话中，可以看出分配正义和矫正正义之间的鲜明差别。矫正正义无关人的美德品性，而分配正义却与美德息息相关。也就是说，在亚里士多德的理论语境中，美德是分配正义必不可少的因素。

阿奎那几乎原封不动地接受了亚里士多德有关分配正义的致思路向。

---

① ［古希腊］亚里士多德：《尼各马可伦理学》，廖申白译，商务印书馆2003年版，第134页。
② ［美］塞缪尔·弗莱施哈克尔：《分配正义简史》，吴万伟译，译林出版社2010年版，第26页。
③ ［古希腊］亚里士多德：《尼各马可伦理学》，廖申白译，商务印书馆2003年版，第137页。

在他看来，矫正正义能够弥补伤害，分配正义则能更好地分配财富。前者严格遵守平等原则，后者则必须和美德结合起来。但和亚里士多德一样，阿奎那眼中的分配正义的内容仍是政治职务，而非物质财富。斯密（Adam Smith）区分了完美权利和不完美权利，并把前者和矫正正义，后者和分配正义结合了起来。完美权利被他看作包括了"生命、身体的完整、贞操、自由、财产、名誉等权利"，分配正义则是"别人的需要或者美德要求我们做出的反应"。斯密所指的分配正义包含"父母对孩子的义务，受益人对赞助人的义务，朋友、邻居的相互义务，以及每个人对'有美德的人'的义务"① 等。他这样说道："如果我们不采取行动为他人服务，人家就说我们对与我们有关系的、有美德的人做了不公正的事。"② 不难看出，斯密对分配正义的理解显然是对亚里士多德思想的一种传承，即把美德和包含财富分配的分配正义联系起来进行思考。值得一提的是，斯密还颠覆了人们对穷人的惯常看法和普遍态度——穷人是低等人，理应过贫困的生活。斯密对这种社会偏见予以了强烈反驳。在他看来，穷人和富人一样都是有同等尊严的人。这一对穷人的颠覆性描述，很大程度上"帮助了分配正义现代含义的诞生"③。

斯密以后，卢梭（Jean-Jacques Rousseau）和康德对分配正义也给出了诠释。卢梭认为，私有财产的存在不仅令人怀疑而且甚至是不公正的。这一思想暗含了只有废除私有制并重新分配财产，才能消除贫困的愿望。康德则在《道德的形而上学原理》中提出了他的著名观点："人，一般说来，每个有理性的东西，都自在地作为目的而实存着，他不单纯是这个或那个意志所随意使用的工具。在他的一切行为中，不论对于自己还是对其他有理性的东西，任何时候都必须被当作目的。"④ 这为我们传达了这样的信息：无论其美德如何，所有有理性的人都拥有平等的内在价值，

---

① ［美］塞缪尔·弗莱施哈克尔：《分配正义简史》，吴万伟译，译林出版社 2010 年版，第 38 页。
② ［美］塞缪尔·弗莱施哈克尔：《分配正义简史》，第 269 页。
③ ［美］塞缪尔·弗莱施哈克尔：《分配正义简史》，第 93 页。
④ ［德］伊曼努尔·康德：《道德的形而上学原理》，苗力田译，上海人民出版社 2012 年版，第 36 页。

都有理由过上美好的生活。当然,这并不排除人们通过自身努力在某些方面获得比别人更多的价值,因而理应得到比那些道德较差、较懒惰的人更多的荣誉和物质利益。但按照康德的思路,帮助人们"获得美好的生活,或者至少帮助他们确保实施理性意志所需的最低生存需要,就成为一种义务而不是善意的行为"①。应该说,康德的这些表述和分配正义的现代含义已经非常接近了。因为他改变了自亚里士多德以来理解分配正义的常规路径。换言之,让社会中的每个人过一种最起码的、好的生活是国家应尽的义务。这实际上提出了国家将社会财富重新进行分配的要求,特别是要使社会财富惠及穷人。

斯密、卢梭和康德可被视为现代分配正义思想的先驱。而把他们半遮半掩的思想直截了当地表达出来的是法国革命家和空想社会主义者巴贝夫(Gragu babev)。他认为,社会应"给予每个人充分的权利——完美的、严格的、可以实行的权利——来得到所有财富的平等份额"②。这种将人们获得平等财富的自然权利,直接与社会平均财富的要求相联结的主张虽然看起来既激进又大胆,但巴贝夫认为是社会正义的必然要求。在他看来,大自然赋予了"每个人享受所有财富的同等权利",而社会的目的就是要"捍卫这种平等,免受自然状态下强势力量或者邪恶力量的经常性攻击,通过全民合作的方式改善这种平等"③。巴贝夫思想中的革命倾向尽管不被后来的分配主义者所赞同,但他把摆脱生活贫困视为人的不可剥夺的政治权利的思想却至关重要。因为它意味着"现代形式的分配正义终于到来了"④。

(二) 罗尔斯的分配正义观

巴贝夫之后,分配正义的概念开始进入政治文本,不过始终处于边缘领域。在19世纪,虽出现了大量与财富分配有关的著述如汤普森的

---

① [美] 塞缪尔·弗莱施哈克尔:《分配正义简史》,吴万伟译,译林出版社2010年版,第103页。
② [美] 塞缪尔·弗莱施哈克尔:《分配正义简史》,第106页。
③ [美] 塞缪尔·弗莱施哈克尔:《分配正义简史》,第109页。
④ [美] 塞缪尔·弗莱施哈克尔:《分配正义简史》,第110页。

《财富分配原理研究：最有利于人类幸福》、拉姆齐的《财富分配论》等，但"分配正义"这个词只是在第二次世界大战后才开始变得逐渐流行起来，并凭借罗尔斯《正义论》一书的出版而被广泛热议。罗尔斯大大颠覆了亚里士多德关于两种正义的观点，并大胆将美德与分配进行了剥离。在他看来，分配正义更应强调需求的概念而非道德的价值。因为人性只是社会的产物，而非决定性因素。由于社会体系会影响到个人所拥有的需求和偏好，人们的生活前景在很大程度上会受到所处时代的政治和社会结构的影响，他们的智慧和才能也必然会受到社会的很大影响。而既然社会对我们的"个人性格特征"影响非常之大，以至于我们很少能对其进行控制，那么在考虑财富公平分配的原则时，就必须将个人因素譬如美德放在一边不予考虑。这一对分配正义的理解转换可说是对亚里士多德的反叛，标志着现代意义上的分配正义开始出现。不过值得注意的是，罗尔斯仍未跳出从分配角度对正义进行理解和想象的空间，而这可从他对正义的界定上窥见一斑。在《正义论》这部对后世有着深远意义和广泛影响的鸿篇巨制中，罗尔斯开宗明义地指出，正义的主要问题是"社会的基本结构，或更准确地说，是社会主要制度分配基本权利和义务，决定由社会合作产生的利益之划分的方式"①。对罗尔斯而言，正义就是社会利益的恰当分配，"公平的正义"就是关于分配是否公平的正义。所以尝试提出一种更合理的分配原则，就成了罗尔斯在《正义论》中的首要目的。

为避免人们因出身、禀赋等社会历史和自然方面的偶然因素对其生活前景产生的影响，罗尔斯甚至构想了一块"无知之幕"（veil of ignorance）作为原初的理想状态。在无知之幕的遮盖之下，无人知道"他"在社会中的地位（无论是阶级地位还是社会出身），也没人知道"他"在先天的资质、能力、智力、体力等方面的运气，以及特定的善的观念或特殊的心理倾向。这可以保证任何人在原则的选择中，不会因为自然

---

① [美]约翰·罗尔斯：《正义论》，何怀宏等译，中国社会科学出版社2010年版，第7页。

的机遇或社会环境中的偶然因素得益或受害①。在此基础上，罗尔斯提出了分配正义的两个原则："第一个原则要求平等地分配基本的权利和义务；第二个原则则认为社会和经济的不平等（例如财富和权力的不平等）只要其结果能给每一个人，尤其是那些最少受惠的社会成员带来补偿利益，它们就是正义的。"②

（三）罗尔斯正义观对环境正义研究范式之影响

《正义论》无疑是代表现代正义理论的巅峰之作，而罗尔斯有关正义论的主张也几乎成为理论界的风向标。在他之后，有关正义的著作开始大量涌现，大部分属于对他理论的回应。这些回应中既有赞同，也有质疑和批评。有人认为罗尔斯的分配理论太过抽象和理想，因为他用一块"无知之幕"模糊了人们所处阶级地位的不平等。还有人从马克思主义的立场出发，批评罗尔斯的正义论属于资本家的意识形态，因而对社会主义并不适用。和罗尔斯同时代的著名哲学家诺齐克（Robert Nozick）的一番话或许并不夸张地揭示出罗尔斯在政治哲学界的巨大影响："政治哲学家现在必须要么运用罗尔斯的理论，要么解释它为什么不能用。"③ 这体现为在《正义论》出版后的将近40多年里，几乎所有的政治理论文献都将正义界定成了一个"关于社会商品能否得到公平分配"的问题④。学者们倾向于认为，正义理论仅在对分配的考虑和关注中才真正有效。正义的最基本问题就是"一个社会应当如何，以及出于何种目的，对其生产的各种福利（资源、机会与自由）和为实现这种福利而产生的负担（成本、风险和非自由）进行分配"⑤。正义的核心框架由此就被理解为在建构一个正义的社会时，必须关注"分配什么"以及"如何分配"。如朗西曼（W. G. Runciman）指出："正义问题是关于如何分配社会产品的一套

---

① ［美］约翰·罗尔斯：《正义论》，第12页。
② ［美］约翰·罗尔斯：《正义论》，第14页。
③ ［美］塞缪尔·弗莱施哈克尔：《分配正义简史》，吴万伟译，译林出版社2010年版，第157页。
④ David Schlosberg, *Defining Environmental Justice: Theories, Movements, and Nature*, New York: Oxford University Press, 2007, p. 12.
⑤ Brighouse Harry, *Justice*, Cambridge: Polity, 2004, p. 2.

伦理准则。"阿克曼（Bruace Ackerman）认为正义问题是"对稀缺资源，也即天赐之物的决定，这种天赐之物可以转换为任何的社会好处"。古斯通（William Galston）指出："正义是将实体适当地分配给个人。这种适当意味着应当考虑个人和实体特征的关系，实体和可能采取的分配方式之间的关系。"米勒（David Miller）在呼吁自由主义传统的正义论应当为正义注入更多平等成分的同时，也依然将正义界定为是关于"利益和负担在人群中的分配方式"。"就连社会主义和马克思主义的理论家们在谈到正义时，也无一不在分配的框架下进行。他们在讨论社会主义制度下的正义时，声称社会主义的正义和自由资本主义的正义的主要区别是分配原则的不同。"① 不夸张地说，分配正义作为占支配地位的范式，早已被深深嵌入正义的哲学和政治学传统中，以至于"绝大多数人无法想象除分配之外，正义还能有任何别的形式"②。

对正义的诠释和理解影响和渗透到了社会诸多领域的研究中，环境正义也概莫能外。这体现在20世纪90年代之前有关环境正义的研究文献，"至少有95%都是围绕分配正义进行的"③。这个数字比例是如此之高，既彰显了环境正义的早期研究路向，也反映出罗尔斯正义论在学术圈的巨大影响。而既然环境正义的研究是在分配正义的主导范式下展开的，在这样的理论背景下，将环境正义解读为"关于环境善物和环境恶物能否得到公平分配"，似乎就成为合乎逻辑的推论。如著名环境伦理学家温茨（Peter·S. Wenz）就是在分配正义的意义上理解和诠释环境正义的。在他看来，"与环境正义相关的首要议题涉及分配正义。环境正义不是聚焦于惩罚和其他替代性选择上，它的焦点在于，在所有那些因与环境有关的政策与行为而被影响者之间，利益与负担是如何分配的。它的首要议题就包括了我们社会中穷人和富人之间进行环境保护的负担分配，

---

① Iris Marizon Young, *Justice and the Politics of Difference*, Princeton: Princeton University Press, 1990, p. 17.

② Robert Melchior Figueroa, "Bivalent Environmental Justice and the Culture of Poverty", *Rutgers University Journal of Law and Urban Policy*, 2003 (1).

③ David Schlosberg, *Defining Environmental Justice: Theories, Movements, and Nature*, New York: Oxford University Press, 2007, p. 12.

同样，也要在贫国和发达国家之间，在现代人与后代人之间，在人类与非人类物种尤其是濒危物种之间，对自然资源如何配置"①。其他学者也表达了类似看法："环境正义是指坚信无论是环境善物还是环境代价，都能在社会中得到平等分配。"② 由此，学者们在研究环境正义时，大都热衷于对社会弱势群体不成比例地承担环境恶物的揭示。例如美国基督教联合会种族正义委员会就长期致力于揭示美国商业危险废物处理厂和废弃物填埋场的选址与周围社区的种族状况的密切关联。布拉德则在《在美国南部各州倾倒废弃物》③ 中详细考察了美国南方各州有毒废弃物的堆置、填埋、焚烧，以及污染性企业如何不成比例地靠近少数族裔和穷人居住区的事实。1993 年，在《直面环境种族主义：来自草根的声音》④ 一书中，布拉德更是把对环境种族正义关注的目光从南部各州扩展到了整个联邦，甚至延伸到了国际层面。关注的议题更是囊括了有毒物和废弃物设施的选址、城市工业污染、儿童铅中毒、农业工人与杀虫剂、美洲土著部落的土地使用权、可持续发展，以及有毒物和风险技术的出口，等等。

除运用大量统计数据进行实证研究外，学者们对环境正义的描述性研究也大多采用了分配正义的致思路向。多布森（Andrew Dobson）在《正义与环境：环境可持续与分配正义的向度》中，就对构成分配正义的各种要素，如分配正义的主体（分配者和接受者）、分配的内容、分配的原则等问题进行了详细考察，并试图在环境可持续的框架内，建立起一种多元的环境分配正义体系。⑤ 这些研究成果均表征了分配正义的研究范式在环境正义中长期独领风骚的局面。

---

① ［美］彼得·温茨：《环境正义论》，朱丹琼、宋玉波译，上海人民出版社 2007 年版，第 4 页。
② Sherry Cable & Charles Cable, *Environmental Problems, Grassroots Solutions: The Politics of Grassroots Environmental Conflict*, New York: St. Martin's Press, 1995, p. 36.
③ Robert. D. Bullard, *Dumping in Dixie: Race, Class, and Environmental Quality*, Boulder: Westview Press, 2000.
④ Robert. D. Bullard, *Confront Environmental Racism: Voices from the Grassroots*, South End Press Boston, Massachusetts, 1993.
⑤ 王韬洋：《西方环境正义研究述评》，《道德与文明》2010 年第 1 期。

二 现代正义理论之突破

应该说,将分配作为理解正义之内涵的思维路向有一定的合理性。毕竟,人们在评判一种社会制度的好坏优劣时,最容易作为评判依据的往往是该社会所生产的福利或负担是否被公平、公正、合理地进行了分配。但问题是,这种理想的分配正义形式是否能够真正实现?我们知道,人们的身份通常是借助被他人承认而被塑造的。当周围的人或身处的环境反馈回来的信息限制、贬低或是轻视了某些个体或群体的形象时,他们就可能受到歪曲,遭受伤害。"拒绝平等认同会危害那些被剥夺了这种认同的人。将一个低级或贬损的形象投射到另一个人身上,如果这个形象到了深入人心的地步,实际上能够成为歪曲和压迫。"① 而如果人们因为肤色、性别、经济地位或是身份特征而不被社会认可和尊重,在此情境下,又如何做到分配上的公平、公正?而如果不被社会接纳和认同,又何以确保程序上的公平和正义?因为不被社会承认,就意味着一些人会成为某种意义上的弱势者,这种弱势地位会大大限制甚至阻碍他们在社会分配善物和恶物时,有足够的发言权和决策机会。由此,必然会导致分配正义的落空。另外,如果社会在完成分配之后,并没有促进人们内在潜能的最大发挥,而是削弱了这种能力。那我们又何以判断这种分配是"正义"或是"好"的?"如果某种分配的结果抑制了某些人的生存和健康,……,那么无论这种分配的结果是如何造成的,都必须对其提出质疑。"② 鉴于此,我们似乎可以说将正义归约和还原为只是一个分配问题,或许是"一个莫大的错误"③。因为分配正义尽管是正义论中最基本和最重要的理论维度,但仅从这一角度入手并不足以把握"正义"之全部内涵。正义实际上有着更为宽泛的意义和指向。

---

① [加]查尔斯·泰勒:《现代性之隐忧》,程炼译,中央编译出版社2001年版,第57页。
② Iris Marizon Young, *Justice and the Politics of Difference*, Princeton:Princeton University Press, 1990, p.29.
③ Ibid., p.1.

事实上，很多学者正是在对传统正义论的反思和解构中，看到了分配范式的缺陷和不足，并开始了多视角拓展正义内涵的尝试。他们认为，自由正义理论的最大缺陷就是它将重点过多地放在了对商品、利益的理想和公平分配的关注上，但这显然与实践大大脱节。因为反观现实中的种种社会运动和斗争，人们对正义的追求往往并不拘泥于，甚至并不指向分配正义，而是表达了对希望获得承认，进行民主参与和提高生活能力的多种正义诉求，这也由此开启了学界对正义的多视角解读，并衍生出了对"承认正义"、"参与正义"和"能力正义"的探讨。

（一）承认正义（recognition Justice）

作为一个政治哲学和道德哲学概念，"承认"是指个体与个体之间、个体与共同体之间、不同共同体之间在平等基础上的相互认可、认同或确认。承认正义，则是指"对群体身份及其差异的一种肯定"①。"承认"这一概念范畴最早可追溯到黑格尔（G. W. F. Hegel）的哲学，特别是他的《精神现象学》中。在黑格尔的理论体系中，承认表征的是主体间的一种理想的关系。因为"人有必要被承认，同时有必要给予承认"②。在对彼此的承认中，"每一主体视另一主体为他的平等者，同时也视为与他的分离"③。这一关系对主体性而言，被认为是建构性的，即某一主体只有凭借另一主体的承认，才得以成为一个独立的主体。在"主奴辩证法"中，黑格尔形象地阐明了主人和奴隶之间互相承认的关系。一方面，与奴隶相比，主人貌似有着绝对的主体性。因为奴隶作为他的私有财产，丧失了主体性，并且只有通过为主人劳动才能获得生存所需。但从另一方面看，主人作为不从事生产劳动的寄生虫，其生存其实是高度依赖于奴隶的。因此，在一定意义上，主人是作为奴隶的"奴隶"

---

① Ryan Holifield, "Environmental Justice as Recognition and Participation in Risk Assessment: Negotiating and Translation Health Risk at a Superfund Site in Indian Country", *Annals of the Association of American Geographers*, 2012 (3).

② 陈良斌：《承认哲学的历史逻辑：黑格尔、马克思与当代左翼政治思潮》，人民出版社2015年版，第25页。

③ [美]南茜·弗雷泽、[德]阿卡塞尔·霍耐特：《再分配，还是承认？——一个政治哲学对话》，周穗明译，上海人民出版社2009年版，第7页。

而存在的。所以，主人的主体性需以承认奴隶的主体性为前提，反之亦然。

黑格尔承认理论的提出是对近代以来原子式个人主义思维方式的纠偏。在西方哲学史上，如果说笛卡尔提出的"我思故我在"开启了近代时期人们对"自我"的自省，那么康德的"人为自然立法"就更是张扬了人作为主体的自信。在康德式的道德理论视域中，所有的当事人具有理性且彼此平等，而所有道德层面的问题都可依据道德客观原则和相关事实，通过逻辑思维加以解决。在这种理性价值观的框架中，所有个体都彼此孤立，而非有着相互关系的存在者。由此，与他人有着相同责任与权利的自由个体在进行道德决策时，只需依赖单纯的理性去判断，而无须将其他个体的特殊性与要求考虑进去。莱布尼兹则按照整体论的思维方式，认为不同单子的运动存在着"前定的和谐"，但"单子没有可供出入的窗户"的论断也杜绝了单子之间进行沟通的可能性。这些观点在一定程度上说都是原子式个体主义思维方式的体现。而黑格尔承认理论的提出可说是打破了这种思维模式，并开启了对承认正义进行深入探讨的可能。它有助于打破人与人的对立，促进人们之间的相互承认和对彼此的包容，实现"自我"和"他者"的"和而不同"。

1. 杨对分配范式的批评及其承认正义理论的提出

杨是向现代正义理论发起挑战的第一人。她认为，分配正义尽管是正义论中最根本同时也是最重要的理论维度，但仅从分配角度无法把握正义之全部内涵。1990 年，杨出版了《正义与有差异的政治》一书。该书被认为是社会政治理论领域中分水岭式的文本，因为它对当代创建的正义理论提出了大胆挑战。有学者认为，这部不同寻常的著作最具冲击力和富有成果的地方就在于杨的一个决定——"用非正义去分析正义"①。由于这一决定，"杨将现有关于正义的描述转向了它们的源头，并在这一过程中揭示了是什么使这些描述不幸地变得不完整。在她看来，这些描述对现有的非正义缺乏关注，而正是这种缺乏导致它们不能成功地设想

---

① ［美］艾米·艾伦：《权力与差异政治：压迫、赋权和跨国正义》，王雪乔、欧阳英译，《国外理论动态》2013 年第 4 期。

如何才能改善这些非正义。"①

杨没有像理论家惯常的做法一样，拘泥于讨论如何提出一套更好的分配原则去实现社会的正义，而是另辟蹊径，转而思考"何种社会因素会影响到正义的分配"这样的源头性问题。基于此思考路径，她率先对正义的分配范式提出了疑问："尽管分配问题对一个令人满意的正义观念至关重要，但将社会正义还原为分配问题却是一个莫大的错误。"② 通过对美国社会的考察，杨令人信服地指出，人们对正义的诉求其实远远超出了对商品分配是否公平的唯一关注。例如黑人评论员对美国的电视媒体就有着太多的怨言。他们认为电视业在对黑人的贬低性描述上有着不可推卸的责任。因为在多数情况下，黑人在电视节目中都被歪曲成了丑陋的角色或形象，比如罪犯、妓女、女仆，以及诡计多端者等。而权威、魅力、美德等正面的东西被认为几乎不会与黑人有任何交集。与黑人被"黑"的经历和感觉相似，阿拉伯裔美国人常因电视媒体将他们想象为不吉利的恐怖主义者或是华而不实的王子而深感懊恼。在杨看来，黑人电视评论员和阿拉伯裔美国人对电视媒体的愤怒，所表达的恰恰不是对物质分配正义与否的关注，而是对错误文化想象和象征的强烈不满。这种不满实则表达了人们对自己的身份应该获得社会承认和尊重的渴望。这种渴望说穿了，其实就是承认正义。也正是基于此，杨认为将正义归约和简化为只是分配上的正义的做法太过简单草率，正义理应有更宽泛的指向。"在我们的社会中，有太多的事实表明，人们对正义和非正义的看法和主张其实并不主要是关于收入、资源和地位该如何分配。对物质产品和资源分配是否公正的过分关注限制了正义的范围，因为它忽视了对社会结构和制度情境的拷问。"③

杨批评大多数理论家们在思考正义时，总是想当然地把它设想为只是一个关于分配的问题。这种致思理路在对正义进行分析时，倾向于假

---

① ［美］艾米·艾伦：《权力与差异政治：压迫、赋权和跨国正义》，王雪乔、欧阳英译，《国外理论动态》2013年第4期。
② Iris Marizon Young, *Justice and the Politice of Difference*, Princeton University Press, 1990, p.15.
③ Ibid., p.20.

定只有一种模式需要考虑：正义在任何情况下都是相似的。它无非意味着将一堆商品在人们中间进行分配，分配的多少和比例可以进行比较。在这一模式下，个体和他们占用的商品被连接了起来，而个体和个体之间的关系也仅仅是通过对他们所分配东西的多少比较而联结的。在杨看来，这种分配范式其实是一种赤裸裸的"社会原子主义"①。因为它在考虑正义时，总是把人们想象成没有任何内在关联的个体原子。其缺陷在于：忽视了决定物质分配的制度化情境，而当正义被延伸到对非物质东西的考虑时，分配的逻辑往往会将其进行歪曲。

杨认为，在实现正义的过程中，分配问题的确非常重要，但仅靠分配上的公平无法真正达到正义的最理想状态。而非正义的产生也绝不能只归因于社会善物的不公平分配。或者更准确地说，一些人为何比另一些人得到的多，这有着太多的缘由。基于此，杨主张首先应思考的不是"什么样的分配才是好的"，要思考"是什么决定了不好的分配"这样的问题。在她看来，罗尔斯和其他自由理论家只热衷于关注自由社会中的理想制度和理想的正义过程，却低估了社会情境对不公正分配产生的重要影响，这不能说不是一个缺憾。"尽管分配问题对社会正义而言的确相当重要，但将全部注意力集中于此，也可能遮蔽对社会制度之正义性的追问，后者至少与分配问题具有同等重要性。关注分配的正义理论将分配问题赖以产生的制度结构视为先在的背景条件，而不去思考这一制度结构本身是否正义。就其限制对分配的评价，忽略和遮蔽制度性组织的正义问题而言，分配范式发挥着一种意识形态的功能。对其视为先在的制度关系表达了一种含蓄的支持。"② 由此，她建议在思考"什么是最好的分配模式"之前，应先思考"何种因素会导致不公正的分配"这样一个问题。"在存在社会群体差异和一些群体被赋予了特权，而另一些则被压制的地方，社会正义首先需要追问的不应是'什么是分配的最好模式'，而是'什么会导致不公正的分配？'"③ 因为不公平分配的产生，其

---

① Iris Marizon Young, *Justice and the Politice of Difference*, Princeton University Press, 1990, p. 18.
② Ibid., p. 198.
③ Ibid., p. 3.

实与社会对一些群体的压制和贬抑有很大关联。譬如在美国，少数族裔如非裔美国人就承受着太多的不公平待遇：种族隔离与种族歧视政策导致他们获得的社会资源太少，承受的社会成本却最多。杨据此批评传统自由主义正义理论将重点过多地放在对分配制度的构建上，并抱怨当分配正义理论提供了可能有助于改善分配不公的模式和过程时，却忽视了最关键的问题：潜藏于不公平分配之后的社会文化象征和制度状况。由此，她主张必须将支配和压制的社会情境作为研究正义理论的新起点。因为社会的结构和制度化情境如制度、准则、语言、文化符号，等等，会在很大程度上影响到对工作或物质财富的分配。

在质疑了传统正义理论的分配范式存在的先天缺陷后，杨进一步考察了可能导致不公正分配产生的具体社会情境[1]。在她看来，带有压迫和支配的社会情境包括以下几点。

一是剥削（exploitation）。比如在很多以农业经济为主的国家，由于家庭地位和角色的不同，男性会将女性的劳动产品拿到市场上进行售卖，并将所得据为己有。这时，女性就会强烈地感受到被男性所剥削。再比如黑人和拉丁裔美国人在劳动力市场上几乎很难得到好的工作职位，这也源于社会的种族剥削。对其而言，如果想进入工厂工作，就必须接受等级工资，否则便会没有工作。这种看似自由的选择，实则是权利的丧失。

二是边缘化（marginalization）。边缘化是最为危险的社会压制形式。因为它阻碍了人们获得以社会规定和认可的方式实现其权利的可能性，会导致他们被社会主流文化所排挤和放逐，以致无法正常参与和融入社会生活，而这往往又会导致物质分配无法惠及他们。

三是无力感（powerlessness）。在很多国家，由于社会分层和等级化现象，会导致一些人无法行使和别人一样的权利，如缺乏参与和某人的生活和行动条件相关的政策制定的能力；缺乏威信、地位和自我意识；缺乏发展和运用个人能力的具体机会等，这些都会使他们产生强烈的权力（权利）无力感。

---

[1] Iris Marizon Young, *Justice and the Politice of Difference*, Princeton University Press, 1990, pp. 48–62.

四是文化帝国主义（cultural imperialism），指"社会的主流符号、行动或意义强化了主流群体的观点，主流群体的经历、文化和宗教被假定具有普遍性；相应地，把从属群体的观点要么当作'他者'，要么刻板化，要么使其变得不可见"①。比如女性被男权主义文化贬抑，黑人被白人主义文化贬抑，同性恋被异性恋文化贬抑，印第安人被欧洲文化贬抑，犹太人被基督教文化贬抑等，这些都属于文化殖民主义的结果或产物。在这里，后者的文化表达被认为是正常的、普遍的，前者则被贴上"他者"标签，从而既因被刻板化而变得醒目，同时又因被主流群体所塑造的主流文化视而不见而变得吊诡。这往往又会导致被边缘化的群体对自身的双重否定：既无法认同主流文化，又不愿认同自己的文化。因为其始终是透过他人的眼睛来看待自己，用另一个世界的尺度来衡量自己。

五是暴力（violence）。暴力既包括肉体上的也包括精神上的。例如男性对女性、白人对黑人、异性恋者对同性恋者等实施的暴力行为。前者不仅会对后者施以身体上的攻击或摧残，而且会在精神上加以侮辱，如将其视为社会中的低等人，或是不该存在的异类等进行贬低、羞辱和抹黑。而当带着对暴力的恐惧生存时，人们的自由和尊严便被剥夺了，精力也被毫无意义地消耗掉了。暴力现象的存在与文化殖民主义不无关联，在一定程度上可视为后者的必然产物。杨认为，剥削、边缘化、权力无力感、文化殖民主义和暴力这五种带有压制和支配的社会制度情境统统属于承认上的非正义。因为如果人们的身份、尊严不被他人和社会认同，势必会导致其被边缘化、被剥削，并不得不承受源自暴力和文化殖民主义的压迫和排挤，从而产生无力感和失落感。

杨还对一些学者过分扩展分配正义标的范围的做法提出了批评。在她看来，将分配正义的范围扩展至非物质性的东西，不仅会在逻辑上出现问题，而且属于典型的原子式分配主义。比如罗尔斯就主张决策、社会地位、权力与财富收入一样，都属于可分配的东西。米勒也主张分配正义的对象可包含一些无形的东西，如声望和自我尊重等；古斯通指出，正义不仅应包含收入、财产等物质产品，还应包括某些非物质的东西比

---

① 贺羡：《"一元三维"正义论》，人民出版社2015年版，第65页。

如发展的机会、公民权、权威、荣誉等。但在杨看来，对分配正义的标的进行过度扩展只会导致对正义观念的误导。因为权利、自尊、荣誉其实很难像物质类的东西那样，能够被公平分配。事实上，它们更多的是社会结构和社会关系的表征和体现。也就是说，一个人能否获得必要和足够的公民权、自尊和荣誉等，与他所处的社会结构和制度情境设置有很大关系。譬如在社会中，文化殖民主义的存在往往会成为某些群体，如有色人种、同性恋者获得自尊、权利的最大障碍。因此，更为迫切和关键的是应重视对社会制度和社会结构情境的分析，而不是仅仅满足于拓展分配正义的标的和范围。所以杨认为将正义内涵还原为单一的分配范式是不充分或者说是有失偏颇的。而鉴于社会非正义现象的存在更多地源于支配和压制的制度情境，因而必须将其作为重新思考正义的起点。对社会制度情境的研究，实际上就是要提出与分配正义紧密相关的另一种社会正义——"承认正义"。因为分配上的非正义主要源于某些个体或群体的尊严和价值得不到社会的有效承认或认同。在很大程度上甚至可以说，分配上的不正义其实是社会结构、文化信仰和制度情境所招致的产物。而如果分配上的差异是社会、文化、经济和政治过程导致的结果，对正义的考量就必须考虑并讨论这些因素，而不能只是满足于去构建一种理想的分配模式。

总之，杨认为"将注意力集中在物品或者收入的分配上限制了评估正义或者福利的方式"①，因而分配不是唯一值得关注的议题。一种更好的正义理论需要，也应该将精力更多地放在对制度化支配和压制的消除上，尤其应关注那些"不被承认"、"被有意或无意地漠视"或"被错误地承认"的群体所遭受的"承认缺失"——通过不同形式的侮辱、降级和贬损，在个人或文化的层面上表现出来，并给受压制的个人和群体带来伤害。而这无疑是不正义的，它不仅使人们受到了约束和伤害，而且是导致分配不公产生的重要原因。这种根植于社会情境的"承认非正义"必须被根除，并用"承认正义"取而代之。

---

① ［美］艾丽斯·M. 杨：《包容与民主》，彭斌、刘明译，江苏人民出版社2013年版，第39页。

2. 其他学者对承认正义的理解

继杨之后，霍耐特、弗雷泽、泰勒等学者也对承认正义进行了阐述。霍耐特的承认理论是在对黑格尔的承认哲学和米德（George Herbert Mead）的社会心理学思想吸收和扬弃的基础上提出来的。他认为，当今社会民主的时代，一种新奇的理念正悄然滋生。这种理念的目标并不在于"消除不平等"，而是要避免"贬低和不尊重"。它的核心不是"平等分配"或"经济平等"，而是获得"尊严"和"尊重"①。而现实中人们发起的形形色色的社会政治运动，已使传统马克思理论中所强调的物质分配正义和罗尔斯的正义观念变得越来越不合时宜。比如女性主义者、黑人、同性恋者发起的解放运动，其目的并不是要求经济的平等或物质的再分配，而是希望自己的身份特性能够得到他人和社会的承认。这些新出现的社会运动对传统的社会正义理论而言，莫不是一个巨大的挑战。因为后者根本无法回应当今社会人们对正义的新诉求——对所有个体尊严的承认。基于此，霍耐特主张社会正义理论应进行一次重大而深刻的变革——进行"从分配到承认"的转向。因为"不是消除不平等，而是避免羞辱或蔑视代表着规范目标；不是分配平等或物品平等，而是尊严或尊敬构成了核心范畴"②。而既然社会运动的主要诉求是承认，那么就应该把承认作为社会正义理论的基础。

在霍耐特的理论视域中，承认作为一个"基础性的、统摄性的道德范畴"③，具有很强的包容性。按照他的说法，无论"是本土的领土要求，还是妇女的家务劳动；是同性恋婚姻，还是穆斯林的女性面纱；都可以用'承认'这一术语来解释政治诉求的规范基础"④。就连"再分配"也

---

① Axel Honneth, "Recognition of Redistribution? Changing Perspectives on the Moral Order of Society", *Theory, Culture & Society*, 2001 (2).
② ［德］阿卡塞尔·霍耐特：《承认与正义——多元正义理论纲要》，胡大平、陈良斌译，《学海》2009年第3期。
③ ［美］南茜·弗雷泽、［德］阿卡塞尔·霍耐特：《再分配，还是承认？——一个政治哲学对话》，周穗明译，上海人民出版社2009年版，第2页。
④ ［美］南茜·弗雷泽、［德］阿卡塞尔·霍耐特：《再分配，还是承认？——一个政治哲学对话》，第1页。

可被整合到承认的框架之内。因为作为一个适应个别差异的范畴，承认不仅包括权利上的承认、文化鉴赏和爱，等等，它"还寻求包含再分配的棘手难题"①。这也就是说，分配问题可以纳入承认正义的理论框架下去思考和解决。

霍耐特把对"人类尊严的承认"视为社会正义的核心，并提出了集"爱"、"法律"和"团结"三种形式为一体的承认正义理论框架。在他看来，承认关系就是以爱与关怀为主导观念的私密关系，以平等的权利义务为规范的法权关系，以个人成就为社会等级规范标准的社会尊重关系。它们分别对应的是需要、平等和贡献原则。"爱"，作为人们"在他者中的自我存在"，其承认关系主要包含三层含义：两性之间的情感依恋，父母与子女之间的关爱，朋友之间的友谊。这三种爱的共同点在于，"在彼此都感受到爱和关怀时，两个主体都认识到自己在他们的主体间的相互需要和相互依赖中相依为命"②。法律承认是主体"普遍化他者"的结果。霍耐特认为，借助彼此的关爱，个体会获得"自信"，其独立性也会随之增强，开始步入社会，并面对一种更具普遍性的社会关系——共同法律之下不同主体的相互承认。"由于自我和他人对规范有共同的知识，并根据这些规范，他们所参与的特殊的共同体确保其赋有权利和义务。于是他们相互之间承认对方为合法的主体。"③ 法律承认能使个体获得强烈的自尊，而非权利的被剥夺感和被排斥感。"团结承认"，是指社会主体通过追求自我社会价值的实现，为社会的普遍价值和目标做出自己的贡献。在这一过程中，每个人的个性差异和特殊能力都能得到他人的承认和尊重，而这无疑会在整个社会中形成团结有序的良好合作体系。团结模式对应的是"自重"，其反面是"诽谤"和"伤害"。

霍耐特还对个体认同的蔑视形式进行了论析，认为"蔑视就是拒绝

---

① ［美］南茜·弗雷泽、［德］阿卡塞尔·霍耐特：《再分配，还是承认？——一个政治哲学对话》，第3页。

② ［美］南茜·弗雷泽、［德］阿卡塞尔·霍耐特：《再分配，还是承认？——一个政治哲学对话》，第103页。

③ Axel Honneth, *The Fragmented World of The Social: Essays in Social and Political Philosophy*, Albany: State Univesity of New York Press, 1995, p.254.

承认，就是承认的否定与剥夺。因而，自身完整性、荣誉或尊严的被伤害是不公正感的规范内核"①。在承认的三元模式基础上，霍耐特构建起了与之相对应的蔑视的三种形式。即"强暴"、"剥夺权利"和"伤害"。强暴主要包括虐待和强奸。如在肉体或精神上被虐待或凌辱，势必会使个体的身体完整性受到伤害，剥夺其自由支配自己身体的可能，导致其丧失对周围世界的基本自信，并产生强烈的无助感和现实幻灭感。"剥夺权利"主要包括剥夺权利和社会排斥，它使个体作为共同体完全成员的资格被剥夺或被限制。在此情境下，个体往往会产生强烈的自我尊严被剥夺的心理感受：不再拥有其他互动伙伴那样完全合格的、道德平等的地位。"伤害"包括人格侮辱和心灵伤害，它使个体的社会价值被否定性对待。这种蔑视形式剥夺了社会对个体自我实现方式的认同②。"当个体的生活形式和信仰方式被当作低劣之物而被罢黜，个体无法得到来自共同体中其他人的重视和理解，那么个体的独特能力和贡献无法得到承认，于是个体的自重便被失落和瓦解，他最终丧失对自己独特性的重视。"③

霍耐特所理解的承认正义大体包含这样一些内容：人们的身体必须免于任何威胁；任何人都拥有充分和平等的政治权利；群体卓越的文化传统能免于各种形式的轻视；等等④。在他看来，人们的完整性主要源于得到他人认可或承认。"侮辱"或"堕落"这些否定概念则与人们所受到的各种形式的蔑视以及拒绝承认相关。对他人的"侮辱"等不承认行为之所以代表着一种非正义，不只是因为它限制了主体的行动自由或是对主体造成了伤害。更确切地说，是因为它"损害了人们对自身的肯定理解，而这种理解是通过主体间的方式获得的"⑤。

---

① 王凤才：《承认·正义·伦理：实践哲学语境中的霍耐特政治伦理学》，上海人民出版社 2017 年版，第 137 页。
② 王凤才：《承认·正义·伦理：实践哲学语境中的霍耐特政治伦理学》，第 138—139 页。
③ 陈良斌：《承认哲学的历史逻辑：黑格尔、马克思与当代左翼政治思潮》，人民出版社 2015 年版，第 171 页。
④ Axel Honneth, "Recognition or Redistribution? Chaging Perspectives on the Moral Order of Society", Theory, Cultural, and Society, 2001 (2).
⑤ Axel Honneth, "Integrity and Disrespect: Principles of a Conception of Morality Based on the Theory of Recognition", Political Theory, 1992 (2).

弗雷泽是除霍耐特外对承认正义有着较多研究和论述的又一位学者。在她看来，为"争取承认的斗争"①已成为20世纪末政治冲突的典型形式。对"承认差异"的需求，推进了民族、族群、种族、性别关系旗帜下动员起来的群体斗争。在这些"后社会主义冲突"中，群体身份正逐渐取代阶级利益而成为政治动员的主要媒介。文化统治取代剥削成为基本的非正义，文化承认取代社会经济再分配成为非正义的矫正和政治斗争的目标。②弗雷泽认为，当前的种种社会运动更多地是为了获得承认，而非分配上的公平。所以，对人们的理解应更多地从文化层面上去思考，亦即应将其看成为了捍卫其"身份"，为结束"文化统治"，以及为了赢得"承认"而进行斗争的文化群体或"价值共同体"③。所以需要考量导致不平等分配产生的幕后元凶，而不应满足于只是构建更合理完善的分配制度。"应该考察压制的情境，而不是简单地考虑现有的分配，如何改善分配，或者只考察实现公正分配的理想程序这样一些问题。"对弗雷泽而言，社会对某些群体有意或无意地"不承认"或"不识别"是导致分配不公产生的重要原因。④所以个人和群体是否被承认，以及在多大程度上被他人和社会承认至关重要。某人或某些群体被"错误地识别或承认"与制度上的不公正紧密相关。不承认（non-recognition），或是错误地承认（mis-recognition），都属于"文化和制度上的非正义"⑤。

弗雷泽区分了三种类型的不承认：其一是文化上的支配，即社会的文化偏见。它会导致一些人无法被大众和社会所认可；其二是不承认的模式，即视而不见或是听而不闻；其三是不被尊重。如被他人一贯污蔑

---

① ［美］南茜·弗雷泽：《从再分配到承认？"后社会主义"时代的正义难题》，载凯文·奥尔森《伤害+侮辱——争论中的再分配、承认和代表权》，高静宇译，上海人民出版社2009年版，第13页。
② ［美］南茜·弗雷泽：《正义的中断——对"后工业社会"状况的批判性反思》，于海青译，上海人民出版社2009年版，第13页。
③ ［美］南茜·弗雷泽：《正义的中断——对"后工业社会"状况的批判性反思》，第2页。
④ Fraser Nancy, "Social Justice in the Age of Identity Politics: Redistribution, Recognition, and Participation", in Grethe B. Peterson, eds., *The Tanner Lectures in Human Values*, Salt Lake City: University of Utah Press, 1998, p.25.
⑤ Ibid., p.7.

中伤或是被公众和文化模式所蔑视。① 她认为，要谋求和实现正义，就必须在社会的文化、符号和制度上做出重大改变。这样一来，问题的关键就指向了考察社会的价值、文化和实践如何阻碍了对某些群体的承认，使其无法成为道德和政治共同体中的一员。所以，关注导致不公平分配产生的社会情境，是一个必须引起正义理论高度重视的研究议题，因为这对理解和纠正现存的非正义，特别是分配正义至关重要。

对于霍耐特将经济领域的再分配斗争融合为文化领域调整的社会秩序中的一部分，使"为分配而斗争"成为"为承认而斗争"的一个亚种的做法，弗雷泽并不认同。她认为霍耐特将承认视为理解正义观念的唯一准绳，并试图用承认涵盖分配的做法过于莽撞。而事实上，正义需要同时关注"分配"与"承认"问题。因为承认正义与分配正义既不可相互还原，又不能彼此化约。这两种范式实则存在四大主要差别②。一是对非正义的类型理解不同。二是对非正义的补救途径思路不同。三是对社会集体的看法不同。四是对"差异"一词的理解不同。具言之，在对非正义的理解上，分配的政治强调的是社会—经济层面的不正义，如劳动被剥削、经济上被边缘化（在就业选择上受限），以及被剥夺足够的物质生活水准等。而承认的政治对非正义的理解则聚焦在"承认"和"交往"的文化模式和社会模式上，如文化上的支配和强制性的同化。在对"如何对非正义实施补救"这一问题上，分配正义看重的是"社会—经济的重构"，比如对收入进行重新分配。而承认正义则注重进行"文化或符号象征的改变"，如重估被贬抑或是不被尊重的文化和身份，促进文化的多样性而非进行强制性的文化同化。在对"集体"的理解上，分配范式按照"经济阶级"（譬如马克思的工人阶级）加以界定；而承认范式则依据"阶层地位"（如种族、性别）予以界说。在如何理解和对待"群体差

---

① Fraser Nancy, "Social Justice in the Age of Identity Politics: Redistribution, Recognition, and Participation", in Grethe B. Peterson, eds., *The Tanner Lectures in Human Values*, Salt Lake City: University of Utah Press, 1998, p. 7.

② Nancy Fraser, "Social Justice in the Age of Identity Politics: Redistrubution, Recognition, and Participation", in George Henderson and Marvin Waterstone, eds., *Geographic Thought: A Praxis Perspective*, New York: Routledge, 2009, pp. 73–74.

异"这一问题上，分配正义范式主张将差异消灭，以实现公平和公正。承认正义则坚持差异非但不应被消除或同化，而且要作为正义的背景给予对待和尊重。因为只有充分意识到差异的重要性，才能做到真正的公正。

基于上述缘由，弗雷泽认为应树立一种全新的"观点的二元论"，并主张"在揭示分配和承认之间隐藏联系的外观下探测。它必须使名义上的经济过程的文化潜在含义和名义上的文化实践的经济潜在含义，都成为显而易见的和批判性的。虽然不必以同等比例，将每一实践同时看作是经济的和文化的，必须从两种不同的观点评估它们每一个。它必须采取分配的观点和承认的观点，不把这些观点任何一个简化为另一个"①。为更好地阐述分配范式和承认范式的区别，弗雷泽甚至设想了一个概念性光谱。光谱的两端分别对应的是分配和承认这两种模式。在光谱的分配端，是一个理想的植根于政治经济结构的集体模式。在这种情形下，其成员遭受的任何结构性非正义都可追溯至政治经济，亦即社会非正义的根源及其核心是社会经济的分配不公。而任何与之相伴而生的文化非正义，都可追溯到这一经济根源。由此，相应的矫正方式也必将是政治经济的再分配而不是文化上的承认。比如对无产阶级和资产阶级的划分，就是按照二者在社会经济结构中的等级差异而定的。正是由于这种经济政治结构造成的等级差异，无产阶级才承担了太多不公正的负担。对这种非正义的矫正，不能建基于对它身份的"承认"，而只能是让无产阶级"消灭作为一个阶级的自身"，使无产阶级作为一个群体无法存在下去，才能使其真正解放自己。类似地，在光谱的承认端，可以假定一个与正义的承认模型相适应的理想型集体模式，它完全植根于文化而非政治经济之中。在这一模式下，其成员遭遇的任何结构性正义最终都可追溯到文化价值结构层面的非正义。这一非正义的根源及其核心是文化的错误承认，而任何与之相伴而生的经济非正义最终都源于这一文化根源。因此，对这一非正义进行矫正的途径只能是给予文化上的承认，而非政治

---

① [美]南茜·弗雷泽、[德]阿卡塞尔·霍耐特：《再分配，还是承认？——一个政治哲学对话》，周穗明译，上海人民出版社2009年版，第49—50页。

经济的再分配①。如非裔美国人遭受到的种种不公正待遇（包括经济上的不公正），从根本上说，就是因为其文化身份没有被主流社会接纳和认同，而是被羞辱、无视或蔑视。所以，对这种源自文化上的漠视所带来的诸多非正义，只能是通过对其身份予以肯定性的承认，而不能建立在物质产品的公平分配之上。当然，弗雷泽也承认现实生活中并不存在她所构想的纯粹的经济集体和文化集体。事实上，分配的非正义和承认的非正义常常是相互交织和相互建构的。但弗雷泽对理想光谱的设想却意在说明"分配不公"和"不被承认"是两种不能混为一谈的非正义形式。而且，在概念光谱的两极之外，存在的恰恰是混合了承认和分配的"二维"集体。它既反映了社会的政治经济结构，也彰显了社会的文化结构。对其遭受的非正义的矫正或消除，只能而且必须同时借助重构分配正义与承认正义才能完成。所以在这个意义上，正义至少是"二阶"的。"只有一个二维的理论，包含了分配和承认，才能提出各种必要层次上的社会理论的复杂性和道德哲学的洞见。"② 弗雷泽把非此即彼的、在分配的政治和承认的政治之间进行二分法的做法批评为是一种"错误的二分想象"。在她看来，二者对理解正义都极其重要。"如果我们错误地对待这个问题，如果我们坚持错误的对比法，并且把非此即彼的二分法引入歧途，那我们将失去重新进行社会安排的机会。这种安排可以同时调整经济和文化上的不公正。只有通过寻求将分配和承认结合起来的整体综合法，才能满足所有人对正义的需要。"③

泰勒也高举承认正义的旗帜，主张导致社会正义失效的重要诱因恰恰是承认上的非正义。在他看来，"对承认的需要，有时候是对承认的要

---

① ［美］南茜·弗雷泽：《正义的中断——对"后工业社会"状况的批判性反思》，于海青译，上海人民出版社2009年版，第19—20页。
② ［美］南茜·弗雷泽：《重构全球世界中的正义》，载于凯文·奥尔森《伤害+侮辱——争论中的再分配、承认和代表权》，高静宇译，上海人民出版社，2009年版，第274页。
③ Fraser Nancy, "Social Justice in the Age of Identity Politics: Redistribution, Recognition, and Participation", in Grethe B. Peterson, eds., *The Tanner Lectures in Human Values*, Salt Lake City: University of Utah Press, 1998, p.86.

求,已经成为当今政治的一个热门话题"①。作为压制的一种形式,"不承认或是错误地承认……可能是一种压迫形式,会将他人置于错误、歪曲或被贬损的形象的境地。它不只缺乏尊重,还可能造成严重伤害,使人们产生极强的自我憎恨情绪"②。泰勒认为,人们的身份是通过被他人承认而塑造的。当周围的人或身处的社会反馈回来的信息限制、贬低,或是轻视了某些个体或群体的形象时,他们就可能遭受伤害,受到歪曲。因此,不承认或是错误的承认既是对他人的一种心理伤害,更是一种社会的非正义,就如同对商品进行的不公正分配所导致的非正义一样。泰勒由此强调,对他人的承认"不仅仅是一种礼貌,更是一种重要的人类需求"③。他还区分了两种类型的承认正义。其一是所有人在尊严上的平等。其二是有差异的政治,即每个人的独特性都能得到社会的承认和尊重,而不会遭受任何形式的歧视。"任何人都应因其独特之处而被承认。在平等尊严的政治下,任何人都应被平等对待;在有差异的政治下,任何人或任何群体与他人不同的,独一无二的身份都能获得承认。"④

　　法国著名哲学家利科(Paul Ricoeur)对承认问题也多有关注。在《承认的过程》一书中,利科从哲学等视角出发,对"承认"的词义演变过程进行了考察,对泰勒的"承认的政治"和霍耐特"为承认而斗争"的命题作了进一步发挥。利科认为,对他人的不承认或否定,对承认的拒绝是借助蔑视来完成的。"通过蔑视,否定性被完全合并到获得承认的过程中。"⑤ 空普雷迪斯(Nikolas Kompridis)亦大谈承认正义,主张"承

---

① [美]查尔斯·泰勒:《承认的政治》,载旺辉、陈燕谷《文化与公共性》,董之林、陈燕谷译,生活·读书·新知三联书店1998年版,第290—337页。

② Charles Taylor, *Multiculturalism: Examining the Politics of Recognition*, New Jersey: Princeton University Press, 1994, p. 25.

③ Charles Taylor, *Multiculturalism: Examining the Politics of Recognition*. New Jersey: Princeton University Press, 1994, p. 25.

④ Charles Taylor, Multiculturalism: Examining the Politics of Recognition. New Jersey: Princeton University Press, 1994, pp. 37-38.

⑤ [法]保罗·利科:《承认的过程》,汪堂家、李之喆译,中国人民大学出版社2011年版,第221页。

认是开启整个社会不正义的钥匙"①。他认为不承认或错误承认的经历违背了社会对我们身份诉求的确定或肯定相连的,本应是超历史的规范性期望。"如果缺乏这种确定,我们将不能发展出'完整'的人格身份,这暗示着我们不能完全成为自我实现的个体。"② 美国著名政治理论家施朗斯伯格指出,当代自由主义正义理论存在的一个关键问题是承认以及承认与分配之间的关系没有被很好地讨论,这种现状必须引起关注和加以改变。"自罗尔斯的《正义论》发表后的超过35年的时间里,我们在有关正义的政治理论当中看到的更多是有关分配的公平、公正和模式的论述,而少有涉及对分配至关重要的问题——尊重与承认的关注。然而,毫无争议的是承认是正义中的一个基本要素,承认被忽视的现状应当引起足够的重视。"③

上述学者的论述已充分显示出承认在社会正义中的重要性。的确,在"权力作为一种干预机制会决定承认政治的方向和范围"④的社会现实中,我们不难想象这样的情境:一些人享有特权,而另一些人的尊严和价值却得不到承认。在这种状况下,社会在分配产品时,又何以保障后者的利益,实现真正的公平?无法否认和回避的是,某些群体被有意或无意地"不承认",或是"不被识别",恰恰是分配不公产生的至关重要的原因。例如在美国,少数族裔就常常因为其种族身份而遭受歧视。他们甚至被看成社会的"垃圾",成为有毒废弃物侵害的对象。可以说,不公正问题和分配上的不正义与人们的尊严和价值得不到社会的有效认同有着很大关联。而如果分配上的差异是社会、文化、经济和政治过程导致的产物,对正义的考量就必须充分考虑这些因素,亦即需要考察导致不平等分配产生的"幕后元凶",而不应也不能满足于只是构建一种理想的分配模式。

---

① [美]尼古拉斯·空普雷迪斯:《关于承认含义的斗争》,载凯文·奥尔森《伤害+侮辱——争论中的再分配、承认和代表权》,高静宇译,上海人民出版社2009年版,第292页。
② [美]尼古拉斯·空普雷迪斯:《关于承认含义的斗争》,第292页。
③ David Schlosberg, *Defining environmental Justice: Theories, Movements, and Nature*, New York: Oxford University Press, 2007. p. 11.
④ Ipshita Basu, "The Politics of Recognition and Redistribution: Development, Tribal Identity Politics and Distributive Justice in India's Jharkhand", *Development and Change*, 2012 (6).

（二）参与正义（participatory justice）

"参与正义"也是衡量社会正义的又一重要指标。参与正义是指所有可能被未来政策影响到的人，都有权利参与对决策的制定，而不应被排除在外。参与正义其实就是程序上的正义，即"决策制定或项目实施过程中的公正和公开"①。参与正义要求可能被决策影响到的人拥有知情同意权，即有权对和自身利益相关的决策发表意见并进行表决。

杨不仅对承认正义有较多论述，对参与正义亦多有关注。对她而言，参与正义意指任何一种正当的规范，遵循它的人原则上必须在它被制定时有充分而有效的发言权，同意它且不带有任何被胁迫的性质。民主作为社会正义之条件，能使所有人使用合乎自己意愿的技术去参与决策，表达自己对社会生活的感情、体验和观点。而当所有人都拥有权利和机会参与对将会影响他们的制度的审议和制定时，其行为将对这些制度有所助益，会使后者趋于公正。"各种理想的协商民主过程之所以能够在实质上得出那些公正的结果，其原因在于，它们所谓的协商是从一种正义的起点开始的。换言之，在没有任何人处于某种能够威胁或强制他人接受其提议的社会的地位的情况下，所有受到潜在影响的人都被包括进那些讨论中，而且所有人都能够自由言说与批评。"② 在杨看来，这种"民主的决策制定过程是社会正义的一个要素或一种状态"③，是"确保公民自身需求和利益得以表达且不为他人利益所宰制的最佳途径"④，最有可能达成资源的公平分配和正义的合作规则。杨还以美国社会为例，认为在美国人们对正义的诉求并非主要诉诸产品分配的公正与否，而是远远超出了对分配的关注。比如马萨诸塞州一个小城镇的市民曾举行大规模

---

① Kimberly R. Marion Suiseeya, "Susan Caplow, In Pursuit of Procedural Justice: Lessons from an Analysis of 56 Forest Carbon Project Designs", *Global Environmental Change*, 2013 (7).
② [美]艾丽斯·M.杨：《包容与民主》，彭斌、刘明译，江苏人民出版社2013年版，第41页。
③ Iris Marizon Young, *Justice and the Politics of Difference*. New Jersey: Princeton University Press, 1990, p. 23.
④ [美]艾丽斯·M.杨：《正义与差异政治》，李诚予、刘靖子译，中国政法大学出版社2017年版，第111页。

集会，以抗议一个大型有毒废弃物设施安置在其居住地。人们认为州政府没有给予他们拒绝有毒设施厂的选择权，而这分明是一种参与上的不正义。而当俄亥俄州的人们在得知所就职的公司单方面宣布关停时，变得非常愤怒。在他们看来，私企雇主在没有做出任何警示也没有和工人们提前商议的情况下，就擅自做出关停公司的决定，致使城市中的几乎多一半的人一夜之间失去工作，这明显是不正义。这两个对决策权和决策程序是否正义进行质疑的案例充分说明，在很多时候人们对正义的诉求其实与分配并不总是那么相关。

霍耐特倾向于将承认正义与参与正义结合起来进行思考，他认为人们不被尊重或不被承认的表现形式，亦即权利的缺乏是和民主的参与紧密联系在一起的。当人们的某些权利被剥夺时，他们注定不会得到必要的尊重。因为权利的被拒绝不仅会带来自我尊重的缺失，也会造成与他人同等权利丧失的结果。也就是说，尊重和承认的缺失是和参与的权利紧密联系在一起的①。古尔德（Carol Gould）指出，要想严肃地对待公共生活中的差异，就需要"在公共行为的情境中增加人们参与的机会。因为个人如果有平等的权利去决定他们自己的行为，如果从事一种公共活动是个人自我发展的必要状态之一，那么人们就必须拥有决定这种公共活动的参与权"②。莱克（Robert Lake）认为，分配正义固然重要，但仅靠分配正义不足以保障社会正义的实现，必须引入参与正义。因为社会正义的失效很大程度上源于人们不能有效参与到对其有重要影响的社会决策当中，而这突出地表现为"程序上的非正义"。弗雷切特也提出了参与正义的思想和主张。她以环境正义问题为例说道："改善分配正义的原则和实践——即社会的利益和负担（如有毒废弃物倾倒）固然非常重要；但改进参与正义的原则和实践——在社会的决策制定中个人拥有自我决

---

① Axel Honneth, "Integrity and Disrespect: Principles of Morality Based on the Theory of Recognition", *Political Theory*, 1992 (2).
② Gould Carol, "Diversity and Democracy: Representing Differences", in Seyla Benhabid, eds., *Democracy and Difference*. Princeton, NJ: Princeton University Press, 1996, p.181.

定的平等权利也至关重要。"①

弗雷泽也主张对正义含义的拓展必须引入参与维度。她甚至将正义的最一般含义理解为是平等参与。"在我看来，正义最一般的含义是平等参与。根据对平等道德价值原则进行激进的民主阐释，正义要求允许所有人作为同等的主体参与社会生活的社会安排。矫正不正义意味着消除各种制度化的障碍，这些障碍阻止一些人作为正式的伙伴，平等地与其他人一起参与社会互动。"② 参与的不正义会在经济结构和文化价值等级制的阻碍之下发生。因为经济结构的障碍会剥夺人们作为同等主体与他人相互作用所必需的资源，而制度化的文化价值等级制障碍则阻碍了人们进行平等的相互作用和承认。由此，对正义的考虑必须将参与囊括进来。也就是说，正义理论家应当采取"以参与平等的规范为前提的二维的正义概念"③。

不过，弗雷泽不是就参与正义本身泛泛展开论述，而是别出心裁地提出了一个以"参与正义"为统摄，将分配、承认和政治代表权融合在一起的正义构架。前已述及，弗雷泽并不赞成以罗尔斯为代表的理论家将正义理解为单纯的分配问题的致思路向，更不赞成霍耐特将分配粗暴归约至承认麾下的做法，而是试图建立一个二阶的即涵盖分配与承认两种维度的正义理论。之后，她又提出了正义的第三阶维度——"政治代表权"。"正义理论必须成为三维的，应该将代表权的政治维度整合到分配的经济维度和承认的文化维度之中。……正义的第三个维度是政治性的。"④ 在弗雷泽看来，如果说正义的经济维度指向的是分配正义，文化维度指向的是承认正义，那么政治维度指向的就是代表权的正义。它规

---

① Kristin Shrader-Frechette, *Environmental Justice: Creating Equality, Reclaiming Democracy*, New York: Oxford University Press, 2002, p. 24.
② [美] 南茜·弗雷泽:《重构全球世界中的正义》，载凯文·奥尔森《伤害＋侮辱——争论中的再分配、承认和代表权》，高静宇译，上海人民出版社2009年版，第274页。
③ [美] 南茜·弗雷泽:《身份政治时代的社会正义:再分配、承认和参与》，载南茜·弗雷泽、阿克塞尔·霍耐特《再分配，还是承认？——一个政治哲学对话》，周穗明译，上海人民出版社2009年版，第37页。
④ [美] 南茜·弗雷泽:《正义的尺度——全球化世界中政治空间的再认识》，欧阳英译，上海人民出版社2009年版，第15—17页。

定了其他维度的范围，意味着谁能够"被算作在有资格参加公共分配与互相承认的成员圈子内，谁被排斥在外"①。弗雷泽认为，就像正义的分配维度植根在社会经济结构之中，正义的承认维度植根在社会文化结构之中一样，正义的政治维度是植根在社会政治结构之中的，而与之相联的不公正则是"错误的代表权或政治上的失语"②。

在与其他学者所进行的争论中，弗雷泽最终提出了"参与正义"统摄下的、集分配、承认和政治代表权为一体的正义框架体系。用她的话说，就是"让建立在三个维度之上的诉求，服从于参与制平等的具有支撑性的规范原则"③。根据这个原则，正义必须保证所有人能够有机会平等参与社会生活的各种安排。而参与的不正义则意味着社会制度安排的不合理。这种不合理制造了种种障碍，导致一些人无法"以与其他人平等的身份，并且是作为完全的伙伴，而去参与社会交往"④。弗雷泽指出，制度安排的不合理造成的参与障碍可从三个方面加以解析。"首先，人们能够被经济结构阻止实现完全的参与，这种经济结构否定了他们所需要的与其他人同等交往的资源；在这种情况下，他们遭遇了分配不公或分配不当。第二，人们能够被文化价值的制度化的层级制度阻止实现平等条件下的相互交往，这种文化价值的制度化的层级制度否定了他们的必不可少的身份；在这种情况下，他们遭遇了身份不平等或错误承认。第三，人们能够被决策规则阻止实现充分的参与，这种决策规则否定了他们在公共协商与民主决策制定中的平等声音；在这种情况下，他们遭遇了政治不公正或错误代表制。"⑤ 不难看出，在弗雷泽对正义的理解视域中，参与正义是第一位的，分配正义、承认正义和代表权正义只是隶属于参与正义框架下的不同维度，反映的是人们在经济、文化和政治制度安排下对正义不同视角下的诉求。

---

① [美]南茜·弗雷泽：《正义的尺度——全球化直接中政治空间的再认识》，欧阳英译，上海人民出版社2009年版，第17页。
② [美]南茜·弗雷泽：《正义的尺度——全球化直接中政治空间的再认识》，第68页。
③ [美]南茜·弗雷泽：《正义的尺度——全球化直接中政治空间的再认识》，第69页
④ [美]南茜·弗雷泽：《正义的尺度——全球化直接中政治空间的再认识》，第69页。
⑤ [美]南茜·弗雷泽：《正义的尺度——全球化直接中政治空间的再认识》，第69页。

（三）能力正义（capability justice）

"能力正义"是理解正义内涵的又一重要理论维度。"能力"，是指在既定的社会中，一个人能做某事和成为他想成为的那种人的机会。作为一种一般规范性架构，能力理论最早可追溯至亚里士多德。亚氏认为，追求财富并不是一个体面社会的适当的总体目标。"财富只不过是一种手段，如果财富本身成为一种目的，那些应当指引政治规划的人类价值就将被完全贬值和扭曲。"① 他认定正确的道路应是首先确定何为完满的人生，接下来就是让人们有能力活出基于完满的人生。斯多葛学派主张人性尊严和平等价值的理念应成为自然法的核心，因为这是让人们活出人性尊严所要求的生活的前提。他的这一思想被斯密发扬光大。斯密认为，他所在时代的劳动分工和教育的缺乏会产生一种对人类能力的恶性效果，导致人们愚笨无知，如没有能力做出利益判断和保卫国家。密尔（John Stuart Mill）则"阐释了政治自由和人类自我发展的关系"，论证了性别歧视给妇女的机会和能力所造成的伤害。格林（Thomas Hill Green）提出了"一种更全面地运用人类能力理念的学说"。在他看来，"保护人类自由的正确方式就是创造条件，使各种类型的人在此环境内都可得到来自社会的充分保护，因而有能力进行广泛的选择"②。

能力理论的要义在于"倡导社会政策和制度的设计，以及对福利、不平等、贫穷和正义的评价，应该主要关注于人们的功能能力。功能是一个人的'存在和作为'，如工作、阅读、政治上表现积极、身心健康、受到良好教育、安全、受保护、是共同体的一部分，等等"③。简言之，能力正义就是要求社会制度的安排应努力让人们过上"更有尊严的生活"④。它意

---

① ［美］玛莎·纳斯鲍姆：《寻求有尊严的生活：正义的能力理论》，田雷译，中国人民大学出版社2016年版，第88页。
② ［美］玛莎·纳斯鲍姆：《寻求有尊严的生活：正义的能力理论》，第99页。
③ ［美］英格雷·德罗宾斯：《南茜·弗雷泽对分配正义理论的批判合理吗?》，载凯文·奥尔森《伤害+侮辱——争论中的再分配、承认和代表权》，高静宇译，上海人民出版社2009年版，第182页。
④ Peri Roberts, "Nussbaum's Political Liberalism: Justice and the Capability Threshold", *International Journal of Social Economics*, 2013（7）.

味着只有让人们拥有了真正的自由，具有"真正的、真实的、实际的机会"，去成为"想成为的人，做想做的事"①，以最大化实现其生命潜能。

森和纳斯鲍姆是对能力正义研究做出较多贡献的学者。他们认为，判断社会正义与否不能只靠分配正义，而应同时关注商品和财富的分配如何影响到人们的幸福（well-being）及其功能性活动（functioning）的组合让其能力有最好的发挥。"一个人所过的生活可以被看成是所做的各种事情和各种存在状态的一种组合，他们可被统称为功能活动。一个人的能力指各种不同的可选择的功能性活动的组合。"② 概言之，衡量社会正义的指示器不仅要看商品的分配是否合理公正，更要看被分配的商品是否转化为个人能力的最大发挥。诚如森所言："应将焦点放在商品所能带来的人的自由潜力，而不是商品本身。"③ 纳斯鲍姆也指出，核心问题不在于一个人能占有和控制多少物品，而是他能用物品去做什么和成为什么。"我们关注的不单单是资源，而更重视资源能否发挥作用，以使人能以一种全然人性的方式去实现其功能性活动。"④ 所以，真正的社会正义不但要重视社会利益的公平分配，更应致力于使人的内在潜能得到最大程度的发挥，使其获得所需要的"将对物的占有转化为幸福生活"的能力。

在一次名为《什么平等？》的演讲中，森发起了对罗尔斯的尖锐批评，并指认他的无知之幕造成了现实中原本千差万别的人的趋同化、无特色化。"如果人们基本上是相似的，那么基本物品的指数可能是判断优势的好方法。但实际上，人们对健康、寿命、气候条件、地域、工作条件、性格，甚至体格大小等（影响到食物和衣服的需求）的需求往往千差万别。……因而，仅仅按照基本物品去判断优势会导致一种片面和盲

---

① ［美］英格雷·德罗宾斯：《南茜·弗雷泽对分配正义理论的批判合理吗？》，载凯文·奥尔森《伤害+侮辱——争论中的再分配、承认和代表权》，高静宇译，上海人民出版社2009年版，第182页。

② ［印］阿玛蒂亚·森、［美］玛莎·纳斯鲍姆：《生活质量》，龚群等译，中国社会科学文献出版社2008年版，第3页。

③ Amartya Sen, *Development as Freedom*. New York: Alfred A. Knopf, 1999. p.74.

④ Nussbaum, Marha C. *Womend and Human Development: The Capabilities Approach*. Oxford: Oxford University Press, 2000, p.71.

目的道德。"① 森认为，罗尔斯只关注物品公平分配的做法实则是一种拜物教倾向。实际上，我们不仅要关注人们能分到什么物品，更需关注所分配的物品是否提高了人们的生活潜能和行动能力。基于此，森主张将对人们是否幸福的评价应建立于是否实现了"有价值的功能性活动的能力"② 之上，而不仅仅是看其分配到了多少物品。功能性的活动，反映的是"一个人能够做某事或成为其所是的能力"③，意味着一个人可以"做想做的事"（doings），成为"想成为的人"（beings）。"功能性的活动是指一个人的成就，他可以做任何想做的事，成为想成为的人。功能性活动是一个人生活状态的一部分。它有别于商品（只是用来实现功能的东西），也区别于幸福（由功能所产生的东西）……功能相对于商品，是在后的；而对于由它产生的幸福，则是在先的。"④ 这就是说，功能性的活动是连接商品与幸福之间的桥梁与媒介。只有借助功能性活动的转换，商品才有最终使人获得幸福之可能。森认为，像营养、寿命、健康、教育等都属于基本的功能性活动，而获得自我尊重、得到社会承认、进行政治参与以及和对幸福评价相关的东西都属于复杂性的功能活动。"一个人想做某事和成为想成为的人所涉及的东西复杂多样。有价值的能力活动可以从免于饥饿和营养不良到实现自我尊重和社会参与。"⑤ "一些功能性活动是非常基本的，比如获得足够的营养，处于良好的健康状态等。显而易见，它们对所有人而言都极其重要。而另外一些功能性活动可能更为复杂，但仍会被高度认可。比如获得自我尊重或与社会的整体性相协调。"⑥ 为实现这些简单或是复杂的功能性活动，人们固然需要物质性的东西比如金钱、私有物品、公共物品等，但也需要拥有某些特定的心理情

---

① Amartya Sen, "Equality of What?" in S. McMurrin, eds., Cambridye: Cambridge University Press, *The Tanner Lecture on Human Values*, 1979, pp. 197-220.

② Amartya Sen, *The Quality of Life*. Oxford England New York: Clarendon Press Oxford University Press, 1993. p. 31.

③ Amartya Sen, *Development as Freedom*. New York: Alfred A. Knopf, 1999, p. 75.

④ Amartya Sen, *On Ethics and Economics*. New York, NY: Basil Blackwell, 1987, p. 7.

⑤ Amartya Sen, Development as Capability Expansion. http://morgana.unimore.it/Picchio_Antonella/Svil up po%20umano/svilupp%20umano/Sen%20development.pdf.

⑥ Amartya Sen, "Capabillity and Well-Being", in Daniel M. Hausman, eds., *The Philosophy of Economics*, New York: Cambridge University Press, 2008, p. 271.

感如幸福、自我实现等。但无论怎样，不是商品而是功能性的活动"应当成为衡量和评价一个人幸福与否的基础"，因为"幸福的主要特征是获得有价值的功能性活动的能力"①。因而，"必须以可行能力方法，而不是以资源为中心的对于收入和财富的关注"②，作为评估个人是否幸福的基础。

在对功能性活动进行界定后，森还对"能力"范畴做了诠释。"当我试图根据一个做有价值的活动或达至有价值的状态的能力来探讨处理福祉和利益的某种特定方法时，也许我本可以选择一个更好的词。采用这个词是为了表示一个人能够做或成为的事物的可选择的组合——他或她能够获得的各种'功能性活动。'"③ 在森看来，无论是吃、穿、看电视这些日常行为，还是参与社区团体的生活，抑或一个人存在的状态或是生命本身，以及获得自我尊重等，这些功能性活动的满足或实现既表明人们获得了某种能力，也表明他们拥有了更多实现自由的潜能和机会。森将能力视为人类实现自由的形式之一。"能力是自由的一种形式，这种重要的自由可以让人实现功能性活动。"④ 能力代表着人们获得功能性活动的自由程度。它包含两个方面：其一是人生而为人所应拥有的能力或权利，其二是人们培养或锻炼自己能力的机会。森还借助能力概念，对世界上不同地区尤其是发展中国家人们的幸福生活质量进行了比较研究。在他看来，与以财富增长为中心的 GDP 数量相比，能力是更能反映出人们生活质量好坏的指示器。

总之，在森看来，正如亚里士多德所说的那样："财富显然不是我们追求的目的，它只是达到目的的一种手段。"⑤ 因而，一个正义的社会应不断致力于将所生产的物品转化为人们进行功能性活动的能力，并努力促进这种能力的最大发挥，以使其实现更多的自由，而不是一味去追求物质财富的增长，满足于让人们占有越来越多的商品。"如果我们的目的

---

① Amartya Sen, "Well‑being, Agency and Freedom: The Dewey Lectures 1984", *The Journal of Philosophy*, 1985 (4).
② ［印］阿玛蒂亚·森：《正义的理念》，王磊、李航译，中国人民大学出版社2012年版，第237页。
③ 龚群：《追问正义：西方政治伦理思想研究》，北京大学出版社2017版，第227页。
④ Amartya Sen, *Development as Freedom*, New York: Alfred A. Knopf, 1999, p.75.
⑤ Aristotle, *The Nichomachean Ethics*, Oxford: Oxford Univesity Press. 1980, p.7.

是努力使个人获得实现其目标的机会，那就不能仅仅满足于增加人们占有的商品数量，而是要努力将商品转化为人们实现其目标的能力。"①

纳斯鲍姆和森一样，也是一位对能力正义做出卓有成效工作的学者。对于流行于大多数国家的主导模式，纳斯鲍姆提出了批评。在她看来，主流经济学家、政策制定者和执行官员总是倾向于认为，当且仅当一个国家的GDP保持增长时，该国人们的生活品质才能得到提升。所以，几乎所有国家都不遗余力地将精力放在了发展经济以提高GDP总量上，却不思考和关心经济的快速发展是否真正促进了人们生活品质的提高。这里的生活品质，被纳斯鲍姆理解为就是关于人类发展的"能力"。它关注的是一个人"在现实中能做到什么，又能成为什么？"②，或者说能否"做他想做的事，成为他想成为的人？"纳斯鲍姆认为只有这样，才是把每一个人当作目的，当作真正的人来看待，因为它关乎人性的尊严。"经济增长固然是良好公共政策的一部分，但也只是一部分而已，只是一种纯粹的工具。人民才是最重要的，利润不过是人类生活的工具性手段。与良好国内政策的目标一样，全球发展的目标也是要让民众过上充裕和有创造性的生活，发展他们的潜力，营造一种他们的平等人性尊严所要求的有意义存在。换言之，发展的真正目标是人类的发展。"③ 而人类的发展能力，"人们实际上能够做什么或能够成为什么样的人"④ 的"能力进路"，被纳斯鲍姆视为是主流发展模式的最好替代物。

纳斯鲍姆认为，主流发展模式（GDP的方法、效用主义的方法和以资源为基础的方法）都是有缺陷的。"GDP的方法遮蔽了那些紧要的事务，而认为当一个国家提升其人均GDP的时候，这个国家就在很好地'发展'。"⑤ 但事实是"它并没有告诉我们什么是真正重要的"。效用主义也就是功利主义的"每一个都只算作一个，无人算多"的思想看起来

---

① Amartya Sen, *Development as Freedom*, New York: Alfred A. Knopf, 1999, p.74.
② ［美］玛莎·纳斯鲍姆：《寻求有尊严的生活：正义的能力理论》，田雷译，中国人民大学出版社2016年版，前言。
③ ［美］玛莎·纳斯鲍姆：《寻求有尊严的生活：正义的能力理论》，第186页。
④ ［美］玛莎·纳斯鲍姆：《正义的前沿》，陈文娟、谢惠媛、朱慧玲译，中国人民大学出版社2016年版，第52页。
⑤ ［美］玛莎·纳斯鲍姆：《正义的前沿》，朱慧玲、陈文娟、谢惠媛译，第36页。

非常民主，但如将其作为衡量一个国家生活品质的指标，则会产生诸多困境。如忽视遭受苦难的位于社会底层的人们，并忽视人们在其生活中如何寻找并发现自身价值和潜能的问题。而以资源分配为基础的理论譬如罗尔斯的正义论，将一个国家"在其全体公民中间平等（尽可能平等）地分配资源"视为治国良策的思路，也无非是"GDP主义的一种平等主义"翻版。因为它只关心如何将社会的"基本善"进行合理分配，而并不关注被分配的物品是否真的对人们有用，更不在意人们用它们可以做些什么和能够成为什么。而事实上，金钱不过是一种工具，合理的政策目标也绝"不只是扩散金钱，而是赋予人们以运作的能力"。

与森致力于阐述能力与社会财富之间关系的思路不同，纳斯鲍姆尝试强化和丰富能力的哲学基础，而且倾向于在细节上阐释能力正义所应包含的具体内容。在她眼中，"对某些核心的人类能力的说明应该为政治规划提供一个关注点：作为社会正义的一个最基本的必要条件，公民应该保障这些能力的一个阈限水平，不管他们除此之外还具有什么其他的能力"①。正是基于这样的理念，纳斯鲍姆提出了一套"能力门槛"或"能力集合"（capability set），以详细阐明能力正义所应有的具体内涵。具体清单如下。

①生存的能力：即能活到一个人正常的生命长度；不会过早死亡，或是在出生前就被认为不值得降临到世上。②身体健康的能力：拥有健康的身体，包括生殖健康，营养得到保障，有充足的庇护所。③身体完整的能力：能到处自由活动并免于暴力攻击，包括性侵和家暴；有繁育后代的能力和机会。④理智、想象和思考的能力：能运用理性去想象、思考和进行推理，并且是以一个真正的人的方式从事这些活动。这种活动是通过教育培养而得以实现的。能运用想象和思考在宗教、学习、音乐等方面做出选择。能通过自己的心智在政治和宗教等活动中捍卫自己的自由。能获得愉快的经验体会并避免无益于自己的痛苦。⑤情感能力：能够依恋某种东西或周围的人；爱那些关心我们的人，没有他们时会感

---

① ［美］玛莎·努斯鲍姆：《善的脆弱性：古希腊悲剧和哲学中的运气和伦理》，徐向东译，译林出版社2007年版，第11页。

到悲伤。去感受爱和痛苦,经历想念、感激,甚至正当的生气。不必因害怕和不安而感到煎熬。⑥实践理性能力:能够形成关于"好"的观念,能够对自己的一生进行批判性反思。⑦与他人联盟或结成友好关系的能力:能够与人相处,关心他人,并积极参与各种社会交往活动。对他人的处境能感同身受;自重而不会感到羞辱;能作为一个有尊严的人被对待,其价值与他人平等,并无须经历任何种族、性别、种族划分、种姓、宗教、民族血统等歧视。⑧与其他物种保持良好关系的能力:能关注动物、植物和自然界的命运。⑨娱乐或玩耍的能力:能够微笑、玩耍和享受娱乐活动。⑩控制自身环境的能力。包括政治和物质两个层面:在政治上,在决定自己生活的政治活动中能做到有效参与;有政治参与的权利,能自由演说和结盟。在物质上,在与他人平等的前提下,能拥有土地和动产等财产权。有权与别人寻求平等的就业机会;有权拒绝毫无根据的搜查和抓捕。在工作上,能够作为一个真正的人去工作,行使其实践理性,与其他人能建立相互认可的关系等。①

努斯鲍姆指出,她的能力清单不是封闭的而是开放的。而且,它只是"对核心的人类权利理论提供了一种哲学上的支持。这些核心的人类权利应当得到所有国家政府的尊重和政策上的体现,把它作为尊重人的尊严所提出的最低限度要求……一个基本的社会最低限度的观念为聚焦于人的能力的方法所提供,而'人的能力'是说,人们实际上能够做什么和能够成为什么,而这是为这样一种直觉观念所把握:人的生命因有尊严而有价值"②。在她看来,如果一个人的生活缺乏上述能力,则意味着是没有尊严的生活。

对于努斯鲍姆提出的能力范畴表,有学者指认它过于专断和理想化。"尽管努斯鲍姆的能力范畴表从理论家的角度,指出了何为客观的好。然而,这套理论关注的焦点并不是人们选择的功能性活动,而只是阐明了

---

① Martha C. Nussbaum, "Capabilities as Fundamental Entitlements: Sen and Social Justice", in Thom Brooks, eds., *Global Justice Reader*. Malden, MA: Blackwell Publishing Led, 2008, pp. 604–605.

② Martha Nussbaum, *Frontiers of Justice*, MA: The Belknap Press of Harvard University Press, 2006, p. 70.

人们做什么和成为什么的理由。"① 所以，它未免显得过于普遍和抽象。但不管怎样，努斯鲍姆对能力的研究在很大程度上促进了正义内涵的扩展，却是不争的事实。

值得一提的是，森和努斯鲍姆在对能力的探讨中，还对能力和参与之间的关系进行了阐述。他们认为，公民参与是理解正义不可或缺的一部分。对森而言，参与是将人理解为主体，而非仅仅是物品的接受者的重要前提。他的正义理论不仅把参与囊括到了自由和功能性活动中，而且将参与视为支撑其他功能性活动的东西。同样，对努斯鲍姆来说，参与或者说对某人政治环境的掌控，是支撑其全部功能性活动的关键能力，而且参与自身也是一种功能性活动。"作为一种能力，一种功能，或是二者的结合，参与是正义论中能力方法的核心。"②

（四）小结

上述理论成果充分表明，学者们对正义内涵的诠释已大大突破和超越了分配正义的研究范式，并呈现出对正义内涵更为多元化的理解。这种对正义论之正义内涵的扩展并非空穴来风，而是对现实生活中形形色色的社会运动所体现出来的价值诉求在理论上的概括、反思与积极回应。当然，需要指出的是，对正义内涵更为丰富和多样化的理解，并非想要推翻或否定传统的分配正义研究路向，而是希望通过拓展和延伸正义的维度，赋予理解正义更为宽广的视野和平台。因为现实中的各种社会运动如妇女运动、民权运动，全球原住民追求的文化多样性运动，全球意义上的可持续发展，以及反对新自由主义运动，等等，都从不同层面反映出人们对正义更为多样化的理解。而当今诸种环境正义运动更是对正义理论发展趋势在实践中的最好确证。如非裔美国人的反环境种族主义运动就是对自身尊严和价值长期得不到社会承认的不满与抗争，而世界各地原住民对土地自治权及其文化独特性的捍卫，同样表达了他们对获

---

① Séverine Deneulin, " Perfectionism, Paternalism and Liberalism in Sen and Nussbaum's Capability Approach", *Review of Political Economy*, 2002 (4).

② David Schlosberg, *Defining Environmental Justice: Theories, Movements, and Nature*, New York: Oxford University Press, 2007, p. 32.

得承认正义的渴望。同时，发生在区域和全球的各种环境正义斗争也表征着草根们对参与正义的强烈诉求：希望在环境决策的过程中，能够为自己代言，而不是像从前那样被排除在外。

当然，毋庸置疑的是，在对分配、承认和参与正义的关注中，人们同样表达了对能力正义的希冀。在他们眼中，一种真正的环境正义必须体现在社会能使人们的健康、安全、幸福得到充分保障，内在潜能得到最大程度发挥。这些环境实践充分表明：无论区域还是全球层面的环境正义运动，人们对正义的理解都没有拘泥于对正义之分配维度的唯一诉求，而是倾向于将其看成集分配、承认、能力和参与正义于一体的更为多元化的集合。换言之，现实的环境正义运动不仅关注环境风险的不平等分配问题，同时也关注与这种不平等相关的，对弱势群体和少数民族缺乏承认的问题，被压迫族群在环境决策中缺乏代表和发言权的问题，以及环境恶化以何种方式削弱了个体和社群生存和发展能力的问题。总之，环境好处和坏处的公平分配虽然是环境正义的核心要求，但一个狭窄的分配方式，势必会从根本上"遮蔽环境正义运动多样化的诉求"①。所以，应提供一个更为宽泛、多元和实用的对正义概念的理解框架。必须注意到，"分配范式并非正义理论，尤其是正义实践中的唯一尺度。分配无疑是最重要的，但也总是和承认、政治参与和能力等紧密联系在一起的"②。

尽管从多视角阐释正义内涵已成为多数学者的共识，而现实的环境正义实践也处处彰显出人们对正义的多角度诉求。在此背景之下，积极吸收正义论的前沿成果并将其运用到对环境正义斗争实践的观照中，就成为情理和现实的必然要求。但遗憾的是，长期以来鲜有学者将正义理论的上述进展运用到对环境正义的研究与分析当中。这也由此造成了环境正义的分配研究范式长期独霸天下的局面。例如弗雷切特虽早已切中肯綮地指出，只从平等范畴考量正义是有缺陷的，但她在考察环境问题

---

① Leire Urkidi & Mariana Walter, "Dimensions of Environmental Justice in Anti-gold Mining Movement in Latin America". *Geoforum*, 2011 (6).

② David Schlosberg, *Defining Environmental Justice: Theories, Movements, and Nature*, New York: Oxford University Press, 2007, p.45.

时却始终未触及承认正义；布莱恩（Barry Brian）等尽管对承认正义略有涉及，但并未进行系统完整的表述。只有菲格罗亚在讨论环境正义的二阶特质即分配维度和承认维度时，才清楚地阐明了承认是环境正义的内在要素之一。至于环境正义中的参与和能力维度，几乎无人论及。总起来讲，"尽管正义理论已取得重大突破，但与环境正义相关的研究依然集中在了对分配不公的讨论上——贫困社区、本土民族，以及有色人种获得了较少的环境好处，更多的环境坏处和更少的环境保护"[1]。这种状况直到近些年才有了根本性转变：承认正义方面，学者们认为在考虑分配正义时，必须将承认正义考虑进去。因为承认正义会影响甚至决定分配正义的过程和结果。"承认缺乏是分配不公的基础。如果某个群体面临着来自文化贬低、政治压制和结构层面的多重障碍，那么决策过程中的真正参与是不可能的。"[2] 参与正义方面，学者们认为作为一种"更宽泛意义上的生态民主"，环境正义的框架应注重民众参与的权利和决策过程中的民主性。能力正义方面，学者们主张与环境有关的决策和行为应努力消除"阻碍人们（尤其是穷人）通过提高生存能力而获得幸福的结构性障碍"[3]，并建立和增加社区自治的能力空间。因为人们之所以能被政治行动号召并行动起来，除寻求分配上的公正外，是因为他们还抱有一个强烈愿望：拥有自我决定权，以保留和延续自己的文化。通过对区域和全球环境正义运动斗争与实践的考察与分析，学者们认为环境正义之正义的内涵和理论维度绝不应只限于单纯的分配正义，而应有更宽泛的指向。

从早期囿于对分配维度的单向度考察，到超越分配正义的致思理路，并从承认正义、能力正义和参与正义等多视角阐释和论证环境正义的内涵，这一对环境正义的研究路径，不仅大大拓宽了传统正义论和环境正义之正义内涵的理解，也表征着正义论领域，尤其是环境正义领域研究

---

[1] David Schlosberg, *Defining Environmental Justice: Theories, Movements, and Nature*, New York: Oxford University Press, 2007, p. 4.

[2] Beatriz Bustos, etc., Coal Mining on Pastureland in Southern Chile: Changing Recognition and Participation as Guarantees for Environmental Justice, http://dx.doi.org/10.1016/j.geoforum.2015.12.012.

[3] Vijay Kolinjivadi, etc., "Capabilities as Justice: Analysing the Acceptability of Payments for Ecosystem Services through Social Multi-criteria Evaluation", *Ecological Economics*, 2015 (10).

范式的重要转向，是环境正义进一步研究的起点和方向。这也使学界对环境正义的其他理论维度，如承认正义、能力正义和参与正义等的探讨成为环境正义研究的重要理论生长点。

三 环境正义之多维度分析

关于环境正义的理论框架应包含哪些要素，学界并无太多讨论。从早期研究思路来看，学者们大多认为环境正义至少应涵盖两种维度，即作为分配的正义和作为承认的正义。一些学者还曾就分配正义和承认正义在环境正义中的地位和作用，亦即"谁为主导""谁应从属于谁"这样的问题展开了激烈争论交锋，并形成了意见相左的两大阵容：分配阵营和承认阵营。前者主张环境正义应将注意力集中于环境善物和恶物在社会中的公平分配，并认为社会在文化方面的特征应从属于物质上的分配。后者则认为在社会发展和政治进程中应高度关注社会群体的文化差异，因为文化制度和习俗会直接影响到物质好处和坏处的分配状况。菲格罗亚在考察了这两种范式及其产生的学术争议后，主张对环境正义理论维度的探讨必须跳出"非此即彼"的思维模式。即不应拘泥于"要么是分配正义，要么是承认正义"的二元对立思维模式，而应将目光放在对草根群众在环境正义斗争实践中表达出来的正义诉求的观照上。在对环境正义运动实践进行考察后，他提出了一个折中性方案：环境正义具有"二阶性"特征，即环境正义兼具分配和承认两种向度。用他的话说，就是需构建一个"二阶的环境正义"。"作为正义的一种清楚明白的形式，环境正义需要对分配正义和承认正义进行辩证式的合成。"① 继二阶模式后，有学者提出了"三阶论"。他们认为，除分配和承认外，环境正义还需增加和吸收其他元素，譬如"参与正义"。因为要想实现环境善物和恶物的公平分配，就不光要对不同文化群体特别是少数族裔或弱势群体予以认同，还必须让人们"为自己立命代言"——对影响自身生活的社会

---

① Robert Melchior Figueroa, "Bivalent Environmental Justice and the Culture of Poverty", *Rutgers University Journal of Law and Urban Policy*, 2003 (1).

决策拥有参与权和发言权，能代表自己说话，决定自己的命运。如弗雷泽就指出，若要避免和消除分配和承认上的非正义，所有被涉及的人在环境决策制定的过程中，都需要进行平等的参与。因而，分配、承认和参与是实现环境正义的三阶要素。施朗斯伯格则认为，环境正义框架不应拘泥于只从分配维度去界定和理解。通过对美国和全球草根群众环境正义斗争实践的分析，他令人信服地指出，环境正义之正义的内涵，实际上应将分配、承认、参与和能力等四种维度统统涵盖进去，才会全面和成熟。基于此，本书将环境正义的理论维度分为以下四个层面。

（一）环境正义的分配维度

正如在正义论中占据的重要地位一样，分配维度成为环境正义关注的首要核心是理论和实践上的应有之义。环境正义中的分配正义，即指对诸种环境善物，尤其是环境恶物如有毒危险废弃物的倾倒、肮脏空气的排放、垃圾焚化炉的选址等，应进行公正和平等的分配。平等分配意味着任何人在环境权利和义务上都是平等的，如果一些人（或国家）过多地享受了经济、社会发展带来的环境好处，而较少承担或几乎不承担环境坏处；或者一些人（或国家）较少地或没有享受到环境善物，却过多地承担了发展所带来的环境恶果，这都属于环境正义中的分配不正义。例如在美国，有色人种和贫困人群一直是环境问题中的受害者。从美国基督教联合会种族正义委员会发布的《美国的有毒废弃物与种族》研究报告，和以布拉德为首的一大批学者对美国各地区环境污染所进行的调查统计分析报告中不难发现，美国商业危险废物处理厂和废弃物填埋场的选址与其周围社区居民的社会地位状况，尤其是种族状况存在着可怕的关联性：越是有色人种和少数族裔居住的地方，就越容易成为有毒危险废弃物厂商趋之若鹜的理想场所。这既是美国长期存在的种族歧视问题在环境问题上的折射，同时也是赤裸裸的环境恶物的分配不正义。

而全球环境问题的现状同样反映了环境利益和环境负担在分配上的不正义。以全球变暖为例，众所周知，温室效应的形成与以美国为首的发达资本主义国家在工业化过程中的过度排放有着很大关系。而按照分配正义的原则，这些提早享受了工业文明好处的国家理应在温室气体的减排上发挥主导作用,承担较多的气体减排责任。但发达国家的表现并不令人满意。如美国在 2008 年曾拒绝在《京都议定书》上签字,2017 年的特朗普政府更是高调宣布退出《巴黎协定》。这种消极态度和作为,无疑是对遏制全球气候升温的重大挑战和考验。事实上,作为一个只有 4 亿多人口的国家,美国长期以来一直稳居温室气体排放的榜首地位。还需指出的是,占世界人口 1/4 的发达国家却消耗了全球 3/4 的资源。这些国家在环境善物上的占有比例,远非占世界 75% 人口的不发达国家可比。与发达国家相比,第三世界国家在历史上大多是资本主义国家的殖民地或附属国,即使在获得国家主权独立地位后,也未能逃脱被继续剥削和压榨的命运。在全球化浪潮和自由经济一体化运动的洪流裹挟下,这些国家的丰富资源在经过发达国家的掠夺和盘剥外,已所剩无几。但它们却不成比例地承担了经济全球化带来的环境恶果。而那些生活在海洋低地附近国家的人,更是会随时面临因全球气温升高导致冰川融化而带来的毁灭性危险。再有就是有害废物的跨国转移问题。尽管国际社会早已制定了禁止有害废物越境转移的《巴塞尔公约》,但由于不发达国家政府监管失效,环境法律不严格等原因,大量有害废物如医疗废物、电子垃圾等,还是被源源不断地被运往海外,致使不发达国家成为有毒废物的倾倒地。发达国家享受了发展带来的环境好处,却让不发达国承担环境负担。这种生态殖民主义行径不仅严重违反了国际公约,更是一种环境分配上的不正义。

(二)环境正义的承认维度

环境正义的承认维度,是指政府在制定和实施环境政策的过程中,企业在对施工场所的考虑中,必须尊重独特性和差异性,不能对任何群体抱有成见或偏见,更不能因为成见偏见而施加环境不正义。值得注意的是,在现实生活中,由于文化上的优越性或心理上的偏见,环境问题上的承认非正义现象可说是随处可见。例如美国长期实行的种族主义政策就是对有色人种的歧视和不承认,这种歧视也渗透到了环境政策的制定、实施和企业的行为当中。这不仅给有色人种带来了心理上的巨大伤害,更造成了生存健康和安全威胁。有关资料显示,美国国家环保局在

1985年到1992年期间，共处理过28宗社区污染案件，对排污企业均处以一定数额的罚款。但环保局却进行了有差异的处理政策：对黑人社区造成污染的企业，罚金数额平均为23.9万美元，而污染白人社区的企业，罚金却高达59.429万美元。而依照联邦环境法律的有关规定，对白人社区排污企业的罚金，"比少数族裔社区排污企业的罚金高出46%"①。在处理垃圾污染问题时，环保局对白人和黑人也采取了不同态度。例如在清理垃圾周期方面，"白人社区为9.7年，而少数族裔社区则是13.8年"②。布拉德通过对美国南部的调查研究发现，在黑人人口占1/4的休斯敦，"5个市政垃圾场全都位于黑人社区，8个市政焚化炉有6个位于黑人社区"。美国基督教联合会种族正义委员会发布的两份调查报告也揭示出少数族裔社区所承担的有毒废弃物的环境负担，远高于白人中产阶层社区。虽然后来在学者中间引发了这种现象是否暗示了美国的确存在种族歧视的争论，但越来越多的证据还是表明：以非裔美国人为代表的少数族裔，在包括环境问题等在内的诸多方面确实受到了社会的不公正对待，这是一种承认上的不正义。有色人种被社会忽视，或是通过扭曲的形式被"承认"，比如被看成垃圾和危险生物，其形象往往同污染、败坏、不洁、堕落相联系。在这种畸形的"社会认同"之下，有色人种居住的社区成为有毒废弃物的聚集地也就不足为奇了。

从环境正义行动者们的主张和行动中也可看出，他们之所以要发动环境正义斗争，绝不是仅仅出于对不公平分配的不满，而更多地表达了对获得尊重和承认的诉求。可以说，对"不公平分配"和"承认缺乏"的抗争，二者都是草根群众为环境正义而斗争的根源。③ 塔克（Cora Tucker）作为一位著名的非裔环境正义行动者，曾谈到她在参加一次会议时的感受：白人妇女被主持人介绍时一律被尊称为太太或夫人，而在介绍塔克时却直呼其名。塔克感觉受到了歧视和侮辱。在她的坚持下，主

---

① Richard Hofrichter, *Toxic Struggles: The Theory and Practice of Environmental Justice*, Salt Lake City: 2002, p.137.

② Richard Hofrichter, *Toxic Struggles: The Theory and Practice of Environmental Justice*, Salt Lake City: 2002, pp.141-142.

③ 王韬洋：《西方环境正义研究述评》，《道德与文明》2010年第1期。

持人最终不得不改口。在塔克看来,名字称谓关乎尊重与尊严。"这不是一个是否称呼我为'塔克夫人'的问题,而是一个关乎尊重的问题。"①如果说塔克表达的是对个人遭受的承认缺乏的不满,那么众多的草根环境正义斗争则更多表达了受压制群体在经历承认不正义时发出的抗议。例如鉴于二氧杂芑的毒性和其在水中的难溶解性,美国环保局曾制定过一个排放标准,用来规定允许造纸厂释放到环境中的二噁英数量。环保局还按照释放标准给出了人们吃鱼数量的建议。然而,这在世代以捕鱼为生的印第安纳瓦霍族土著部落看来,却是对其饮食习惯的不尊重。他们认为,环保局无视原住民的文化独特性,允许造纸厂排放二噁英的做法,从根本上说,属于对原住民饮食文化的不承认。

(三) 环境正义的参与维度

环境正义的参与向度,是指可能被未来环境行为和决策影响到的人们,必须拥有决策制定的参与权和充分表达自己意见、看法的机会与平台,不能被以各种理由排除在外。这种表达人们对自身环境权益的诉求,用一句话来概括就是:为自己代言立命。它不仅意味着要打破沉默,发出能真正代表自己的声音,而且意味着人们对自我的一种反省和与压制者的针锋相对。

参与维度在环境正义当中的重要性毋庸置疑。从第一届有色人种环境领导人高峰会议制定的17条原则当中,不难发现第5条原则"环境正义确信所有人有政治、经济、文化和环境自我决定等基本权利",和第7条"环境正义主张在每个决策制定的过程中,人们有作为平等主体参与的权利,包括需要评估、计划、实施"等,都强调了人们作为平等主体,有权参与决策和决定自己命运的主张。而从查韦斯对环境种族主义的界定中,亦可看到参与正义对有色人种维护自身正当权益的重要性和意义:"将有色人种排除在环境决策之外的行为属于环境种族主义;将有色人种排除在主流环境组织的决策制定、委员会组成,以及管理团体等之外亦

---

① David Schlosberg, *Defining environmental Justice*: *Theories*, *Movements*, *and Nature*, New York: Oxford University Press, 2007, p. 61.

属于环境种族主义。"①

许多学者对参与正义的重要性都进行了论述。李（Charles Lee）指出："人们对自身生活环境的自我决定和在决策制定中的参与，对实现环境正义至关重要。因为这会带来对不同文化和观点的尊重。"② 布拉德也认为，坚持为自己代言的原因，在于被剥夺了权利的人能拥有一项权利，并被包容在一个更充分的民主过程中。"若想有效表达环境非正义问题，非裔美国人和其他有色人种就必须通过自己的组织和社会制度而被赋予权利。"③ 施朗斯伯格指出："发出自己的声音去参与决策，这对环境正义和社会正义来说都非常重要，因为它意味着打破社会的结构和制度障碍，如文化的贬低和压制，以及切入政治途径的缺乏。"④ 他还主张必须将参与正义和承认正义结合起来，去保障参与正义的有效实现。因为在政治过程当中，人们是否被承认，以及如何被承认，会在很大程度上影响甚至决定他们是否有参与决策的机会，以及能在多大程度上表达自己的主张。也正是在此意义上，他强调："源于种族主义和阶级主义的不被承认或是错误的承认，是政治参与的结构性障碍。"⑤ 卡佩克（Sheila Capek）认为环境正义的框架应包括这样几方面的内容："其一，人们有获取相关情况的准确信息的权利；其二，当污染即将发生时，必须保证有一个快速、尊重、无偏见的听证会；其三，在决定被污染群体的将来时，要保证民主参与；其四，污染当事人应对受害者予以赔偿。"⑥ 他还认为，环境正义的框架尤其要注重民众参与的权利和决策过程中的民主性。汉密

---

① Rev. Benjamin F. Chavis, jr. "Forward", in Robert D. Bullard, eds., *Confronting Environmental Racism: Voices from the Grassroots*, Boston, MA: South End Press, 1993, p. 3.

② Charles Lee, "Beyond Toxic Wastes and Race", in Robert Bullard, eds., *Confronting Environmental Justice: Voice from the Grassroots*, Boston, MA: South End Press, 1993, p. 39.

③ Robert Bullard, *Confronting Environmental Justice: Voice from the Grassroots*, Boston, MA: South End Press, 1993, p. 202.

④ David Schlosberg, *Defining Environmental Justice: Theories, Movements, and Nature*, New York: Oxford University Press, 2007, p. 65.

⑤ David Schlosberg, *Defining Environmental Justice: Theories, Movements, and Nature*. New York: Oxford University Press, 2007, p. 65.

⑥ Sheila Copek, "The 'Environmental Justice' Frame: A Conceptual Discussion and an Application", *Social Problems*, 1993（1）.

尔顿（Cynthia Hamilton）认为公民参与环境决策的行为是一种"更宽泛意义上的生态民主"①。古尔德（Kenneth Gould）也指出，人们尝试实践他们作为公民的权利的原因在于，"他们想在自己社区的发展当中寻求一种发言权，以确保自己的生活质量能够得到保护"②。

学者们对环境正义参与维度的高度关注，是对草根群众环境正义实践在理论上的积极回应。事实上，以社区群众为基础的环境正义运动在要求实现环境利益和负担公平分配的同时，更希冀自己能够被吸收到与环境有关的企业行为和政府决策当中，以避免环境非正义的侵害。譬如西南组织联盟就在其制定过的一份《社区环境权利草案》中声称："在影响我们的生活、孩子、家园和工作的所有决策和商谈中，我们必须拥有平等参与的权利，并无须支付任何成本。在政策决策中，我们的需要和关注的问题必须被高度重视"。而"瓦伦抗议""爱河事件"的发生也无不反映出人们对知情同意权缺乏所表达的不满和抗争。在他们眼中，与环境决策有关的信息渠道必须畅通无阻，以使受众充分知晓环境决策行为对自己的潜在不良影响，尤其是可能带来的环境伤害。

施朗斯伯格在对草根群众发动环境正义斗争事件进行考察后指出，以社区为基础的环境正义行动者们希望通过一些必要的环节和步骤来实现参与正义③。其一，获得影响他们的环境问题和环境风险的相关信息。因为获得必要的信息是贯彻知情同意原则的重要组成部分。它是保障人们实现自治和免于伤害的必要条件。缺乏信息或是获得信息的渠道不畅，都会影响人们的有效参与。只有充分了解信息，了解潜藏的环境风险和危害，人们才有机会考虑并决定是否愿意承担这种风险。其二，加入到传统的政策制定和环境决策的制定过程当中。通过参与，人们不仅仅想找到平等分配的解决之道，更希望自己的利益和自治权利能够真正得到

---

① Cynthia Hamilton, "Coping with Industrial Exploration", in Robert Bullard, eds., *Confronting Environmental Justice: Voice from the Grassroots*, Boston, MA: South End Press, 1993, p. 67.

② Kenneth Gould etc., *Local Environmental Struggles: Citizen Activism in the Treadmill of Production*, Cambridge: Cambridge University Press, 1996, p. 4.

③ David Schlosberg, *Defining Environmental Justice: Theories, Movements, and Nature*, New-York: Oxford University Press, 2007, pp. 69–70.

保障。其三，草根们希望与专家们一道，参与到环境风险的数据收集、评估与研究当中。他们希望自己的意见、生活体会和知识能够得到尊重和认可，而不是像过去那样，被当成科学、环境知识的门外汉而被拒之门外。

（四）环境正义的能力维度

环境正义的能力向度，是指与环境有关的行为和政策应最大可能地促进人们的身体健康和工作安全，能够使人们的生命价值潜能得到最大程度的发挥。与之相反的政策、行为或结果，如以损害人们的身体健康为代价换取经济利益，将工人置于危险有毒等不安全工作场所，以及损害社区群众，尤其是原住民和土著部落的文化特征，进而影响其文化能力、生存能力等，均属于环境问题上的能力非正义。

学者们对环境正义能力维度的论述，最早可追溯到班扬对环境正义内涵所进行的界定上。班扬主张，如果分配正义能得到贯彻，人们拥有体面和安全的工作，好的学习和娱乐环境，好的住房和健康医疗条件，民主的决策和个人权利，以及社区能够免于各种暴力、毒品和贫穷，文化的多样性和生物的多样性都能得到尊重和敬畏。而且，当人们能带着他们所生活的环境是安全、有活力和生机勃勃的这种自信互相交往，当人们能实现自己的最大潜能，并无须经历任何"主义"时，环境正义就达到了它的目标[①]。班扬对环境正义的理解可说是包含了分配、参与、承认和能力正义这四方面的诉求。泰勒（Dorceta Talyor）认为，环境正义之所以能最先在黑人社区中得到热烈响应，就是因为这些社区长期致力于改善住房条件，争取更多的工人权利，以及更少的公众隔离区域而斗争。在黑人社区群众对正义的理解中，除需关注歧视和不平等外，正义还应关注"社区的功能化"[②]——努力使社区功能得到最好发挥。法伯尔（Daniel Faber）主张，环境正义的行动主义最重要的要素，是建立和增加

---

① Byrant Bunyan, *Environmental Justice: Issues, Policies, and Solutions*, Covelo, CA: Island Press, 1995, p.6.

② Dorceta Taylor, "The Rise of the Environmental Justice Paradigm: Injustice Framing and the Social Construction of Environmental Discourses", *American Behavioral Scientist*, 2000 (4).

社区自治的"能力空间"①。齐罗（Giovanna Di Chiro）指出，环境正义需关注社会的"再生产能力"②。在他看来，维持每天的生活和使社区及其文化得到维系也即使社区生活功能化，是一个非常重要的问题。普莱恩维尔（Diane-Michele Prindeville）在与环境正义行动者交流后得出了这样的结论：人们之所以能被政治行动号召并行动起来，除寻求分配上的公正外，是因为他们还抱有一个强烈愿望——拥有自我决定权，以保留和延续自身文化③。施朗斯伯格认为，环境正义组织关注的是"分配平等、承认、参与和社区的功能化——即健康、安全和幸福。环境正义行动者努力追求的是经济的平等、社会的正义和提高社区的环境质量"④。

发生在美国亚利桑那州的原住民对圣弗朗西斯科山峰保护的雪球案例，可说是人们寻求能力正义的绝好证明。圣弗朗西斯科山峰对于世代居留此地的印第安部落来说，是一处神圣之地。在那瓦霍族人眼中，山峰是他们的神圣家园。其家庭随处可发现取自山峰的土壤和植物制成的药物，因为他们相信这些药物是沟通被治愈的祷告者和大山之间的使者；对霍皮族人来说，圣弗朗西斯科山峰是其所供奉的神灵的家园。这些神灵通常会以云的方式显现并带来丰沛的降水，使谷物茁壮成长和带来丰收之年。人们必须怀着敬畏的态度和虔诚的心灵去对待它们；瓦拉派族认为山峰是上帝创生故事的场所，是他们的伊甸园。流自圣弗朗西斯科山峰上的水是圣洁的，在赎罪仪式和对病人的治疗中被人们广泛使用着。然而令原住民不安的是，山峰被美国林业管理部门批准用于一家企业的经营旅游项目。项目的主要计划是用处理过的生活污水和医院的污水在山上修建一个大型滑雪场。印第安部族担心这会带来不良生态后果，给

---

① Daniel Faber et al., "Neo-Liberalism, Globalization, and the Struggle for Ecological Democracy: Linking Sustainability and Environmental Justice", in Julian Agyeman et al., *Just Sustainabilities: Development in an Unequal World. Cambridge*, MA: MIT Press, 2005, p. 58.

② Giovanna Di Chiro, "Living Environmentalism: Coalition Politics, Social Reproduction, and Environmental Justice", *Environmental Politics*, 2008 (2).

③ Diane-Michele Prindeville, "The Role of Gender, Race/Ethnicity, and Class in Activists' Perceptions of Environmental Justice", in Rachel Stein eds., *New Perspectives on Environmental Justice: Gender, Sexuality, and Activism*, New Brunswick, NJ: Rutgers University Press, 2004, p. 93.

④ David Schlosberg, *Defining Environmental Justice: Theories, Movements, and Nature*, New York: Oxford University Press, 2007, p. 71.

他们的日常生活和文化实践活动如医药传统、祭祀仪式、神灵崇拜等带来负面影响。他们更是无从想象来自太平间和医院的污水经过处理后，还能否被用于治疗仪式和治病。而项目一旦被实施后，就意味着被污水玷污过的圣弗朗西斯科山峰变得不再纯洁，无法继续成为原住民草药的供给场所。这不仅会给那瓦霍族人世代相传的草药业带来沉重打击，而且会对其民族造成彻底摧毁。"圣弗朗西斯科山峰是我们的命根子。它是用来祷告和祭祀的神圣场所，是赐予我们一切的神之居留之所。它还是我们每年一次聚集并举行祭祀仪式的场所，是我们搜集神圣草药的地方，允许侮辱我们生活方式行为的发生无异于一场种族灭绝。"对霍皮族人来说，神灵的纯洁性至关重要。而项目被实施不但意味着对山峰本身和卡奇纳神的大不敬，而且会对他们的民族崇拜、祭祀、祷告等文化传统造成巨大伤害，甚至摧毁部落的文化生存能力。

其他部落也将山峰的健康视为其部族生存和文化的必需品，认为项目是对原住民文化传统实践的致命打击，会影响其功能化、文化生存和文化繁荣。基于这些考虑，他们对林业部门进行了指控，要求"获得承认与尊重，在政治决策中拥有自治权和参与权，能够控制自己的环境，维护身体的健康与完整性"①，并指认林业局将经济利益凌驾于原住民传统文化价值之上的做法是对原住民文化的不承认和"蓄意谋杀"。我们亦可从中深入思考发展与能力之间的关系。森认为："经济发展不能被看作目的本身。发展必须更多地致力于提高人们的生活质量和让人们享受到自由"②。在森看来，发展的目标必须是"对有价值的能力有所促进和发展"③。然而，在雪球案例中，我们看到的却不是森所描绘的理想图景：美国林业部门将经济发展凌驾于美洲原住民的生存和文化发展之上，非但没有提高和改善原住民的生活质量，相反却使其大大削弱，导致原住

---

① David Schlosberg and David Carruthers, "Indigenous Struggles, Environmental Justice, and Community Capabilities", *Global Environmental Politics*, 2010 (10).
② Amartya Sen, *Development as Freedom*, New York: Alfred A. Knopf, 1999, p. 14.
③ Amartya Sen, "Development as Capability Expansion", in Keith Grifan and John. Knight Human eds., *Development and the International Development Strategy for the 1990s*, London: MacMillan, 1990.

民的文化自由被剥夺。这也由此引发出一个值得深思的发展伦理学的问题：在现代化发展进程中，我们究竟应该赋予什么以更大的价值？是经济的增长，还是民族的文化能力？是一个健康的社区环境、生态完整性和文化生存能力，还是一个只追逐利润的商业项目？

从早期囿于对分配维度的单向考察，到突破与超越分配正义的唯一模式，并从承认、能力和参与正义等多种维度阐释和论证环境正义的内涵，这一研究路径不仅大大拓宽了传统正义论和环境正义之"正义"的内涵，也表征着正义论领域尤其是环境正义领域研究范式的重要转向，是环境正义进一步研究的起点和方向。

四 环境正义各维度之关联

由于学界对环境正义的理论框架尚无过多探讨，所以关于分配、承认、参与以及能力正义这四者之间的关系，相关的理论成果还非常之少。施朗斯伯格认为分配正义、承认正义、参与正义和能力正义相互联系不可分割，但究竟应如何看待和理解这种关系，并未被他深加考究。我们认为，分配、承认、参与、能力作为深入理解环境正义之内涵的四种维度，它们同等重要，彼此关联，相互制约。其中，分配正义是核心，承认正义和参与正义是手段，能力正义是最终旨归。概言之，承认正义和参与正义是为分配正义服务的，分配正义又是以能力正义为终极关怀的。

分配正义是能较好体现和反映正义理念之所在，以及能否将正义落到实处的"试金石"。因为就目前社会现实来看，环境正义的实现至少仍需以环境善物与恶物能否在人们之间公平合理分配为衡量尺度。而要有效达到分配正义的目的，又需依赖和凭借承认正义和参与正义这两种手段。因为如果对不同群体，尤其是处于社会弱势地位的穷人、少数族裔、妇女等缺乏心理和文化上的认同，并对其有意或无意采取忽视的态度，势必会影响到分配正义的实现。譬如把环境恶物如有毒废弃物、污染随意转嫁给不发达地区和弱势群体的行为，就既是一种分配上的不正义，也是对其缺乏承认的体现。而要有效实现分配正义，就必须保障可能被环境行为或政策影响到的主体享有充分的发言权和参与权。这种程序上的正义能在最大程度上保证被影响群体的民主参与，是一种生态意义上的民主。承认正义与参与正义亦相互牵制，不可分割。因为是否被承认，如何被承认，以及在多大意义上被承认，会直接影响到人们参与环境事务决策的机会，以及能在多大程度上表达自己的主张。而这反过来又能反映出被他者、社会接受认可的程度。另外，参与正义也会影响和制约能力正义。因为当人们不能有效地参与到对其有重要影响的社会事务的决策当中时，势必会导致社会的福利或是负担无法得到公正分配。这种后果又会不可避免地影响人们的生存生活能力，特别是内在潜能的充分发挥，从而诱发能力不正义。例如未经原住民同意，就单方面做出禁止其捕鱼或打猎的规定，会影响甚至威胁到他们的生存，损害其"情绪健康方面的能力"①。

分配正义虽是衡量社会正义与否的重要依据，但并非正义的最终旨归。因为倘若社会对物品（善物或恶物）的分配没能转化为人们生活潜能的最大发挥，则依然不能说实现了正义。用在环境正义的语境当中就是：如果社会在环境方面的行为和政策没能促进人们生命、生活和自我潜能的最大发挥，那么它在正义上就是失效的。进而言之，如果一个社会对环境善物，特别是环境恶物的分配影响到了人们的生命和生活能力，遏制了人们自我潜能的正常发挥，那么就可以说该社会在环境正义上是失败或是失效的。譬如让工人在不安全场所中工作，将有毒废弃物或垃圾安置在低收入阶层、原住民、有色人种等弱势群体生活的场所等，进而影响到他们的生存能力（生命健康、生活质量等）和文化能力（实现自我潜能和价值的机会等），都属于环境问题上的能力非正义。因此，分配正义并不全然是衡量社会在环境问题上正义与否的唯一标杆，必须将其结合到对能力正义的考察当中，才能更全面地反映出社会的正义程度。也正是在此意义上，我们说能力正义——人们能够发挥其最大潜能并将社会所分配的物转化为其幸福生活的能力这一维度，才是衡量和评价社会正义实现程度的最终依据。

---

① Scott Leckie et al., *Climate Change and Displacement Reader*, London: Routledge, 2012, p. 186.

综上，环境正义的四种理论维度虽同等重要，但绝非简单平行，而是有着一定的层级关系。它们彼此交织，相互影响。承认正义是参与正义的前提和条件，参与正义是承认正义的表征和体现。承认正义和参与正义是分配正义的基础和保障，分配正义则以能力正义为导向和最终旨归。承认正义体现的是文化和心理上的认同，参与正义表达的是程序上的正义，分配正义则象征着实质性正义，能力正义才是一切正义的终极朝向和归宿。

对环境正义理论维度的探讨对促进我国当下的生态文明建设不无裨益。随着我国现代化进程的快速推进，过去累积的各种环境正义问题正日益暴露和显现出来。这其中，既有环境好处和坏处在农村和城市之间、不同区域之间不对等分配而产生的分配非正义问题；亦有政府或企业在仓促上马各类经济项目中，忽视知情同意（也即参与正义原则），而诱发的大规模环境群体性恶性事件；还有因各种隐性不承认而导致的对农民等弱势群体环境权益的漠视；更有乡镇企业肆意排放污水造成饮用水污染、农田污染，甚至导致癌症村频现，并严重削弱人们生存能力的严重环境违法事件。它们从不同层面彰显出环境正义的分配、承认、参与和能力指向，也说明环境正义的四重维度在观照和审视我国日趋严峻的环境正义问题上有着巨大的潜力和空间，应引起学界充分重视和值得深入研究。

第四章　环境正义之中国境域

随着我国现代化的快速推进,过去累积的诸多环境正义问题正日益暴露和显现出来。在民间自发掀起的维护环境权益的行动当中,无不折射出人们对环境正义的强烈诉求。而与环境正义有关的环境冲突事件,也正成为我国社会风险的来源之一。基于此,积极吸收和借鉴国外正义论特别是环境正义论方面的理论成果,对我国环境正义问题进行审视并提出有效应对措施,就成为一个亟待解决的问题。

一　国外环境正义考量指标之失效

前已述及,国外环境正义,尤其是环境正义的发源地和大本营——美国在研究环境正义时,是以种族和收入这两个指标作为考量基础的。对美国这样一个有着特殊历史、政治、经济、社会和宗教背景的国家而言,它们比较适用。事实上,也正如布拉德等学者对美国环境不正义现象所进行的实证研究所揭示出的那样:在美国,越是低收入阶层和少数族裔,特别是非裔美国人居住的地方,越容易成为有毒废物设施和污染企业的觊觎之地。而与美国相比,我国在人口的民族构成和经济、社会、政治体制等方面存在着巨大差异,这导致用种族和收入作为衡量环境正义的指标在我国的失效。"与美国相比,我国有着特殊的国情和社会背景,加之缺乏详细的统计数据,在中国进行数据分析并得出一个肯定的结论——少数民族和低收入阶层受到了分配上的不正义对待是不现实,也是不可能的。"[①]

[①] Ruixue Quan, "Estabishing China's Environmental Justice Study Models", *Gepregetown International Environmetnal Law Review*, 2002 (1).

(一) 种族模式的失灵

与美国这个由多种族构成的社会大熔炉不同，中国基本属于单一的种族国家，是由黄色人种组成的国度。社会的分化和分层也并非由种族因素决定。因为我国虽是由多民族组成的大家庭，而且汉族在人口结构中占据绝对优势地位。但与少数民族相比，汉族并未享受什么优厚待遇。少数民族也并未因其人口比例而在政治、经济、教育、文化和生态等方面处于劣势和被歧视的地位。正相反，由于我国的民族政策从客观上保障了各民族基本权利的平等，因而少数民族非但未丧失与汉族同等的地位，而且比汉族享有诸多的优惠政策和特殊待遇。比如与汉族长期以来严格实行的计划生育政策不同，少数民族享受了灵活的计划生育政策。在教育上，少数民族在入学升学上也享有特殊照顾。目前，55个少数民族都有自己的大学生，维吾尔族、回族、朝鲜族、纳西族等十几个少数民族每万人平均拥有的大学生人数远超全国平均水平。更重要的是，少数民族还享有更多参政、议政和执政的机会。以全国人大代表为例，在历届代表中，少数民族代表所占比例均高于同期在全国人口中的比例。除此之外，少数民族地区还享有较大的财政转移支付和专项资金支持。比如为支持和加快少数民族文化事业发展，2015年"中央财政继续贯彻落实党中央、国务院有关文件精神，共安排少数民族地区文化体育与传媒有关转移支付资金53.16亿元，有力地支持了少数民族地区文化事业发展，丰富了少数民族地区群众精神文化生活。另外，中央财政还通过国家电影事业发展专项资金（政府性基金）安排少数民族语言电影译制项目0.48亿元，用于支持新疆、西藏、云南等省份的少数民族语言电影译制工作"[①]。不难看出，与美国长期存在的种族歧视形成天壤之别的是，我国非但不存在对少数民族的民族歧视，而且对其有着更为特殊的照顾与对待。

在环境事务上，我国少数民族居住的地区亦享有诸多优厚政策。"我

---

① 中央财政支持少数民族地区文化发展2015年转移支付53亿，http://culture.people.com.cn/n/2015/0821/c172318-27498938.html。

国的民族政策在环境保护上并未造成歧视，反倒针对少数民族地区有特殊对待。从宏观角度看，我国对于民族地区并未设定硬性的国民经济发展指标，大多是通过中央财政转移支付来补贴这些区域的经济需求。尽管这些区域多年来发展迅速，但从经济结构组成、总量比较等很多方面，仍能体现出'不以经济建设为中心的特点'。"① 以西藏为例，作为国家的政治安全和生态安全屏障，西藏在环境方面被给予了很多优待。2009年，国务院批准实施了《西藏生态安全屏障保护与建设规划》，将西藏生态安全屏障保护与建设确定为国家重点生态工程。经过十多年的植树造林，西藏山南、日喀则两地的河谷地带已建成了长达百公里的沿雅鲁藏布江和年楚河防护林体系。通过这一举措，西藏的森林覆盖率更是由2002年的12.37%增至2015年的14.01%，并建成"各类保护区47个，自然保护区面积达到41.37万平方公里，占全区国土面积的33.9%，居全国之首；森林覆盖率达11.91%，活林木总蓄积量居全国首位；各类湿地面积600多万公顷，居全国首位；125种国家重点保护野生动物、39种国家重点保护野生植物在自然保护区得到很好保护。拉萨市环境空气优良率平均保持在99%以上，林芝市所在地八一镇则达到了100%……"②

（二）收入模式的失灵

客观地说，美国环境正义范式之所以能以收入为考量依据，是因为美国人的收入情况更容易被真实掌握。美国在计算个人所得税时，采用的是综合所得税制，亦即将纳税人全年各种所得不分性质、来源、形式来统一加和再统一扣除。加之美国征信体系非常发达，比如采取的社会安全号SSN制度，能把一个美国人一生几乎所有的信用记录串在一起，包括银行账号、税号、信用卡号、社会医疗保障号等都与之挂钩。又如利用对消费者信用评估和提供个人信用服务的中介机构也即信用局或消费信用报告机构，会将个人的信用资料进行收集、加工整理、量化分析、

---

① 熊晓青：《守成与创新：中国环境正义的理论及其实现》，法律出版社2015年版，第75页。
② 《党中央保护生态环境政策理论在西藏的成功实践》，http://tibet.news.cn/gdbb/2015-09/02/c_134579779.html。

制作和售后服务，由此形成了个人信用产品的一条龙服务①。这些都使美国基本上不存在隐性收入不被发现的可能。

而以收入为考量基础对我国公民收入情况进行把握则有较大难度。这主要是因为我国采取的是以流转税为主的间接税制，所得税所占比重很低。加之我国征信体系不发达，个人信息的收集和公开非常有限。另外，我国的分配方式极为多元化，还存在诸多不规范的地方，大量以现金或实物等其他方式来进行分配的情况较为普遍。更不消说一些隐性收入、灰色收入和黑色收入的现象。因而仅靠银行账户信息、个人所得税的缴纳情况、工资单的数目，并不足以真实有效地反映出我国公民个人的实际收入情况。所以用收入作为考察环境正义、非正义的依据，恐怕在当下的中国还不大适用。而且目前一个普遍存在的现象是，雾霾肆虐之时，无论平头百姓还是达官显贵，大家都是"同呼吸，共雾霾"。没有谁会因为收入多就能摆脱雾霾阴影，所以以收入为准绳考察我国的环境不正义不易把握。

尽管我国公民个人收入情况在现有征信体系下无法被准确获知，但人们之间存在的收入和贫富差距却是不容争辩的事实。这种差距主要体现为城乡间、行业间和区域间。它不仅造成了不同群体在占有社会、经济和文化资源上的较大差异，而且在环境资源和环境负担层面也多有体现。一般而言，富裕人群和高收入人群的人均资源消耗量大，人均排放的废弃物和污染物也较多，而贫困人群和低收入人群由于诸多限制，无法达到和高收入群体和富裕阶层一样的状况。他们往往还会成为环境污染和生态破坏的直接受害者。此外，富裕人群可通过各种方式享受医疗保健，添加相关的环境福利和减少相应的环境负担，有较强的能力应对环境污染等带来的生活质量损害，贫困人群则由于缺乏相应能力而无法自主选择生活环境，更无力应对环境污染等带来的身体健康损害，因而势必会形成环境事务上的不正义。

---

① 《美国个人信用体系建设及应用情况》，http://wenku.baidu.com/link? url = sgIr2WM0lg1A9G4efVoo Zj 1Up – BgUnmxlNjdotneuA_ zIOQmiv2Q2pLRKhjWlBWIk3AZgU048mT1Q4e 5rScgOEpU1wlLEU4W29r oHdV5WIW。

(三) 中国环境正义范式之构建

由上可知，以种族和收入为指标，将美国的环境正义研究模式嫁接到中国，确实行不通。不过，虽然种族、收入等不宜作为中国环境正义的衡量指标，但提出一套适用于剖析我国环境正义问题的考量依据却是当务之急。学者熊晓青指出，建构中国环境正义范式，必须回答两个核心问题[①]：其一，在中国环境正义中，应该将哪些考量基础作为分析和研究的重点和要点；其二，需要思考这些考量因素之间存在何种逻辑关联。在他看来，身份、贫富和地域应成为关键因素，性别、年龄、宗教、信仰等应成为相关考量因素。这些因素的重要性应按照优先性递减的原则进行考量。概言之，身份是第一要素，第二是贫富，第三是地域，最后是性别、年龄、宗教、信仰等。之所以要这样排列，是基于这样几个理由。首先，中国已经处在并且还会在相当长的时间保持处在"身份"社会中。例如农民就由于其身份特征，而成为环境污染的最大受害者。其次，身份并非单独存在，它与贫富、地域等关系密切。在一定意义上，身份差异甚至是贫富差异的主要原因。再次，贫富也是较为广泛的考量基础。又次，地域作为一种资源，与身份、贫富交织在一起，不容忽视。最后，性别、年龄、宗教、信仰是兜底归纳，起全面和辅助性作用。不过，他也只是简略叙述了身份、贫富和地域何以作为考察我国环境非正义要素的缘由，对次生性因素如性别、年龄等也没有作出任何说明。

芮学全也认为美国的环境正义研究模式对分析中国的环境正义问题并不适用[②]，并从分配正义、程序正义和矫正正义等三个方面给出了理由：从分配角度看，高收入群体居住在环境有利地区，低收入群体聚集在环境不利地区的趋势在中国并未形成。而且中国企业在地区上的分布主要是基于国家总体建设事业的考虑，而非出于种族和收入因素的考虑。例如中国的核电站分布大多位于经济相对发达的省份地区，而且没有一

[①] 熊晓青：《守成与创新：中国环境正义的理论及其实现》，法律出版社2015年版，第89页。

[②] Ruixue Quan, "Estabishing China's Environmental Justice Study Models", *Gepregetown International Environmetnal Law Review*, 2002 (3).

个被安置在少数民族的聚集地。从程序正义来看，中国现有的政治体制较好地保证了所有公民的政治参与权，所以少数民族和低收入群体不会在政治或程序上遭受明显的不成比例的社会负担，包括不利的环境负效应。从矫正正义来看，尽管因为诸多现实原因中国的环保法令没能得到很好地实施和执行，但尚无证据表明其在面对少数民族和低收入群体的环境诉求时，表现乏力或缺少回应。例如在新疆维吾尔自治区，与少数民族有关的争端均由少数民族法官来审议和处理。对少数民族犯罪嫌疑人的惩罚亦由本土执行。因此，根本不存在矫正正义上的种族（民族）歧视。基于这些理由，芮学全认为中国根本不存在美国意义上的环境种族主义歧视，或是对高收入群体给予的特殊环境优待。也就是说，中国的少数民族和低收入者并未因其身份或经济地位而遭受环境不正义对待。但他同时指出，即便如此，也无法否认中国依然存在环境非正义的事实。芮学全甚至构想出了一个用来分析中国环境正义的框架，亦即从人们的职业、性别、年龄、受教育程度入手进行分析。在他看来，在冶金、煤炭、纺织等行业工作的一线工人所遭受的环境风险最大。而由于体能差异，男性会比女性更多地受雇于劳动密集型工作，暴露于较多环境风险中，也因此会面临较多的环境不正义。此外，人们的受教育程度和所面临的环境风险也有很大关系。通常而言，文化教育程度高的人们所从事的工作和居住的环境相对安全舒适，这决定了他们得到的环境善物较多而环境恶物较少。而文化教育程度较低的人由于生计所迫，不得不选择从事环境风险较高的工作，居住在很差的生活环境中，也由此会遭受较多的环境不正义。

上述两位学者对我国环境正义范式的探讨有一定见地，也颇多启发观点。但笔者认为，鉴于环境正义在中国的研究尚处于小荷才露尖尖角的状态，很多环境不正义现象尚未被系统梳理和剖析，因而急于提出一套适于研究中国环境正义范式的做法还有些为时尚早。因此，我们并不着意刻画中国环境正义的范式，而是对其先行进行"悬置"，并尝试对我国当下的环境正义问题进行现象学意义上的分析。

二 我国环境正义问题之表征

和所面临的环境危机一样,我国的环境正义问题是在现代化建设的进程中日益凸显出来的。众所周知,改革开放近40年的历程中,我国取得了举世瞩目的成就,特别是GDP收入以年均8%的速度保持了高速增长的势头。但在享受经济发展带来的好处的同时,我国的生态困境也不断暴露和显现出来。事实上,一些环境问题同时也是环境正义问题。比如当位于河流上游的企业向河里排放污水污物时,不但会破坏河水的生态系统安全,而且会对以河水作为饮用水或灌溉农田来源的下游人们的环境利益造成损害,诱发环境不正义。所以,环境问题与环境正义问题常交织在一起,必须结合起来进行考虑。纵观我国现实,现有环境正义问题可从地理空间的意义上大致分为农村环境正义问题、城市环境正义问题、区域间环境正义问题和国际环境正义问题。

(一) 农村环境正义问题

我国农村环境正义问题较为复杂。这里面既有来自农村自身生产生活所造成的内源性污染,又有来自外部如周边城市和国外转嫁的生活垃圾、电子垃圾污染,更有在农村地区的工矿企业所造成的工业污染,等等。

1. 内源性污染

农村的内源性污染主要表现为在农业现代化和集约化过程中,由农民自身生产和生活所造成的化肥、农药、地膜、畜禽粪便、生活垃圾等污染。作为农业生产大国,我国每年对农药化肥的过度使用对土壤造成了严重污染,造成土地板结和酸化。化肥中的氮、磷随雨水直接流入农村周边的水系中,造成了河、湖的污染和富营养化,对地下饮用水的安全造成了极大威胁。此外,塑料大棚、农用地膜的大量使用和就地废弃,既影响了土地的通透性,也造成了严重的白色污染。废旧塑料被冲到河里,造成了水源污染。而随着农村现代化进程的加快,农民的生活水平在得到大幅度提高的同时,随之而来的生活垃圾也显著增加。由于缺乏相匹配的垃圾收集处理设施，塑料袋、果皮等被随意倾倒在道路两旁或是河道附近，造成垃圾围村的恶劣后果。又由于农村生活污水得不到统一收集处理，几乎是直接泼洒排放，致使农村住宅四周污水满街，造成地表水、地下水质量进一步恶化。另外，农作物收割后的秸秆被就地焚烧，产生的有害气体也是农村污染的重要因素。这些污染源不仅对农村环境造成了破坏和污染，而且直接威胁到农村人口的身体健康和安全。

2. 外源性污染

其一，农村私企遍地开花。

我国农村的民营企业为数众多。这些企业大多依赖当地矿产资源，由私人老板直接经营。由于布局分散，设备简陋，技术落后，绝大部分没有污染处理设施，加之长期实行粗放式生产经营模式，很多企业都是片面追求眼前的经济效益，忽视长远的环境与社会效益，导致农村环境遭到极大破坏，环境污染极为严重。譬如河北迁安的钢铁产业就是一个典型。在中国有句行话叫："中国钢铁看河北，河北钢铁看唐山。"而唐山钢铁的铁矿石基地主要集中在迁安。凭借丰富的矿产资源，迁安市当地的钢铁企业可谓如日中天。在鼎盛时期，整个迁安就有上千家小钢铁厂。然而，钢铁厂排放的污染让当地老百姓苦不堪言。由于多数企业无环保审批手续，污染治理设施不是没有就是弃之不用；生产工艺又多为国家早已明令禁止的淘汰落后工艺，由此造成排放气体红黄黑白灰烟一起往外冒，严重污染了当地环境，威胁着当地百姓的健康。"迁安市松汀村村民的死亡报告登记表显示，由于唐山迁安松汀村受当地钢铁厂的水污染和空气污染，村民主要是脑梗塞和肺癌等疾病死亡比较多。"[1] 村民们屡屡向上面反映，但大都无果而终。

其二，城市污染企业向农村转移。

随着我国城市发展的生态化，一些高污染企业在城市的生存空间越来越小。它们借着梯度转移的名义，大肆向农村进行迁移。虽然给迁移地带来了一些好处，比如解决了部分人的就业问题，却给农民农业和农

---

[1] 《重霾之下，唐山钢铁企业路在何方？》，http://tieba.baidu.com/p/4433083613。

村的生活生产以及可持续发展带来了污染后患。由于这些企业大多毗邻村庄，生产占地和农业用地常常相互交织。一些村民的房屋围墙外甚至就是污染企业。它们大都疏于采取限污措施，倾向于将废水简单处理，甚至根本不经过处理，在未达到排放标准的情况下，就直接排到周围的河道和沟渠中，使流经河流水质变差，而这些河流往往都是农作物的灌溉水源，这也就间接导致农作物被污染。另外，企业产生的废弃物大多未被及时处理而堆放在了厂区周围，致使被雨水冲刷后的渗滤液进入土壤，造成土地和水体污染，危害到村民的用地用水安全乃至身体健康。

其三，城市垃圾向农村转移。

"城市干净了，农村污染了。城市美丽了，农村丑陋了。"这一语道出了城市垃圾向农村转移的现状和后果。随着现代化的快速推进，我国的高速工业化和城镇化进程造成了垃圾的迅猛增长，给现有的垃圾处理造成了巨大压力。在此情况下，大量城市生活垃圾流向了农村。在一些地方的城郊接合部，垃圾堆放现象十分严重。一些毗邻城市的农村，除主干道路外，其余很多道路和空地都被来自城市的垃圾侵占填满。即便是农民的耕地，也常遭受着被垃圾蚕食的危险。这些垃圾造成土壤中的微生物死亡、土壤盐碱化和毒化，致使土地无法耕种。在一些地方，稻田土壤因渗入含镉的废渣而被污染，导致稻米含镉量严重超标而无法食用。除生活垃圾外，城市中的工业废水、废气和废渣也大量向农村倾倒排放。而这比起生活垃圾对农村的负面影响，可能更为可怕。

(二) 城市环境正义问题

1. 对 PX 项目的抵制

PX项目，是指二甲苯化工项目。PX可用于生产塑料、聚酯纤维和薄膜，但它易燃，有毒，是一种危险化学品，可使胎儿发生畸形，对人体和环境影响都非常大。也正是缘于此，在我国多个城市如厦门、宁波、大连、彭州、天津等，都发生过针对PX项目的群众聚集和抗议事件。

厦门是最早对PX项目说"不"的城市。2007年3月两会期间，全国政协委员、中科院院士、厦门大学教授赵玉芬联合105位全国政协委员，提交了一份"关于厦门海沧PX项目迁址建议"的议案。提案认为距离居民区仅1.5公里的PX项目存在泄漏或爆炸隐患，厦门百万居民因此面临危险，所以应立即停工并迁址。该提案虽未获通过，但一经媒体报道，便引发市民广泛关注。3月29日，著名专栏作家连岳发表《厦门市民这么办》的博文，鼓励市民积极参与讨论，并将所有关于PX的信息通过各种途径向周围人进行传播。这则信息迅即被传开，一时成为网络舆情热点，厦门市民的反应也变得越来越强烈。5月下旬，不少厦门市民收到"同一条短信"①："翔鹭集团合资"已在海沧区动工投资（苯）项目，这种剧毒化工产品一旦生产，意味着厦门全岛放了一颗原子弹，厦门人民以后的生活将在白血病、畸形儿中度过。我们要生活，我们要健康！国际组织规定这类项目要在距离城市一百公里以外开发，我们厦门距此项目才十六公里啊！为了我们的子孙后代，行动吧！参加万人游行，6月1日上午8点起，由所在地向市政府进发！手绑黄色丝带！见短信群发给厦门所有朋友！6月1日，众多厦门市民"散步"到市政府门前。他们手上举着写有"反对PX，保卫厦门""要求停建，不要缓建""爱护厦门、人人有责""保卫厦门、拒绝劈叉""抵制PX项目，保市民健康，保厦门环境"等字样的条幅，领头者头戴防毒面具，要求政府终止兴建化工厂的计划。后经重新环评、投票和商谈之后，福建省政府最终决定将项目迁至漳州。至此，厦门市民抵制PX项目的"散步风波"告一段落。但围绕PX项目的公共危机并未就此销声匿迹。比如成都（2008、2013）、大连（2011）、宁波（2012）、昆明（2013）、茂名（2014）等地也都发生过针对PX项目的游行示威行动。而随着2013年漳州PX项目因管道焊缝开裂引起的闪燃事故被曝光，公众对PX项目的担忧也大大加深了。

2. 对垃圾焚烧发电厂的抵制

与PX项目一样，垃圾焚烧发电项目也是一个敏感话题。垃圾是困扰现代社会的大难题。我国每年产生近10亿吨垃圾，垃圾总量在世界上数一数二，而城镇生活垃圾还在以每年5%—8%左右的速度递增。目前，

---

① 《2007年厦门海沧PX项目事件》，https://www.docin.com/p-2268903281.html。

我国对于垃圾的处理方法主要是露天堆置和填埋。较之垃圾焚烧，这种处理方法相对安全，但垃圾堆放会占用大量土地，污染水体和土壤，向空气中释放有害气体。加之每年产生的垃圾越来越多，将垃圾进行焚烧已成为缓解城市发展难题的巨大诱惑。但焚烧垃圾产生的二噁英等剧毒气体使公众对垃圾焚烧项目充满了不信任和抵触心理。《中国日报》曾引用的一项调查结果显示，我国92%的居民认为垃圾焚烧炉有害身体健康，97%的居民反对修建焚烧炉。[①] 而缘起垃圾焚烧产生的争论也正演变为一场社会公共大危机。

事实上，自2006年以来，我国公众通过聚集反对垃圾焚烧的事件就时有发生。据统计，中国已有三十多座城市的民众为反对垃圾焚烧进行过维权抗议。2009年是中国环保史上的垃圾危机爆发之年：5月14日，数百名江北小区业主自发组织到江苏省环保厅反映意见，要求对话，希望对拟建的南京天井洼垃圾焚烧发电厂项目重新评审；9月4日，北京昌平区数十名业主来到北京市环境卫生博览会农展馆，抵制兴建的阿苏卫垃圾焚烧厂。人们反映，垃圾焚烧厂使用后，产生的污染物二噁英将对他们的健康造成危害，甚至导致癌症；10月21日和22日，江苏吴江市两万余民众在318国道平望段聚集，抗议即将竣工点火运行的生活垃圾焚烧发电厂。聚集民众一度包围了垃圾发电厂，与3000名警察对峙两天；11月23日，为抵制番禺区即将兴建垃圾焚烧发电厂项目，数百市民聚集在广州市城管委门外。他们有的戴着口罩，有的穿着自制的文化衫，高举白纸黑字的标语，高峰时达数千人。他们喊口号，唱国歌，然后"散步"到旁边的市政府门口，持续数日。[②] 2010年，贵阳乌当和河北秦皇岛发生了市民反对垃圾焚烧厂项目的抗议活动。2011年江苏无锡和2012、2013年广州花都、广东东莞，以及2014年的湖北武汉、浙江杭州等地，也都爆发了市民反对垃圾焚烧的抗议活动。"2014年5月10日上午，浙江省杭州市余杭区中泰及附近地区5000余居民因抗议垃圾

---

① 《环境问题考验中国社会稳定》，《参考消息》2009年11月25日。
② 杨长江：《2009年：垃圾危机走到十字路口》，载杨东平《中国环境发展报告》，社会科学文献出版社2010年版，第61—62页。

焚烧项目的选址问题，发生大规模聚集，以环保之名反对中泰垃圾焚烧厂的建立。"① 他们堵截和封锁省道和高速公路，推翻甚至焚烧警车和社会车辆，围殴执法警察，场面一度失控。2016 年，在市民的强烈反对和抗议声中，湖北仙桃市即将竣工的垃圾焚烧厂被停建。2017 年，海南万宁市发生因垃圾焚烧环保发电厂选址问题引发的群体性事件造成 6 名群众和 8 名警察受伤。

（三）区域间环境正义问题

1. 城乡之间

农村的环境污染源除来自农民自身造成的内源性污染外，还有很大一部分污染源自城市施加的环境不正义。在城市的飞速建设和发展过程中，我国的农业、农村和农民做出了很大贡献甚至是牺牲。这体现在城市工业的原材料几乎来自农村，城市的米袋子和菜篮子也主要靠农业供给，城市消费产生的垃圾废弃物等向农村进行污染转移，更不消说城市污染企业向农村迁移所带去的工业污染。尽管我国农村面貌在现代化的进程中有了很大改观，农民的生活水平也有了实质性提高，但与城市相比还是有很大差距。就环境状况而言，不夸张地说，城市的干净美丽在很大程度上是以牺牲乡村的生态为代价换来的。这种城乡之间的环境不正义已成为影响和阻碍我国建设社会主义新农村的重要因素。

在城乡之间的环境非正义中，一个值得注意的现象是城市中的农民工问题。作为身在城市从事非农业工作的农业户口的工人，"农民工"现象是我国现代化过程中和城乡二元体制下的产物。作为我国特殊历史时期出现的一个特殊社会群体，农民工背井离乡，来到城市打工。由于没有接受过初高等教育和任何技能培训，他们从事的多为脏、累、苦、差的工作，拿着一点儿可怜的工资，居住在简陋破旧的房子里，过着"蚁居""鼠居"般的艰难日子。从北京建筑工地的打工仔，到深圳制衣厂的外来妹，再到烟台富士康的农村娃，农民工在城市艰难地生存着。他们

---

① 马奔、付晓彤：《协商民主供给侧视角下的环境群体性事件治理》，《华南师范大学学报》（社会科学版）2019 年第 2 期。

的所得与付出不成比例,他们因为"农民工"这一带有歧视性的身份称呼而遭受的不公正待遇,他们的身体健康所受到的伤害,他们对社会认同感产生的迷茫和失落等,都值得关注和反思。

2. 东西部之间

在我国,东西部之间的区域污染转移已成为西部地区环境恶化的重要诱因。相对而言,我国东部如长三角、珠三角等地的经济发展水平较高。在享受了经济较快增长所带来的好处外,这些地方也饱尝了环境污染破坏的恶果。随着东部地区人们环境和健康意识的逐渐觉醒,当地污染企业的生存立足已变得越来越困难。在这种压力下,它们极易借着西部大开发到西部中部等经济相对落后的地区落户。对于中西部而言,招商引资带来的经济发展和就业增长等实际利益,着实有着一定的诱惑力。由此,东部向中西部落后地区进行污染转移也就在所难免。在我国当前经济转型的新常态背景下,受工业用地趋紧,劳动力成本上升,环保门槛抬高等因素影响,传统产业向中西部大规模转移的步伐正在加快。"面对生产要素成本上升和环保门槛抬高的双重压力,'十三五'时期东部地区产业将迎来向中西部转移的新一轮浪潮。在产业转移过程中,大量污染企业'上山下乡'同步转移现象依然存在,东部地区部分淘汰的污染产业又被当作香饽饽大举引入中西部地区。"[①] 诚然,污染企业转移会在一定程度上提高西部的生产总值,但天下没有免费的午餐,这种短期经济利益的获得必将给西部带来深重的环境污染隐患,损害当地百姓的身体健康。令人无奈的是,西部地区的很多地方出于早日摘掉贫困帽子的心理,而甘冒环境破坏与污染之风险。譬如在 2015 年,当中部地区某县级市在获悉浙江浦江水晶产业即将搬迁后,立即成立了"承接浦江水晶产业转移指挥部",地方领导和市政部门一把手更是紧急出动到浦江伸出橄榄枝(抢项目)。短短一年多时间,该市就引进各类水晶生产企业和加工户 920 多家,机械设备 1 万多台。

---

① 《污染企业屡禁不止 中西部或再走东部"先发展后治理"老路》,http://politics.people.com.cn/n/2015/0528/c70731-27069007.html。

（四）国际环境正义问题

国际环境正义问题主要指国与国之间存在的环境正义失衡现象。我国面临的国际环境正义问题主要源于发达国家转嫁的生态污染。这种生态污染转移与我国改革开放的步伐几乎是亦步亦趋的。自打开国门投入全球经济的洪流中以来，我国已成长为最大的发展中国家经济实体。在引进外资的速度和规模上，更是独占鳌头。但是，外商直接投资建厂、中外联合建厂在给我国的经济发展注入活力的同时，也造成了巨大的生态伤害。

1. 产业投资跨境转移

"污染天堂假设"理论指出，发达国家的环境管制远比发展中国家严格，因此来自发达国家的跨国企业倾向于将污染密集型产业转移到发展中国家，以逃避本国环境监管，降低生产成本。与此相对应，为了加大引资力度，发展中国家往往不惜以牺牲本国环境质量为代价，通过降低本国环境管制标准以吸引更多的外商投资，即存在为了引资而不惜国内环境恶化的"向底线赛跑"现象[①]。20世纪90年代以来，美、日、欧为实现产业结构升级、降低制造业比例和加大服务业发展力度，逐步将一些钢铁、煤炭、有色金属、电力、石化、建材、造纸、印染等高污染、高能耗产业转移到资源丰富、人力资本低廉、环境标准要求较低的发展中国家和地区。在此过程中，我国成为发达国家高污染产业转移中觊觎的主要对象。

2. 跨国公司通过代工厂将污染进行跨国转移

在经济全球化和全球产业大转移的浪潮中，发达国家的跨国公司凭借技术或市场优势，将部分易造成污染和健康损害而不宜在本土完成的产品生产转移至代工厂国家，给后者造成了污染跨境转移。以苹果公司为例，该公司每年都会发布一份《供应商社会责任进展报告》，声称它

---

① 包群、陈媛媛：《外商投资、污染产业转移与东道国环境质量》，《产业经济研究》2012年第6期。

是一家承诺确保供应链有安全的工作条件，确保工人受到尊重并享有尊严，确保生产过程对环境负责的企业。但事实果真如此吗？非也。"当我们仔细地去审视它的供应链的时候，我们发现在这里面不但有环境污染的这些问题，而且在它的所谓无尘车间里面有很多职业暴露、职业伤害的问题。"① 比如苹果公司在华供应商之一的武汉名幸电子有限公司在生产中就存在超标排污行为，致使工厂旁边的南太子湖出现严重污染。由于该公司主要生产高密度印刷电路板，生产过程中产生的废水中含有大量重金属铜，比排放标准远高出两三百倍，造成附近渔场业损失惨重。位于苏州工业园区的联建科技有限公司是一家专为苹果公司生产手机屏和电脑显示屏的企业。为提高生产进度和产品质量，2008年工厂开始要求工人用含有毒性的正己烷取代酒精来擦拭手机显示屏。然而这样的改变在为企业增加利润的同时，却给流水线上的工人带来了厄运：一些员工的上下肢周围神经受到严重损害，四肢瘫软乏力。在随后展开的工伤鉴定中，有137名中毒员工分别被鉴定为八级到十级伤残。同样，位于昆山的凯达电子公司因废气排放而被当地居民反复投诉，小区居民担忧儿童健康受到损害；而紧邻企业的村庄更是出现了癌症高发现象，"无助的村民们曾手持污水水样，跪求制止企业污染"②。可以说，这些苹果代加工厂是苹果公司产业供应链中污染最重的，对环境影响最大，而它们大都分布在中国。先是珠三角、长三角，接着是中部地区，甚至是西部地区。而随着苹果毒足迹的延伸和扩大，中国被污染的范围也进一步扩展了。

3. 发达国家从我国掠夺性进口工农业产品和矿产资源，使污染"隐性转移"

以日本从中国进口一次性筷子为例。日本的森林覆盖率高达65%，但对一次性筷子的需求却非常大。日本每年消费257亿双筷子，平均每个日本人每年会用掉近200双一次性筷子。但日本国内一次性筷子的产量仅

---

① 《苹果的另一面？》，http://news.cntv.cn/china/20111015/107758.shtml。
② 章轲：《"毒苹果"事件》，载汪永晨、王爱军《行动：中国环境记者调查报告》，花城出版社2014年版，第264—265页。

为3%左右,其余97%全部依赖进口。日本每年进口筷子大约240亿双,其中99%都来自中国。一个吊诡的事实是,中国的森林覆盖率还不足17%,却成了日本一次性筷子的最大出口国。中国让渡了环境善物,换来的却是森林不断消耗的环境恶果。树木减少,意味着其保持水土、防风固沙、涵养水源等生态功能的消失,对我国本来就十分脆弱的生态环境带来的负面影响难以估量。

再以矿产资源中的稀土为例。稀土素有"工业维生素"之美称,是极其重要的战略资源,在石油、化工、冶金、纺织、陶瓷、玻璃等领域均有广泛应用。我国稀土资源较为丰富,主要分布在内蒙古等地。多年来,美国、欧洲和日本等为发展本国高科技产业,一直从我国低价进口大量稀土。鉴于稀土资源的重要性,我国虽相继出台了一系列保护政策,对稀土进行严格准入、限制开采,但仍无法阻止稀土资源的无序开采和变相出口。有关数据表明,我国每年变相出口和走私的稀土在2万–3万吨,加之我国对稀土资源的开采多为落后的生产工艺,造成开采、冶炼和加工过程中对植被的破坏,以及废水、废气和废渣大量排放的现象,生态破坏可想而知。

4. 洋垃圾跨境转移

与发展中国家相比,发达国家的环保法令较为成熟严苛,民众生态意识较高,加之处理垃圾费用较高,这使得向不发达国进行垃圾转移成为巨大诱惑。而一个令人担忧的事实是,我国接纳国外垃圾已是司空见惯。"国外供货商以极低的价格将垃圾卖给国外买家,他们能将本国政府给予的垃圾处置补贴直接变成利润;对于中间商来讲,转手销售垃圾,大约可获得10美元每吨的直接销售利润;国内进口商的利润主要来自对入境垃圾分拣销售后所获得的收益。"[1] 可以说,垃圾处理各个环节几乎都有利可图。而正是由于这一点,才形成了洋垃圾跨境转移的黑色产业链。更令人担忧的是,近年来通过空集装箱向我国进行垃圾转移已成为洋垃圾输出的最新途径。2015年,厦门检区入境空集装箱中共检出夹带

---

[1] 郭琰:《中国农村保护的环境正义之维》,人民出版社2015年版,第160页。

生活垃圾、废旧物品等卫生学问题13875箱次，同比增长229.08%。垃圾跨境转移对生态环境的影响可想而知，将进口垃圾进行分解、处理对人们的身体健康危害极大。譬如有"全球最毒地"之称的广东省贵屿镇，就是全球电子垃圾的集散地。该地每年因处理电子垃圾贡献GDP产值高达千亿元。在发展鼎盛时期，该镇曾"雇用了十几万来自安徽、湖南等地的民工，每年处理逾百万吨来自美国、日本、韩国等地的电子垃圾。镇上遍布非法拆解厂，每年超过百万吨的洋电子垃圾在这里拆解和焚烧。由于处理手段极为原始，只能通过焚烧、破碎、倾倒、浓酸提取贵重金属、废液直接排放等方法处理，造成了非同寻常的生态恶果"①。环保监测显示，该地水体、大气和土壤均受到严重污染，6岁以下儿童则普遍患有铅中毒症。而在电子垃圾比如电路板的拆解过程中，释放出的刺鼻的有害气体更是对工人的身体造成了直接伤害。

三 我国环境正义问题之动因

由上可以看出，我国的环境正义问题非常严峻。而比之宏观意义上的生态破坏，环境正义所引发的关注可能更为强烈。原因在于，环境正义中的"环境"更关乎人们当下的生态幸福与生存安全。事实上，也正是基于对自身生活、工作和学习的环境健康的重视与关注，才有了诸多环境群体性事件的发生。不言而喻，它们在一定程度上产生了负面影响，甚至影响到了社会大局的稳定，必须给予高度重视和积极应对。那么，究竟是什么造成了我国环境正义的失范，公众又为何表现出如此强烈的反应呢？以下拟从政府、企业和公众三大社会责任主体入手进行分析，具体如下。

（一）政府：对经济发展过度依赖

多年来，我国政府对经济发展过度依赖是一个不争的事实。从历史上看，新中国成立后，为摘掉贫穷落后的帽子和跳出"落后就会挨打"

---

① 李淑文：《环境正义视角下农民环境权研究》，知识产权出版社2015年版，第136页。

的局面，上至中央政府，中到地方政府，下至平民百姓，发展的意愿都非常强烈。"赶英超美""大跃进"和"全民大炼钢铁运动"就是这一意愿的真实写照。改革开放以来，迫于人口发展带来的压力，"以经济建设为中心"的纲领更是成为长期发展宗旨。由于发展意识迫切，不惜一切代价保障GDP的持续增长势头便成为压倒一切的硬性任务。由是，"发展就是硬道理"，"发展就是一切"，最终演变成了"经济增长速度就是一切"。"在经济增长这个目标上，三种压力实现了聚合。对于上级政府来说，保持经济增长是国家战略、政治任务；对于地方政府来说，只有实现经济增长，才能在与其他地方竞争中保持领先优势；对于当地公众来说，保持经济增长与他们的就业和生活水平的改善有着直接关系。因此，经济增长成为一种社会共识。尽管需要解决经济增长带来的各种问题，但经济不能停滞，必须保持增长。当然，官方的话语用'发展'替换了经济增长，并将这个逻辑表达为：要在发展中解决问题，只有通过发展才能解决问题。但地方政府在行动中，却把发展又简化为经济增长。"①在地方官员心里，经济发展既是工作绩效最有力的证明，又是决定能否得到升迁的重要标尺，更显示了自己与党中央工作重心的高度一致。"只要经济发展了，有啥可愧疚的？我们相信中央说的发展是硬道理才是真心话，中央就是这么学习贯彻的。我这地方发展不起来，地方官才愧对党和人民。"② 正是基于这样的强势发展心理定式，地方政府才会表现出对经济工作的极度热情和对环保工作的极端松懈，并由此出现"环保不作为、慢作为、乱作为"等现象。如在查处违规企业时督办不力，避重就轻，甚至暗中默许其恢复生产。一些省市的地方政府甚至主动掏腰包为污染企业埋单。2012年至2014年间，江西乐平市政府多次挪用财政资金为36家企业代缴排污费。南昌市则是支持企业违规拓建，并要求市环保局为企业补办环评审批手续。政府这种大开绿灯、充当保护伞之乱象，在一定程度上滋长了企业的违法违规心理和行为，环境污染和破坏加剧

---

① 冉冉：《中国地方环境政治——政策与执行之间的距离》，中央编译出版社2015年版，第107页。
② 冉冉：《中国地方环境政治——政策与执行之间的距离》，第120页。

也就成为常态。此外，对经济发展的过度依赖也导致地方政府在各种投资项目的审批和建设中，出现违反知情同意原则以及在环评环节上大打折扣或是弄虚作假等行为。这不仅损害了政府的公信力，而且极易招致群众的不满，为环境群体性事件的发生埋下了隐患。

（二）企业：奉行资本最大化的逻辑

资本是现代化过程中的一个基本要素。"不积累，就死亡"是其本性所在，资本的生命力和活力就在于不断谋求自身的增值，否则就会停滞和崩溃。"实现资本无限增值，追逐物质财富的最大化是资本天然的使命。一方面，它迫使资本家不断追求剩余价值以使自己在激烈的市场竞争中立足生存；但另一方面，资本在实现了它的增值目的后绝不就此罢休，资本家继续把那些新增的剩余价值作为资本再次投入到下一个生产过程中，资本就这样像一匹发疯的野马从此奔上一条不归之路。"① 对企业来说，实现资本增值既是其生存的首要目的，更是在市场竞争中获得优势地位的重要保障。在资本利益最大化的驱使下，各种项目违规上马、三废的偷排漏排等已成为很多企业心照不宣的行为，给社会带来的生态危害、给百姓造成的健康损害不容小觑。2017年，在群众的持续举报下，中央环保督察组于8月30日在浙江湖州经济开发区三天门大银山进行现场调查，当场挖出大量就地掩埋的死猪尸体，引发国人震惊。然而令人不解的是，尽管村民们近三年间就不断向环保部门举报，但得到的答复均是"大银山的空气、土层和水质全部合格"。而事实是，掩埋的死猪对大银山周边的水源和空气污染已经到了让当地村民无法忍受的地步。很多人有家不敢回，有水不敢喝。经查，在2013—2014年近一年的时间里，湖州市工业和医疗废物中心有限公司在处置病死猪的过程中受利益驱使，将本该严格焚烧处置的部分病死猪直接拉至大银山进行了简单掩埋。这些被曝光的公司虽因其违法行为得到了严惩，但此类案件只是企业环境违法行为之"冰山一角"。

---

① 胡绪明：《论资本的双重内涵及其边界意识》，《南京社会科学》2008年第10期。

(三) 公众：环境正义意识的觉醒

环境正义意识与生态（环境）意识不同。生态意识主要指为了保护良好的生态环境，人们自觉按照生态发展的规律来规范自身行为的观念和意识。而环境正义意识则指当人们身边的小环境被破坏和污染，影响到自身生产生活甚至是生存时所表现出来的正义诉求。这种诉求与我国公民当下日益关注的生态幸福感有很大关系。自改革开放以来，我国经济的腾飞给老百姓带来了实实在在的好处，人们的追求在时代变迁中也悄然发生着变化，并逐渐从满足温饱向追求更高的生活质量迈进。而对于好的生活质量而言，生态幸福感与幸福度就成为极其重要的衡量指标。而当起码的生存安全都无法保证时，生态幸福就会沦为一种奢望，侈谈好的生活质量则更是一种讽刺。

事实上，正是出于对自身生活、工作和学习的地方等微环境健康和安全的担忧，正是出于对身体健康受损的担忧与愤怒，才催生了我国民众日益觉醒的环境正义意识。浙江省东阳市画水镇爆发的一起大规模环境群体事件曾引发全国轰动：当地政府出动大量执法人员清理村民搭建的竹棚，与村民发生冲突，造成30多人受伤，数十辆汽车被砸，经济损失巨大。冲突源于画水镇竹溪工业功能区旧有的环境污染问题不但没有得到解决，东阳市政府还变本加厉，将数家化工厂、农药厂迁到当地建成"化工工业园"，导致污染加剧。据村民控诉，污染企业入驻造成了树木死亡，蔬菜等农作物减产。"方圆3公里之内，西北和东南两个方向的近距离村子，村民们呼吸困难，树木大片死亡，农作物减产，甚至绝收，蔬菜无法种植。……经济损失还好说，现在健康也成了问题，甚至生育都困难了。画溪村在2004年已经发生了5例畸形死胎现象。……化工厂、农药厂在夜里排出大量的废气，难闻刺鼻又刺眼，特别在闷热的天气，化学气体不易飘散，有时刺激得孩子们睁不开眼睛，泪水直流。镇上的小孩子们经常咳嗽感冒，而且特别难治。"[①] 因不满化工厂污染环境，且在多次与有关部门沟通无果的情况下，东阳竹溪工业园区周围13个村约

---

① 《浙江环境污染危情实录：温家宝两次批示未改》，http://www.xici.net/d33332168.html。

5000余人聚集起来，冲击打砸了工业园区内的部分企业。在人们心中，污染已经毁了自己的命根子，只能以死相拼。在冲突中，一些村民甚至高喊："宁愿被打死，也不愿被熏死。"应该说，正是基于对生活和生产安全的高度关切，人们的环境正义意识才会如此高涨。这种正义意识远不同于被单纯的自然环境破坏所唤起的生态保护意识，它所激发的是一种新的生态民主政治运动。

四 我国环境正义问题之理论维度

前已述及，由于历史与国情的巨大差异，用种族和收入这两大指标对我国环境正义问题进行分析并不那么有效。但国外学者对正义和环境正义之"正义"内涵的扩展，特别是从承认、参与和能力等角度出发，突破和超越以往仅从分配维度去理解正义的致思路向，却可被用来对我国现有的环境正义问题进行考察和分析。

（一）分配维度

我国环境正义问题的分配维度主要体现为环境善物和恶物在分配上的不公。具体包括以下几个方面。

1. "城乡二分"导致的分配不公。城市享受了农村提供的环境善物，如食物食材、建筑材料、清洁能源等，却给农村留下了山体破坏、土地过度利用和环境污染等不良后果；城市为缓减发展压力和扩大生存空间，向农村大肆迁移污染企业，转嫁生产垃圾和生活垃圾；另外，进城务工的农民工也饱受环境分配上的不公。由于户籍、岗位和技能等制约，在建筑工地和制造业等劳动生产车间，主要由农民工组成的生产力大军从事的多是最脏、最重、最险、最累的工作。他们劳动条件差、劳动时间长、劳动报酬低。农村、农业、农民工的付出和牺牲巨大，却未能得到公平和公正的回报。

2. 因各地矿产资源不均引发环境善物和恶物在分配上的失调。中国产煤大省山西为祖国各地贡献良多，但许多煤炭蕴藏丰富的地区也因而矿难频发、矿坑塌陷，很多人被迫成为生态难民。有关数据显示，山西各类矿山采空区已达 2 万多平方公里,有超过 1/7 的地面呈悬空状态,造成土地大面积塌陷,潜藏的安全风险不言而喻。位于山西中部的灵石县曾被誉为"矿藏之乡",富甲一方。然而,由于许多煤矿恶性开采,导致该县生态环境持续恶化。水干、树死、矿区塌陷,空气污染非常严重,到处都是黄黑色的烟尘。对此,当地村民们戏称:挖了一堆煤,冒了一股烟,黑了一条河,留了一堆渣。

3. 因国家发展战略布局需要,一些省份无形中成为环境恶物重灾区。在这方面,最典型的当数东北老工业基地。东北老工业基地有着丰富的自然资源,是我国开发较早的地区。作为新中国工业建设的摇篮,东北地区最早形成了一批以资源开采、加工为主导产业的资源型城市,为我国建成独立、完整的工业体系和国民经济体系,为国家的改革开放和现代化建设做出了历史性的重要贡献,但也为此付出了惨痛的生态代价。"在矿区,东北三省采煤沉陷区达到了 1000 平方公里以上。很多房屋和公共设施被破坏,瓦斯等毒气不断排放。一些城市当中随处堆放的煤矸石已经发生坍塌。在林区,由于长期过量采伐林木,生态严重破坏。资源枯竭带来的环境恶化还直接影响了群众的生活质量,引发了相当严重的社会矛盾。……多年来存在围堵政府机关、堵桥堵路事件,问题已经相当严重。"①

4. 因地区发展不均衡诱发区域间环境不正义。由于所处地理位置不同,我国东西部的发展步伐并不那么协调一致。东部地区,尤其是东南部长江中下游地区和珠江三角洲地区,靠着得天独厚的地理优势和改革开放以来的各项优惠政策,实现了经济的快速腾飞,但也过早地饱尝了生态恶化的苦果。随着我国经济结构转型升级步伐的进一步加快,以及国家实施的西部大开发战略,东部地区开始借着产业结构调整和技术更新换代的名义,将一些落后产业特别是高污染产业向中西部进行迁移。对于后者而言,招商引资以摘掉贫困帽子,改变落后的经济面貌是当务之急。所以,它们更多看重的是吸引投资带来的就业岗位和经济效益,

---

① 《东北老工业基地振兴中的环境与资源问题》,http://news.sohu.com/20050830/n226825159.shtml。

至于投资项目潜藏的生态破坏和健康风险则往往未被纳入考虑范围。这势必造成东西部在环境善物和恶物上的分配不公。

5. 发达国家向我国进行环境恶物转移，造成跨国分配不正义。与资本主义发展早期的资本积累手段不同，当代发达资本主义国家凭借在世界经济政治秩序中的话语权和发展优势，正在向不发达国家输入一种新的殖民主义，即"生态殖民主义"。它的主要特征是利用世界经济发展不均衡的现状，打着经济技术援助的幌子，将淘汰落后的产业输入到不发达国家。或者像苹果等跨国大公司那样，通过海外代工厂的供应链，将其产品的加工生产进行外包，以达到将环境恶物跨境转移的目的。不仅如此，发达国还利用欠发达国家并不严苛的环境律令，将生活垃圾和有毒有害物质以出口方式非法转运到不发达国。在这两种生态污染转移中，我国都首当其冲受到伤害。作为20世纪80年代以来世界吸引外资最快的国家，我国虽在短时期创造了经济高速发展的"中国奇迹"，但在经济理性发展的背后，却是生态理性的严重缺位。而由于各种因素导致的洋垃圾向中国大举挺进乱象，给原本就十分脆弱的生态环境造成的后果无须多言。

（二）承认维度

我国环境正义在承认维度上的不正义，主要体现在农民和普通大众作为环境弱势群体的社会身份、环境权益遭到忽视、漠视或压制。不被承认，意味着自我尊重感的缺失；不被认同，意味着心理归属感的迷失。社会身份和环境权益不被承认和受到压制，势必会诱发环境上的不正义。

1. "户口制"造成的城乡二元结构使农民遭遇身份尴尬，被迫成为环境弱势群体。

户口制（又称"户籍制"）作为我国的一项基本行政制度，是国家通过各级权力机构对其所辖范围内的户口进行调查、登记、申报，并按一定原则进行立户、分类、划等和编制。户籍表明了自然人在本地生活的合法性。我国户籍制度的特点是，根据地域和家庭成员关系将户籍属性分为农业人口和非农业人口。这种人为的身份划分不仅导致了城乡二元结构的长期存在，而且在城市和农村之间竖起了一堵"身份高墙"。它所带来的对农民身份带有歧视性的等级界定，已备受争议。当然，也正是由于这种人为划分所导致的承认非正义，使得我国的农村、农民和农业在快速推进的现代化建设进程中，遭受到环境问题上的不公平对待。这体现在农村为城市的发展提供了环境善物，却不得不接纳来自城市的环境恶物。而"农民""农村人"这一称呼背后所暗藏的身份歧视，导致他们在进城务工后，又被冠以"农民工"的称呼。在惯常的思维中，农民、农民工、农村人已被塑造和刻画成了无知、愚昧和可以随意嘲弄的对象。当人们谈及这些词汇时，言谈中透露出的歧视心理已是司空见惯的现象。由此，后者所遭遇的身份尴尬也就不言而喻，自卑感和迷失感也会随之而来。这种承认正义的缺失又会带来分配不公。正是"农民""农民工"和"农村人"这些带有歧视性的称呼，使得城市罔顾农村和农民利益，将大量生产和生活垃圾向后者转嫁；企业可以无视农民工身体健康，在不提供任何防护工具和劳保用品时让其从事有毒、有害等危险作业；不良私企可以漠视农民呼声，肆意将有毒废物倾倒在贯穿农田的河道里。2009 年，农民工张海超自费申请对自己遭受到的职业病伤害"尘肺病"，进行非人道的医学检查（"开胸验肺"事件），引发国人震惊。张海超长期在河南新密从事杂工、破碎、开压力机等有害工种，后经医院检查确诊为尘肺病。但郑州市职业病防治所却将其诊断为肺结核。张海超不得已申请自费"开胸验肺"，以证明自己所患是职业"尘肺"病。最终，通过对身体的严重自我伤害，张海超完成了劳动仲裁取证，终获赔偿。然而，这一看似普通的身体维权事件背后，实则反映了农民工身份的被歧视与合法权益的被漠视。这种由承认缺失导致的社会非正义，通过环境恶物分配的不正义表现出来，是承认正义和分配正义相互牵制、彼此关联的印证。

2. 基层政府和强势企业对民众生命健康权缺乏平等认同造成承认不正义。

强势群体之所以会把环境污染转嫁给弱势群体，除了追求利润最大化的动机之外，一个重要的原因就是对普通民众生命健康权的公然蔑视。2011 年，美国康菲国际石油有限公司在我国渤海湾造成多处漏油，给河北等地的渔业养殖场带来巨大损失，引发渔民不满。然而，在强大的舆论压力之下，该公司却始终不愿正视错误，态度还极为恶劣傲慢，认为按照中国的法律，大不了被处以 20 万元罚款了事。所以，该公司不仅对溢油点的通报遮掩隐瞒，而且未积极采取措施堵油补漏。这种冷漠折射出强势企业对百姓正当合法权益的漠视，属于典型的承认不正义。2009 年 8 月 11 日，陕西凤翔县长青镇高咀头村的一些村民围堵了途经村口的冶炼厂车辆。8 月 16 日，东岭冶炼公司附近的数百村民冲击了东岭厂区。他们将东岭厂区铁路专用线近三百米围墙掀翻，砸烂了前来送煤的货车挡风玻璃和停在厂区的工程车。村民们之所以会有如此激烈的破坏行为，是因为东岭公司的铅污染不仅造成当地农作物和农副产品污染，还致使孩子们体内血铅严重超标，对其身体健康构成了致命危险。然而颇具讽刺意味的是，当地环保部门监测的结果却显示东岭冶炼公司排放的废物符合国家相关标准。但铁的事实却是儿童的血铅中度或重度中毒。一方面是"排污达标"，另一方面却又"血铅超标"，这一逻辑的错位反映出当地政府和强势企业对百姓生命健康利益缺乏应有的认同尊重，是将企业利益和政府 GDP 绩效凌驾于人民生命健康之上导致的必然结果。

而从近些年频发的环境群体性事件中，亦不难看到基层政府对民众生命健康权和环境权益的无视和怠慢。譬如，在决定污染项目能否上马时，政府的普遍做法是觉得应该由"当官的说了算"。正是这种官老大态度，使其无视老百姓对项目的真实想法，在项目的环评报告和潜在风险上，没有遵照知情同意权及时向社会公开相关信息，而是选择刻意隐瞒。一旦东窗事发，触及民众敏感神经，并引发大规模群体性事件时，才会意识到问题的严重性和自身工作方法的不足缺陷，也才认识到尊重民众的必要性和重要性。当然，这也反映出群众的环境信访为何不能被快速处理而大都陷入泥牛入海尴尬处境的根本原因——与企业和政府相比，污染危机受损者就是不折不扣的环境弱势群体。在企业追逐资本增殖和政府注重 GDP 面前，他们的生存和环境权益注定不会得到应有的尊重。

作为环境非正义中较为隐蔽的形态，承认非正义往往被强者视为必然，而不被弱者从根本上加以自省。但如果"不排除环境污染中的社会歧视与排斥，弱者的环境权益无法从根本上得到平等公正的对待"①。只有真正做到承认弱者的尊严，尊重其环境权益，才可能减少或杜绝环境非正义的发生。

（三）参与维度

有效参与环境决策，是公民行使和维护自身环境权益的重要途径和行为方式。我国环境正义问题在参与上的不正义，集中体现在公众知情同意权的缺位。这直接导致人们在对自己有影响的环境事务、环境决策和环境行为面前话语权的丧失。"在信息公开方面，目前政府机关和官员仍然依靠掌握的决策权力对公共信息资源进行垄断，许多公共事务的处理变成了政府系统内部的事务。环境政务公开的政策性突出，过于原则，公开的环境信息内容狭窄，而且只公开公共信息，没有企业环境信息披露制度，公众无法了解企业环境行为的信息。"② 另外，公众环境参与的权利也未得到有力的法律保障。比如2016年9月1日新修订的《中华人民共和国环境影响评价法》就依旧延续了2002年的相关办法。在第五条也只是象征性地指出："国家鼓励有关单位、专家和公众以适当方式参与环境影响评价。"③但具体该如何参与，并无具体可操作性的规定，显得非常笼统。

而在我国爆发的多起环境群体性事件中不难看到，群众之所以选择进行大规模集合、示威游行，甚至出现与企业和政府公然对抗等暴力行为，原因主要在于他们在根本不知情的情况下，就莫名其妙地"被代表"了。2015年，福建明德一家重污染企业公布的环评报告遭到质疑。按照环评报告中所述，公众参与环评调查的满意度高达99%。但让村民们摸不着头脑的是，在参与该环评项目的调查者中，标注着和自己同村的人，他们却几乎都不认识。在核实了周围四个村子之后，人们发现在名单上的村民有的是该企业职工，有的只是被采集了信息，但并未真正参与环

---

① 朱力、龙永红：《中国环境正义的凸显与调控》，《南京大学学报》（哲学·人文科学·社会科学版）2012年第1期。
② 崔浩：《环境保护公众参与研究》，光明日报出版社2013年版，第85页。
③ 《中华人民共和国环境影响评价法（2016修正）》，https://baike.baidu.com/item/中华人民共和国环境影响评价法（2016修正）/22385560? fr = aladdin。

评调查。还有的人压根就不知道环评调查这回事。而在遭受噪声、粉尘和刺鼻气味折磨的村民们看来，听证会只是走个过场，因为本该在环评报告批复后才能建设的项目，却早已开始试生产。这一案例可被看作我国环评项目的典型样板。概言之，政府在决定是否兴建某企业项目时，在强大的经济利益诱惑面前，总是倾向于漠视公众的知情同意权。为避免信息公开可能出现群众抵制项目事件的发生，不惜和企业暗地联合，伪造编造环评信息。而对比较敏感的环境信息，则往往尽可能使信息公示从时间和空间上都缩至最小范围。这种做法导致的后果是：当人们从非正常渠道获悉项目隐藏的环境健康风险时，往往会有被蒙骗甚至被糊弄的感觉，也极易选择游行集会、聚众闹事甚至是打砸抢烧等过激行为以宣泄不满。这种采取集体对抗的极端方式产生的恶劣影响不言而喻：既会诱发大规模群体事件，造成财产损害和人员伤亡；又会大大损害政府的公信力。

（四）能力维度

环境正义的能力维度是指与环境事务有关的决策和行为应致力于让人们过上有尊严的生活，应最大程度促进而不是阻碍受众生活潜能的发挥。用能力维度反观我国环境正义问题不难发现，政府的环境决策特别是企业的污染行为背后所折射出的能力不正义：弱势群体为环境污染破坏所困，生存发展能力遭到不同程度的伤害。企业排放的废物小到造成农作物减产，大到对人身健康甚至生命构成威胁。在这当中，最极端的例子非"癌症村"现象莫属。有关资料显示，我国每年新发癌症病例约337万，死亡约211万。患上癌症，意味着不仅要支付高额的治疗费用，而且身体将长期遭受病痛折磨，却看不到治愈的可能和希望。身体健康受损，就无法像普通人那样从事正常的生产活动，过正常人的生活。个体实现生命价值和追求自我超越发展的能力也会受阻。对其人格和尊严而言，无疑是一种深度伤害。因为个体在癌症的阴影之下艰难生存，无法做他想做的事，成为他想成为的人。其幸福指数必将大大降低，幸福获得感甚而荡然无存。位于天津市北辰区的西堤头村曾是全国闻名的"癌症村"。这个村几乎被有毒化工厂层层包围。村里分布着近百家生产化学制剂、染料中间体、油漆涂料、农药兽药、香精香料等各类化工产品的化工企业。被村里世代依赖的鱼塘已成为化工企业的排污之地，里面充斥着各种颜色各种气味的工业废水废渣，散发出刺鼻的臭味。而具有反讽意味的是，西堤头村所属的镇政府门口却悬挂着"加强环境治理"的大字条幅。北辰区政府更是提出了"环境立区"的发展战略。面对如此灾难，村民们选择了忍受和沉默。他们直言：只能论天活着，活着就是等死，就是慢慢熬死。

按照学者纳斯鲍姆的理解，能力正义至少应涵盖这样一些东西，如生存的能力，保持身体健康的能力，身体完整的能力，充分发挥理智、想象和进行思考的能力，情感的能力，实践理性的能力，玩耍的能力以及控制个人环境的能力，等等。而当我们用这些标准去衡量在癌症病痛折磨下的人们时，不夸张地说，他们几乎全部不达标。癌症村的背后，是人们生活生存能力的极度挫伤。它杜绝了人们进行有价值的功能性活动的可能，摧毁了人们追求和获得幸福的梦想，是能力非正义在环境正义问题中的最好印证。

五 我国环境正义问题之出路

我国当前所面临的环境正义问题，是多年来经济快速发展下的产物。在国人日趋关注生态幸福的新常态背景下，显得格外突出。而由于环境正义缺失所引发的环境群体事件，不仅点燃了公众捍卫环境正义的意识和热情，而且极易成为引发社会动荡的导火索，因而必须高度重视并积极应对。而作为一项大的系统工程，对我国环境正义问题出路的寻求和有效调控绝不是仅凭哪一个部门，或在哪一段时间就能一蹴而就的。毋宁说，它是一个漫长和反复的过程。所以，从政府、企业到公众，从发展理念、发展模式到制度设计和法律执行等，都需要自上而下和自下而上的协同配合。自上而下，就是政府要公正履行环境破坏的监督与仲裁职能，自上而下地推进经济增长模式转型和产业结构升级，并从制度的设计和执行上切实保障环境正义的实现；自下而上，是指社会大众应以合法有效的环境行动进行抗争，自下而上地集结环境正义的各种力量，促使政府与企业正视并积极纠正各种环境不正义决策和行为。

（一）政府

1. 践行绿色发展理念

其一，在经济理性和生态理性之间保持必要的张力。

经济理性和生态理性的矛盾属于工具理性与价值理性之间的对抗和冲突。对一个国家而言，如果只是实行以利润挂帅的经济原则，则必定是赢了经济理性，却输了生态理性。从长远发展来看，对经济理性的过度追捧，对生态理性的公然蔑视，必将陷入生态危机与经济危机之双重困境。应该指出，多年来我国政府"发展经济的倾向明显过强"①。在以"经济发展指标"作为衡量和评价地方各级政府领导人的政绩考核标准下，发展经济成了一切活动的轴心。只注重经济效益，无视生态效益；只关心短期效益，忽视长远利益；只看重局部利益，不重视整体利益等，这些都成了以"经济发展指标"为政绩考核标准下的产物。尽管我国早已提出科学发展观，但各级地方政府的头脑里还是存在多年积淀下来的发展惯性。发展＝经济增长＝GDP变大＝自己的领导能力强＝提拔到更高职位的机会，这种观念依然十分流行。"发展就是天然合理的"，"发展就比不发展好"，"只要发展，就是好的"，"发展快比发展慢好"，等等，在地方官员头脑中是压倒一切的东西。而对于"为了什么发展"和"怎样的发展才是好的发展"这样的目的论、价值论问题却漠不关心。"我们在解决'如何'一类的问题方面相当成功"，但与此同时"对'为什么'这种具有价值含义的问题，越来越变得糊涂起来，越来越多的人意识到谁也不明白什么是值得做的。我们的发展速度越来越快。但我们却迷失了方向"②。

中共十八届五中全会上，绿色发展、创新发展、协调发展、开放发展以及共享发展作为我国"十三五"规划的五大核心战略指导理念被政

---

① 肖显静：《环境与社会：人文视野中的环境问题》，高等教育出版社2006年版，第340页。
② ［波］维克多·奥辛廷斯基：《未来启示录》，徐元译，上海译文出版社1988年版，第193页。

府高调推出，引发公众热议。绿色发展是在包括未来五年计划在内的"十三五规划"期间乃至以后的很长时间内，都必须牢牢坚持的一项基本国策。把绿色发展作为我国今后必须长期坚持的重要发展理念，充分体现了党和政府对人民生态福祉和民族未来的责任担当，是一个负责任的大国向世界发出的直面环境问题的积极信号。践行绿色发展观既是我国生态文明建设的应然之义，更是我国建设生态社会主义社会的必然要求。它不仅关乎我国公民当下的生态福祉和国家未来的生态安全，对维护世界生态稳定亦有着十分重大的意义。将这一理念付诸实施，政府必须切实转变靠 GDP 论英雄和只注重发展数量忽视发展质量的思维定式，下大力气走生态良好之路。

其二，遏制政治权力与企业资本结合的恶性冲动。

资本与权力作为两种异质性构造的事物，在持久的互动中生成了彼此趋同的结构。这种趋同化趋势在我国当前的转型期表现得尤为明显。如果说资本是政治权力的经济推手，权力就可看作资本的政治载体。当权力和资本相遇，当资本不断扩张的冲动和权力不断膨胀的欲望相结合，就可能产生"核聚变"式反应，造成法律界限模糊和道德界限丧失。在一定程度上可以说，我国当前由环境破坏和污染导致的种种环境非正义，就是各级地方政府同排污企业互为利用，亦即资本逻辑和权力逻辑双重宰制下的必然结果。为了所谓的地方经济效益和个人政治绩效，一些地方官员不惜以破坏环境为代价，置百姓健康风险于不顾，公然为违规企业大开绿灯，大张保护伞，在环评程序上搞形式主义，甚至弄虚作假，编造数据和信息。在行使政府的环境监督权和对企业的惩罚上，患上"缺位病"和"失语症"。当然，也正是这种不负责任的态度和作风，不法企业才有肆无忌惮追逐资本增殖的机会和可能，并由此出现种种环境正义失范行为。这既伤害了老百姓的切身利益，也有损政府在群众心中的公信力，并极易诱发环境冲突，威胁我国社会稳定。因此，必须努力遏制资本与权力的结合。一方面，各级政府干部要在头脑中牢固树立科学发展和绿色发展观念，不能为了经济增长杀鸡取卵、竭泽而渔，更不能以破坏老百姓身边的环境换取经济利益，使群众的生态获得感和幸福感大打折扣。另一方面，须加快政绩制度改革，不能以 GDP 为唯一圭臬，而应将政绩考核与环境损失和绿色 GDP 结合起来去考核地方官员。此外，政府要在企业项目的决策中当好客观监督者和公正仲裁者的角色，不能为了招商引资和扩大就业庇护企业。环保部门和地方法院应严格遵循环境问题中"污染者支付、受害者获赔、最大限度修复"的原则，去执行相关环境法令法规。

2. 加快推进城乡一体化进程

加快推进城乡一体化进程与对农民身份压制的解除息息相关。由于我国多年来的城乡二元结构现状，导致农村、农业，特别是农民的地位和身份被长期压制和歧视，成为诸多环境不正义行为的牺牲品。譬如将城市的污染企业和生活垃圾转嫁到农村，就属于承认不正义下的分配不正义。这种环境恶物的分配不公使农民生存所依赖的家园遭到破坏，其身体完整的能力、健康生活的能力和文化生存的能力被压制和侵害，则是承认不正义下能力非正义的体现。而无视农民的生命平等权，亦会导致剥夺其对与自身有关的环境事务的决策权和知情同意权，属于承认非正义下的参与不正义。这些由压迫的社会情境所导致的身份不被认同而出现的承认不正义必须被彻底根除。若非如此，农民遭受的环境正义困境就无法从根本上破除和解决。为此，政府必须尽快打破城乡二元结构，加速推进城乡一体化进程。具体来说，一是要逐步取消甚至废除城乡分治的户籍制度，实现城乡户籍一体化，消除对农民身份的人为划分而出现的身份歧视现象。这有助于扭转农民因身份歧视而造成的边缘化，使其能够在公众环境参与框架中，发出能真正代表自己的声音，从而改变因身份歧视而承受的环境不正义对待。二是继续深化农村土地改革，维护农民环境权益，保护农村生态环境。在对农村土地的征用中，应充分赋予并尊重农民的知情权、同意权和监督权，避免农用土地变成工业用地后带来的环境风险和身体健康隐患。三是尽快实现城乡环境公共服务均等化，切实改变农村环境基础设施建设长期落后于城市的状况。

3. 保障环境制度正义

环境制度的正义主要体现为在环境决策、环境法规的制定执行以及环境权益的诉求机制等方面，公众能够有实质性参与。"如果在各类环境制度建设中忽略各类主体的民主参与和现实需要，或带有精英主义的社会排斥倾向，就会导致环境制度的非正义现象。"① 从我国现状来看，尽管各类环境法规制度建设发展较快，但原则性意见较多，大都缺乏实践操作性，而且执行不力。比如当人们尝试到法院起诉企业造成的农作物损失和身体健康损害时，得到的回复往往是"不予立案"。原因是按照我国相关法律规定，公民个体不具有环境诉讼主体资格，这种诉讼门槛现已成为我国民众维护环境权益的最大瓶颈。有的即使立案了，但由于种种原因往往一拖再拖，甚至十余年都得不到解决。这种"起诉不立案、立案不审理、审理不判决、判决不执行"的环境制度不正义，导致人们在面对环境侵害时大多选择了缄默和忍耐。当实在忍无可忍时，就可能采取集体上访、闹事甚至武力冲突等极端方式维权，以倒逼政府和企业做出改变。应该说，正是看到群体性事件会被高层领导重视干预，尤其是在有生命损失的情况下环境污染问题往往会被快速有效处理，人们才会看重这一维权逻辑：不闹不解决，小闹小解决，大闹大解决。只有把事情闹大，引发社会舆论关注，才会从根本上得到解决。这就是群体性事件倒逼问责下的可怕后遗症。若想避免和杜绝此类事情发生，必须在环境制度的设计和执行上入手，完善国家环境基本法律体系，有效保障其维护环境权益。首先，必须健全公众环境参与制度，确立公民的环境事务参与权。其次，完善信访制度，强化落实环境知情权和环境参与权，努力做到"凡是涉及群众切身利益的决策都要充分听取群众意见，凡是损害群众利益的做法都要坚决防止和纠正"②。最后，设立规范的环境信息公开制度和环境公益诉求机制，以提高民众参与环境利益诉求表达的能力。总之，环境制度正义与否是衡量社会民主，特别是社会生态民主的试金石，必须引起高度重视。

4. 充分发挥主流媒体的作用

我国主流媒体的环境叙事方式虽在宣传党和政府的环境法律法规中

---

① 朱力、龙永红：《中国环境正义的凸显与调控》，《南京大学学报》（哲学·人文科学·社会科学版）2012 年第 1 期。

② 蔡敏等：《"环境群体事件"警示中共建设生态文明须保障公众决策参与权》，http://cpc.people.com.cn/18/n2012/1112/c350825 – 19551413.html。

发挥了重要的媒介作用，但在对具体环境事件的报道中却表现得过于保守内敛，特别是对环境污染事件背后的原因缺乏深层反思与拷问。在报到地方环境政策执行中，按照以"正确的舆论"影响人的要求，我国主流媒体采用的叙事方式和话语结构大体呈现出三个特征："第一，宣传中央的环保政策和中央领导人对环境问题的高度重视；第二，选择性曝光一些地方环境问题，以此来批评和监督地方政府对中央环境政策的执行不力；第三，在具体环境事故的报道中，采用维稳思维，倾向于事后的经验总结和宣传而非追求新闻报道的及时性和公开性。"① 宣传中央的环保政策是主流媒体作为党的喉舌功能的重要体现，是其服从党性的起码要求。也正缘于此，主流媒体才会不遗余力地将精力和笔墨放在宣传党和政府的环境政策上。比如由环保部主管的《中国环境报》，就把"权威发布党和国家有关环境保护的方针、政策、法律、法规"视为其核心工作。而据统计，消息体裁类报道在我国主流媒体的环境新闻报道中占到70%以上，内容多为与环保相关的政府领导人讲话及活动、工作会议、法律和政策解读。再有就是突出中央领导对环境事故的重视程度。如在对青岛输油管道爆炸事件的报道中，中央电视台《新闻联播》就如是说："事故发生后，党中央国务院高度重视，中共中央总书记、国家主席、中央军委主席习近平立即作出重要指示。要求山东省和有关方面组织力量，及时排除险情，千方百计搜救失踪受伤人员，并查明事故原因，总结事故教训，落实安全生产责任，强化安全生产措施，坚决杜绝此类事故。中共中央政治局常委、国务院总理李克强作出批示，要求全力搜救失踪受伤人员，深入排查控制危险源，妥善做好各项善后工作。加强检查督查，严格落实安全生产责任。"②

对一些地方环境问题进行选择性曝光，以批评其对中央环境政策执行不力，也是主流媒体的常规模式。常见的做法是通过选择性曝光一些地方环境问题事件，将责任归咎于地方政府，并突出中央正在加大查处

---

① 冉冉：《中国地方环境政治：政策与执行之间的距离》，中央编译出版社2015年版，第173页。
② 《习近平、李克强对青岛输油管线爆燃事故作出指示批示》，http://www.chinanews.com/gn/2013/11-22/5537875.shtml。

力度。比如《人民日报》就曾针对太湖蓝藻水污染事件刊文指出:"10多年来各地投入的资金和污染损失,何止4000亿元?污染治理中的地方保护主义实在是搬石头砸自己脚的行为……环保法规不是各取所需的'软柿子',必须不折不扣令行禁止,环保成果也不能是昙花一现的易碎品——或许,这也是微小的蓝藻肆虐成灾给我们的深刻教训。"① 在《斩断污染背后的渎职黑手》中,《人民日报》批评基层部门环境监管的失职是造成环境生态破坏的原因之一。"一些地方政府和官员片面追求经济利益,为了一己私利无视法律、严重失职。"但中央政府的查处力度正在逐渐加大,"近年来,最高检一直都在不断强化查办此类案件的力度"②。

主流媒体在对具体环境事故、灾难、突发事件、抗争的案例报道中,喜欢采用维稳思维和进行事后总结。例如在对灾难的报道上,媒体惯用"政府领导下抗击灾难"的正面宣传模式,将灾难报道变成政绩宣传,用豪言壮语般的宏大叙事取代了对问题根源的调查质疑。比如在太湖蓝藻水污染事件发生的23天内,《人民日报》共有10篇相关报道,大多是安定民心和维持社会稳定。如一篇报道就这样说道:"过去的一周,对于无锡来说,非同寻常。数百万干部群众与源自太湖的臭水,展开了一场特殊的较量。……一周来,无锡市民表现的镇定与从容令人敬佩。社会秩序井然,……此次无锡饮用水危机,能否成为推动区域共同治污的契机?果真如此,则这次事件就不完全是一件坏事了,让我们共同期待。"③ 客观地说,这种维稳思维固然有助于维护政府在百姓心目中的理想形象,但对推动中国生态民主却显得乏力。当今世界是一个众媒体齐声吟唱、众声喧哗的时代,由手机短信、互联网微博、博客、QQ、微信、BBS论坛等组成的新媒体形式的出现,已经打破了原先由报纸、电视、广播主导的信息传播方式。特别需要指出的是,新媒体正以"去中心化"的DIY(Do it yourself)模式挑战着传统媒体对信息发布的垄断性和权威性。

---

① 邓建胜:《太湖竟还有这么多小化工》,《人民日报》2007年6月22日。
② 彭波:《斩断污染背后的渎职"黑手"》,《人民日报》2014年1月8日。
③ 《突来的考验深长的警钟》,《人民日报》2007年6月6日。

事实上，我国近些年环境群体性事件频发的一个重要原因，就是人们借助新媒体，将信息多渠道全方位进行了传播扩散，也由此使得"集体散步""游行示威""堵路抗议"等成为可能。比如互联网就使中国环境运动的动员变得更为迅捷，网民的环境话语权大大增加，环境运动也呈现出了年轻化和暴力化的趋势。而微博已俨然升格为"个人向社会喊话和向社会表达的工具"，并建构了一个对真相追逐的公共空间。这些都可说是对传统媒体在公共事务中社会表达功能巨大缺失所进行的变相"补偿"。要想走出话语权被新媒体式微的被动局面，主流媒体必须切实转变作风和观念，积极正视并主动回应由环境污染和破坏所诱发的环境群体性事件，努力寻求和破解事件背后的真相。不能也不应固守惯有思维，去保卫官方话语主导环境议题公共讨论的固有权力格局。

5. 坚决抵制生态殖民主义

生态殖民主义作为发达资本主义国家向不发达国家输出的一种新的殖民主义形式，对后者生态环境的破坏不言而喻。而我国遭受到的生态殖民主义比之其他国家，更是有过之而无不及。对外资高比例的吸引，虽在一定程度上提高了经济增长速度，但造成的自然资源快速枯竭和百姓所处微环境的极度恶化不容忽视。在生态殖民主义的运行过程中，发达国家获得了环境善物，比如廉价的人力物力和巨额利润，我国换来的却是环境恶物——资源过快消耗，生态持续恶化，人们的健康受到损害。这既是分配的不正义，也是承认的不正义和能力的不正义。因为将有毒废物输入欠发达国家，本身就属于环境种族主义歧视，是对别国人民生命价值和尊严极端漠视和歧视的体现。再者，对有毒电子垃圾和生活垃圾的处理加工，势必会对人们的身体健康和功能性活动造成伤害。因此，必须坚决抵制生态殖民主义，严厉打击走私有毒废物的违法犯罪行为，并逐步减少甚至取消对外来投资的依赖。可喜的是，我国已宣布从2017年9月起禁止进口4大类24种"洋垃圾"，包括废金属、塑料瓶等。而随着垃圾分类的逐步推行和垃圾处理产业的技术进步，我国今后将会逐步建立起自己的垃圾循环回收体系。这也就意味着，中国作为全世界"垃圾场"的时代将一去不复返了。

（二）企业

1. 向环境友好型经济增长方式转变

长期以来，囿于技术发展水平的限制，国家相关制度法令不健全且执行乏力，我国企业遵循的是高投入、低产出，高消耗、高污染的经济增长模式。即使在国家先后提出循环经济、科学发展观、生态文明道路之后，依然没有发生实质性转变。由于生产技术水平低下，加之来自市场竞争的压力，企业大都倾向于将污染"社会外部化"以降低成本。"污染企业在高额利润刺激下，在缺失有效环境评估的情况下，'发展缺少科学、准入不迈门槛'，匆忙上马。有的因污染严重而停产，随后易地转移重建。即使在发现违法排污或造成污染之后，企业也有'万全之策'。污染企业有的以'试生产'为名无照经营，忽视环保验收；有的以'通过环保验收'为掩护为节省成本直接排污；有的违法企业以'效益'为借口很难执行罚款到位；有的投产时就未经环保部门许可，因超标排放被环保部门责令停产，但抗拒行政处罚执行，导致污染状况持续恶化。"① 这些行为造成了诸多的环境不正义：企业享受环境善物（利润），公众承担环境恶物（污染）——分配不正义；企业刻意隐瞒或伪造环境评估数据，既违背了环境知情权，又是对公众身份和利益不予承认的体现，属于环境参与和承认上的不正义；企业大肆排放废物，损害了周围居民的身体健康和生存生活能力，属于环境能力的不正义。

要改变上述困境，既需要来自政府层面的努力——为企业营造技术创新的活力和动力，拒绝为落后企业输血埋单，对高污染企业坚决实行关停并转等，也需要来自消费者方面的倒逼——拒绝购买污染企业的产品，与污染企业进行抗争等。当然，更主要的是企业应通过自身努力改变落后的生产经营方式。具体而言，企业须进行粗放型向集约型经济增长方式的转变，从生产源头上最大限度地减少污染，在流通环节中尽量避免二次污染，并对消费者使用过的产品回收处理等。总之，只有转变

---

① 李淑文：《环境正义视角下农民环境权研究》，知识产权出版社2014年版，第127页。

生产观念和经营理念,并切实向环境友好型经济增长模式转变,企业才能在生态文明的语境下获得可持续生存发展的可能。

2. 勇于承担环境责任

作为企业社会责任的一部分,企业环境责任是指企业在生产经营过程中谋求自身经济利益的同时,还应合理利用资源、采取措施防止污染,对社会履行保护环境义务。多年来,我国企业在成为带动社会经济发展强劲动力的同时,也成了环境污染和生态破坏的主要制造者和诸多环境不正义的始作俑者:将工人置于危险工作场所,违规偷排生产废物,隐瞒环境信息,在环境影响评估上弄虚作假等。造成企业缺乏环境责任的原因除政府相关环境法律制度不健全,环境监督缺失,以及片面追求地方 GDP 绩效之外,企业自身环境责任价值观的缺失也是重要诱因。"在我国,目前对企业承担环境社会责任的社会认知方面还没有形成共识,社会价值观出现道德真空,企业行为无准则可依。"① 受经济利益驱使,企业把环境污染的治理预防置于追逐利润之外,不配备或不正常使用污染治理设施,逃避环境监管,偷排和超标排放污染物的现象已成为多数企业的运行常态。加之老百姓环境维权意识淡薄,这更让企业肆无忌惮。

对企业来说,主动履行环境责任是其行为准则与形象标志。自觉履行环境责任,既是责任又是义务。对生态环境负责,既可保证产品质量,又可提高在消费者心目中的形象,为企业赢得生态声誉和社会声誉。企业必须下大力气,将环境战略作为经营的核心战略和确保竞争优势的主要手段。具体而言,应树立绿色经营理念,制订环境保护规划,建立和执行环境管理制度,对环境信息实时检测报告并主动接受社会监督。在生产方面,要推行清洁生产方式,对产品的生命周期进行全过程控制和管理,以减少废物和污染物的排放,努力做到减量化、再利用和再循环。当然,要让企业切实承担起环境责任,离不开政府的公共监管和公众的参与监督。这就意味着,政府要通过制定完备的法律法规,强化企业的环境责任。对自觉者予以适度激励,对不自觉者施以严重处罚。"要建立

---

① 张秋:《企业环境社会责任缺失的制度机理研究》,《自然辩证法研究》2010 年第 2 期。

责任追究制度,对那些不顾生态环境盲目决策、造成严重生态后果的人,必须追究其责任,而且应该终身追究。"① 公众则要提高环境维权意识,确认并捍卫自己的环境知情同意权和参与权,加强对违法违规企业的监督和举报,以促使企业承担环境责任,保障企业环境正义行为的实现。

(三) 公众

1. 塑造环境正义品格

环境正义品格,是指在面对环境决策和环境行为时,能自觉意识到决策和行为当中的不正义,并积极与之抗争,以维护自身环境权利,避免成为环境不正义决策和行为中的受害者。就我国而言,民众的环境正义主体品格还没有真正培育和塑造起来。对于身边的环境不正义行为比如企业的违规排放,人们大多以沉默和忍耐对待,这在广大的农村尤其明显。造成这种现状的原因主要是人们认为和作为强势群体的企业相比,自身力量太过弱小。加之地方政府总是倾向于为企业庇护,这使得人们对通过信访、上访和投诉争取环境权益的前景十分悲观。所以在面对种种环境不正义时,人们习惯性地选择了不发声。而在面对政府的环境决策时,即使有不同看法,但在强大的政府威权面前,又常感无力抗争。这些因素在很大程度上造成了公众环境正义品格的缺失。只有当所遭受的环境侵害忍无可忍时,人们才会采用比较激进的手段维权。在环境群体性事件中,局面都是群众与企业政府公开对抗,比如破坏企业作业设施和政府警车等。有的甚至造成了流血冲突和人员伤亡。然而这些激进的环境抗争并不能说明群众已具备环境正义品格,它们充其量也只能说明人们的环境正义意识在无奈中被唤起,但绝非出于内在的自觉和自省。较之农村,城市民众的环境正义意识或许要强一些。这体现在当政府决定上马化工危险项目时,人们能提前进行干预。比如当得知 PX 项目要建在自家后院时,厦门市民就采用了"集体散步"的方式表达不满。而当政府决定将项目迁至漳州时,人们就偃旗息鼓了。这种"NIMBY"(Not

---

① 习近平:《坚持节约能源和保护环境基本国策 努力走向社会主义生态文明新时代》,http://news.xinhuanet.com/politics/2013-05/24/c-115901657.htm。

in My Back Yard，不要在我家后院）的"邻避运动"① 思维和环境正义品格所要求的"NIABY"（Not in Anyone Back Yard，不要在任何人的后院）相去甚远，更不用说漳州市民敞开怀抱，主动接纳厦门市民唯恐避之不及的 PX 项目的"主动请缨"思维——"YIMBY"（Yes, In My Back Yard，快放到我家后院），或是"PIMFY"（Please, In My Front Yard，请放到我的前院）中所暴露出的环境意识的淡薄和环境正义品格的缺失。这充分表明我国民众的环境正义品格还远未塑造和培育起来。

要想真正提高身边环境的质量，民众必须主动提升环境正义意识，培育和塑造环境正义品格。简言之，就是要通过合法有效的环境行动与抗争，自下而上集结的环境正义力量，努力改变环境问题背后的权力结构；敦促政府公正履行环境监管的职责，切实践行绿色发展观；监督企业对环境责任的担当，倒逼其转变经济增长模式；突破"邻避运动"（不要放在我家后院）的狭隘观念，并以"不要放在任何人的后院"的公共利益为目标。因为，"当一项针对政府的抗争行动被贴上'邻避'的标签后，其号召、动员和组织能力都会受到削弱"②。换言之，只有坚持"不要放在任何人的后院"的环境正义理念和诉求，才能真正倒逼企业转变经济增长方式，主动进行技术创新。

2. 重构消费方式

消费作为人的生存活动方式之一，本应是有意义、创造性和人性化的行为。但眼下的中国，人们似乎正被物质主义和消费主义所宰制。奢侈性消费、一次性消费、符号性消费、快时尚消费等，俨然成为不少国人向往的生活方式。从对苹果手机朝圣般的追逐到对快时尚品牌服装的追捧，再到对一次性物品的浪费，无不折射出异化消费主宰下国人的生活状态。"渴望买到最新出的什么玩意儿，买到在市场上新出现的什么东西的样品，这成为每个人的梦想，相比之下在使用时得到的满足和享受

---

① "邻避运动"是地方性、社区化和短期的，其首要目的主要限于对自身权利的维护，而非保护公共利益和环境本身。

② 冉冉：《中国地方环境政治：政策与执行之间的距离》，中央编译出版社 2015 年版，第 197 页。

却成了第二位的事情。"① 在"新的东西好"的指引下，人们看重的是对物品的攫取和占有，并习惯于在购买新物品时不断扔掉"旧物品"。"获得→短暂的占有和使用→扔掉→再获得，构成了消费者购买商品的恶性循环。"② 不夸张地说，消费对于很多国人而言，已经和正在走向异化。而异化的实质，就是将本该作为手段的东西变成目的本身，并使其反过来与原有目的相对抗。而一旦"为消费而消费"成为个体生活目的本身，异化消费就会不可避免地形成，就会使消费个体对消费和浪费欲罢不能，并愈陷愈深。在异化消费的指引下，节俭不再成为美德，浪费反倒成了紧跟时尚的体现。在无孔不入的广告狂轰滥炸下，人们的购买欲望被一次次调动起来，激发出来，陷入一轮又一轮的购物狂潮中不能自拔，满足于在消费中塑造肉身，安顿灵魂。"消费社会的运作结构善于将人们漫无边际的欲望投射到具体产品消费上去，消费构成一个欲望满足的对象体现……当代人不断膨胀自己的欲望，更多地占有更多消费成为消费社会中虚假的人生指南，甚至消费活动本身也成为人们获得自由的精神假象。"③ 更多的生产，更多的消费，更快的抛弃，造成的结果是自然资源消耗，生态环境破坏，人们反受其害，成为环境不正义的始作俑者。

若要摆脱由自身造成的生态伤害和环境不正义，公众必须重建消费理念，重构消费方式，重塑消费行为。从媒体传播而言，应重提"节俭"，特别是要弘扬我国传统文化中"俭以养德"的主张，使消费者从思想上真正认同浪费可耻，节约光荣，将大众消费引向科学、健康发展的轨道。从消费者个体来说，应坚决摒弃消费主义，积极践行适度消费、可持续消费、简约消费和精神消费。适度消费是在满足生存发展需要的基础上，消费不超出自然承载能力。作为对环境友好的合理消费的体现，适度消费以获得基本需要的满足为标准，而不是鼓励对物质资源无止境地占有。可持续消费是对欲求性消费、符号消费和一次性消费的纠偏。欲求性消费过于追求地位上的优越感、满足感、忌妒、攀比和炫耀等，

---

① ［美］埃利希·弗洛姆：《孤独的人：现代社会中的异化》，《哲学译丛》1981年第4期。
② ［美］埃利希·弗洛姆：《爱的艺术》，陈维刚译，四川人民出版社1986年版，第96页。
③ 戴锦华：《救赎与消费》，载王岳川《媒介哲学》，河南大学出版社2004年版，第69页。

超过了正常的满足基本需求的消费，不考虑现实生活和必要条件，缺乏经济合理性和社会正当性，其本质是无尽的贪婪。① 符号消费通过不断创造新的消费时尚，将人们带入消费误区：时尚即美，符合时尚的消费就是人生高贵的象征和价值的体现，就会被人羡慕；反之就不美，就会被人鄙夷。"一次性"消费是迫使那些仍具有使用价值的消费对象退出消费过程，作为废弃物被抛弃。欲求性、符号性和一次性消费都属于不可持续消费，应该被可持续的消费方式取代。节俭消费在今天并非过时的美德，提倡节俭、反对奢侈和浪费是绿色发展的内在要求。"自愿的简化生活，或许比其他任何伦理更能协调个人、社会、经济以及环境的各种需求。它是对唯物质主义空虚性的一种反应。它能解答资源稀缺、生态危机和不断增长的通货膨胀压力所产生的问题。社会上相当一部分人实行了自愿的简化生活，可以缓和人与人之间的疏远现象，并可缓和由于争夺稀少资源而产生的国际冲突。"② 物质消费不是人生活意义的全部，它没有也不能满足我们"对于渴望、安慰和真正意义的最根本需要"③。而人区别于其他生命体的重要原因，就在于人是一种精神动物：有求知欲望，有追求完善的审美情感，有求真、向善的精神超越性。对精神需要的追求，能调节精神生活与物质生活的平衡，防止人一味沉溺于物质享乐，疏远自己的内心世界。而当把物质欲望克制到最低点时，人的精神活动才能获得充分自由。健康的精神消费不但能丰富人们对生命意义的体悟，更能为克服我国当下的异化消费形成强大的道德支柱和良好的社会心理氛围。

3. 理性表达环境权利与主张

近十年来，我国因环境问题引发的纠纷几乎从未间断，因环境污染和环境潜在风险引发的环境冲突更是此起彼伏。在环境冲突中，人们与污染企业、当地政府常常针锋相对，剑拔弩张。阻挠交通、冲击厂房、

---

① 万俊人：《道德之维》，广东人民出版社 2000 年版，第 89 页。
② ［美］L. R. 布朗：《建设一个持续发展的社会》，祝友三译，科学技术文献出版社 1984 年版，第 283—284 页。
③ ［美］比尔·麦吉本等：《消费的欲望》，朱琳译，中国社会科学出版社年版 2007 年版，第 196 页。

损坏设备、砸毁警车的现象屡见不鲜,极端的甚至造成了人员伤亡。群众对地方政府领导进行人身侮辱的事情也时有发生。2012 年 7 月 28 日,由于担心日本王子纸业集团准备在当地修建的污水排海设施会给自己的日常生活产生严重影响,数万名启东市民在市政府门前广场及附近道路集结示威,散发"告全市人民书",冲进市政府大楼,对许多办公场所进行了"抄家"式搜索,并出现程度不同的打砸行为。冲突中,两名警察被拖进人群殴打至出血。启东市委书记惨遭民众扒光上衣,市长则被强行套上印有"抵制王子造纸"字样的宣传衣。直到南通市人民政府做出永远取消有关王子制纸排海工程项目的决定后,群众的愤怒情绪和非理性行为才得以平息和停止。对此,《钱江晚报》用"启东事件:一场理性的双赢"一文给予高度评价:"这是一个令人欣慰的结果。它不仅令人欣慰在启东公民以理性的方式赢得了保护生存环境的诉求,也欣慰在当地政府以理性的姿态顺应民意知错即改,更欣慰旁观此次事件的人们以理性的思维评判。有网友说,人群散了,但官员羞涩的微笑永远留在了人民心中。……官员与市民之间,无需通过装甲车、催泪弹,各自表达尊严,是社会之幸。它给了政府与市民,各自展现素质的机会,也给了世人一堂化解政府与市民之间矛盾的现场课。"① 《钱江晚报》如此高调评价启东事件,认为无论民众还是当地政府都拿出了以理性方式解决问题的态度。但我们想问的是:这真的是一场"理性"的交锋吗?

受传统文化熏陶和影响,国人一向安分守己,具有超强的隐忍性。但在环境群体事件中,人们为何一反常态,表现出"是可忍,孰不可忍"的抗争情绪?纵观多起环境恶性冲突事件不难发现,民众的极端愤慨和过激行为往往是被"逼上梁山"的。概言之,在发生环境群体性事件之前,人们一般都是走正常渠道维护自身环境权益。比如通过信访、上访向政府有关部门反映情况,向媒体寻求帮助,与污染企业沟通协商污染赔偿事宜,向法院提起诉讼等。但当这些"公立救济"的正常途径并不奏效时,人们就会痛感官企相护,冤屈无处申诉,转而选择"自立救济"

---

① 《启东事件,一场理性的双赢》,http://news.ifeng.com/mainland/detail_2012_07/29/1638 3283_0. shtml。

的暴力抗争途径。"当遇到污染企业利欲熏心、污染和侵权行为我行我素时,地方政府也有意偏袒企业,对百姓的利益诉求置若罔闻、诉讼遭遇司法不公正或被搁置不办时,百姓的正当利益和环境权救济诉求不能有效表达和实现无望时,无效的商讨、反映、抗议必然带来民企之间、官民之间的冲突。因环境受损而恶化的企民关系,在企业的排污和侵害行为得不到公共权力有效制止的情况下,受害群众逐渐对正常申诉途径失望,转而选择'自立救济'。"① 而在采取自立救济维权的过程中,又常出现场面失控情况。"他们封堵道路,影响交通,对企业设备进行恶意破坏,对企业人员进行过度攻击,结果既因违反法律而受到制裁,又造成了新的社会不公。"② 就拿"启东事件"中人们的行为来说,殴打警察本已触犯法律,更不消说扒掉市委书记衣服,给市长强行套上宣传衣的行为已属人身侮辱。可以说,这绝不是理性的维权行为,更不是《钱江晚报》所谓的"理性双赢"。毋宁说,它更像是一场暴力狂欢盛宴。

要想有效制止和杜绝环境维权中的非理性行为,民众除需要理性克制外,政府恐怕是需要做出更多改变的一方。政府官员要真正心系于民,将百姓利益放在第一位。对违法企业要切实履行监管监督职责,绝不纵容、姑息和包庇。对百姓的不满、呼声和抗议,要高度重视并尽快妥善解决。要为百姓搭建好发声平台,并给予积极呼应。当然,民众也要学法懂法和理性维权,避免因过度维权触犯法律的过激行为。还可借鉴国外经验,通过与环保非政府组织合作进行维权。环保非政府组织作为社会环保力量的代表,凭借其非政府性、公益性,尤其是专业性等特点,可在一定程度上搭建起政府、企业和公众之间的桥梁。另外,也能加强环境监督,维护公共环境利益。譬如在美国,就有诸多环境正义组织,如"健康、环境与正义中心""东北环境正义网络""西南环境和经济正义联盟"等。它们为美国民众特别是少数族裔赢得了身边环境的健康与安全。与美国相比,我国为环境受害者提供援助服务的环保组织则有些

---

① 李淑文:《环境正义视角下农民环境权研究》,知识产权出版社 2014 年版,第 127—128 页。
② 刘海霞:《环境正义视阈下的环境弱势群体研究》,中国社会科学出版社 2015 年版,第 158 页。

相形见绌。我国现有的知名环境组织主要有中国政法大学环境污染受害者帮助中心，中国环境保护协会维护环境权益中心和中华环保联合会环境法律服务中心。作为专业环保机构，它们在为环境弱势群体维护合法权益方面做出了很好的成绩。比如王灿发教授创立的中国政法大学污染受害者法律援助中心就致力于培训从事环境法工作的律师，给法官讲授环境法方面的课程，通过热线电话免费向污染受害者提供法律咨询服务，起诉涉及环境法方面的案件。但与庞大的社会需求相比，还是显得力不从心。

值得一提的是，《南方农村报》一篇题为《农民自发成立组织维权护路被控涉黑》[①]的文章曾引发广泛热议。文章指出，位于广东和平县大坝镇金星村的村民自发成立的"黄沙尾教育基金会"，被当地法院以"破坏交通施舍、强迫交易、敲诈勒索、故意伤害、扰乱交通秩序"等"黑社会"罪名被强行解散，基金会部分成员也被逮捕。该案件在当地引发广泛争议。有人认为村民如此维权，"完全是政府不作为所致，情有可原"，有人则戏称"无钱、无势、无保护伞的基金会是给黑社会丢脸"。事实上，基金会的成立主要是因为不堪忍受附近矿区企业追求经济利益，导致矿区事故频发，运输车辆压坏路面、噪声扰民，特别是给村民出行带来巨大安全隐患等才"揭竿而起"的。而对于正当维权却被控诉为"黑社会"的说法，村民们并不认同。在他们眼中，黄沙尾教育基金会自成立以来，并未欺压百姓，也不是少数人牟利的工具，反而在尽最大努力去维护村民的共同利益，因此和世人眼中的黑社会有着天壤之别。对于黄沙尾教育基金会这一"涉黑风波"，中国人民大学张鸣教授一语道出了我国公民理性维权的矛盾和症结所在："维权组织涉黑凸显农民弱势和制度危机。"这就是说，在时下的中国，由于政府在制度设计和执行上存在的诸多问题，民众往往无法在正当合法的途径下真正做到理性维权。因而必须下大力气进行环境制度重构，尽快出台前瞻性、预防性和可持续性的有效措施，为民众营造更为宽松的环境发声空间，搭建更亲民的环境服务平台，构筑更有效的环境维权通道。唯其如此，民众才有理性维权的可能。

---

① 李秀林：《农民自发成立组织维权护路被控涉黑》，《南方农村报》2010年9月16日。

（四）环保组织

与国外相比，我国的环保运动和环保组织的发展历史都相对较短。国外如美国在19世纪末20世纪初就兴起了自然资源保护运动，20世纪30年代亦有罗斯福总统的环境新政，20世纪60年代更有女生物学家卡逊的《寂静的春天》所引发的关于杀虫剂问题的全美大讨论，更不消说20世纪70年代由草根组织掀起的风起云涌的环境正义运动。而我国的环境意识直到20世纪90年代才在极少数精英人物身上显露端倪：其一是被誉为我国生态文学先驱的诗人徐刚创作的报告文学《伐木者，醒来》；其二是由南京林学院教授徐凤翔1995年在北京创立的集北京灵山生态研究所、北京灵山西藏博物院、中华爱国工程联合会灵山青少年生态教育基地三位一体的生态科教园。此后，我国环保运动才逐步兴起，并涌现出了诸多环境非政府民间组织。知名的有出身名门的梁从诫创立的"自然之友"，民间环保活动家廖晓义创立的"地球村"，著名野生动物摄影师奚志农创立的"绿色高原"，中国人民广播电台著名记者汪永晨创立的"绿家园志愿者"等。这些环境组织在开展环境教育、保护濒危野生动物等方面付出了巨大心血和努力，对推动我国的环境保护事业贡献良多。

然而有些吊诡的是，在频发的环境群体性事件中，我国的环保组织却几乎处于缺席和失语的尴尬状态。"国内环保组织曾经在21世纪初的反坝运动中发挥了领导角色，但是在此后连续出现的公民直接发动和参与的环境污染抗争实践中，我们几乎看不到专业环保组织的身影，听不到他们的声音。"[①] 对此，学者郇庆治不无中肯地指出："绝大多数民间草根性环保社团似乎既不太确信这样一种政治机会环境的真实出现，也没有做好相应的心理准备，因而没有选择主动加入或引领近年来明显增加增强的大众性环境社会抗争或'环境集体抗议事件'，而是采取了一种观望甚至'主动划清界限'的心态与立场。"[②] 环保组织之所以选择

[①] 吴逢时、彭林：《2012年环境公共事件评述》，载刘鉴强《中国环境发展报告》，社会科学文献出版社2013版，第25页。

[②] 郇庆治：《政治机会结构视角下的中国环境运动及其战略选择》，《南京工业大学学报》（社会科学版）2012年第4期。

在环境群体性事件中"不出场",原因可能是出于保护自身需要而选择在关注议题上的去政治化,以远离敏感话题和规避政治风险,获得持续的生存空间。"中国环保组织里的人都知道,这事(环境运动)是不可能让环保组织来干的,中国的环保组织一旦和'环境运动'沾边,命运就多舛了。"① 另外,很多环保组织如自然之友的运转本身就高度依赖政府的财政支持,受制于相关制度的约束。为获得政府的承认与支持,它们欣然接受了政府的行政干预。这种非政府组织的"非政府性"特征被认为根本"配不上'非政府组织'的头衔"②。而其刻意回避政治风险的考虑,也大大削弱了对民众环境维权介入和进行环境动员的能力。

而反观国外特别是美国的实践经验,我们会发现环保组织和草根群众的环境正义运动之间的关系大抵沿着这样的路径展开:由一开始的各自为政,到双方的误解和隔阂,再到彼此的理解、互补与合作。事实上,美国的环境正义者们正是因为不满于传统环境组织将精力放在保护森林植被和一些毛茸茸的动物身上的生态正义思维,才毅然建立了与之斗争旨趣全然不同的组织,以保护人们所处小微环境的安全。他们对环境主义者"见物不见人"的批评也刺激和砥砺了后者,使其主动伸出橄榄枝寻求彼此的合作共赢,并共同为推动美国的生态民主,特别是改善美国的生态大环境和人居小环境做出努力。这对我国环保组织突破"转型迷茫"、"策略窘境"和"合作困境"不无启发和借鉴意义。概言之,我国的环保组织不应也不能固守旧有阵地,而应主动"现身"和"出席"地方公民环境抗争行动,寻求对后者的积极干预。令人称赞的是,自然之友、公众环境研究中心、自然大学和绿色流域这四家环保组织已率先做出了转变。2013 年,它们联合介入了昆明安宁中石油炼化项目社会冲突管理的工作当中,并设立了长远目标:"通过昆明安宁行动,发起一场社会性学习,探讨社会组织参与解决社会群体事件的空间和途径,寻找解

---

① 霍伟亚:《这半年,中国的环保组织都在忙什么?》,http://wenzi.ngocn.net/articles/135729.html。
② [荷]皮特·何、[美]瑞志·安德蒙:《嵌入式行动主义在中国:社会运动的机遇与约束》,李婵娟译,社会科学文献出版社 2012 年版,第 20 页。

决中国式环境群体事件——突破'大闹大解决、不闹不解决'零和博弈的制度创新。"① 不过，环保组织究竟该如何介入地方民众的环境抗争运动，这似乎还是个需要"摸着石头过河"的问题。毕竟，二者的核心叙事话语存在很大区别，即一方专注于濒危物种和生态大环境的保护，另一方则执着于对人们生存小微环境的关心。这种语境差异与合作困境必须被破解和消除，双方才有合作的可能和潜能。换言之，只有理解并尊重彼此的差异，才能形成环境运动的合力，共同影响政府的环境决策和企业的环境非正义行为，真正换来祖国的青山绿水与和谐家园。

---

① 李波：《民间环保组织在环境群体性事件中的初次探索》，载自然之友《中国环境发展报告》，社会科学文献出版社2014版，第63页。

第五章 环境正义之国际视野

对我国环境正义的有效治理离不开对其他国家的观照借鉴。本章尝试从全球视野角度,对欧洲、美洲、非洲、亚洲等国家和地区的环境正义运动实践进行粗略梳理,并对实现全球意义上的环境正义进行构想展望,以期对我国环境正义问题的调控有所启迪。

一 环境正义之地方实践

(一) 欧洲

与世界环境正义运动的急先锋美国相比,整个西欧大陆的环境正义运动实践尚不明朗。这可从学界将环境正义视角用在对欧洲社会的解析中体现出来。与美国浩如烟海的研究文献相比,直到近些年才陆续有学者探讨法国、德国、英国等是否存在环境非正义歧视或存在与美国类似的环境正义问题。如拉达茨(Liv Raddatz)和孟尼思(Jeremy Mennis)就探讨了德国汉堡的外国人和穷人是否不成比例地生活在含有较高浓度有毒化学品的居住区,并更接近有毒化学品排放设施。该研究指出,与德国公民和富人占更高比例的街区相比,德国有毒物的排放设施被较多地安置在了外国人和穷人占比例相对较高的街区①。史蒂芬(Carolyn Stephens)等学者通过研究指出,英国的穷人和少数族裔被不成比例地暴露

---

① Liv Raddatz & Jeremy Mennis, "Environmental justice in Hamburg, Germany", *The professional Geographer*, 2013 (3).

在了环境风险之中①。米切尔（Gordon Mitchell）和道林（Danny Dorling）在对英国的空气质量分析后指出，拥有汽车数量最多的人享受着最洁净的空气，没有汽车的群体却承受着最多的空气污染，而且受污染最严重但排放污染最少的通常都是最贫困的群体。②劳利安（Lucie Laurian）在对法国危险设施处理厂的分布情况进行研究后指出，法国贫困人口和外来人口居住的社区毗邻危险设施处理厂的比例远高于富人③。这些研究成果表明，欧洲在环境问题上也有社会歧视，也同样存在环境正义问题。但或许是它们较为隐蔽，加之欧洲的少数族裔和穷困人口只占极少比例，以及各国环境法律较为严苛的缘故，故欧洲并未掀起美国那样声势浩大的环境正义抗争，而人们的环保运动也主要是侧重对非人类生物及自然环境的关注，但这不等于说欧洲没有人们为捍卫环境正义而斗争的迹象。

1. 英国

早在20世纪末，英国苏格兰的首府爱丁堡就发生过村民抵制市政垃圾放置在家园附近的抗议。爱丁堡是苏格兰第二大城市，也是苏格兰的经济和文化中心。因着独特的地理位置和历史文化背景优势，它不仅成为企业理想的驻扎之地和人们心中的宜居城市，而且吸引着世界各地的游客。但这也给爱丁堡带来了很大的城市压力，比如产生了太多的城市垃圾。由于包括苏格兰在内的整个大不列颠帝国在垃圾循环利用的效率方面都很低，所以爱丁堡的城市生活垃圾不得不运往别处进行填埋。到20世纪90年代末，爱丁堡的大多数家庭生活垃圾除被运往一个大型填埋场外，剩下的则源源不断地被运往了一个废弃的采石场。该采石场有一个采矿公司留下的巨型大坑。为恢复采石场运转之前的面貌，经营者打算先用生活垃圾将大坑填满，再在上面覆盖泥土，种上植被。由于采石场毗邻一个小村庄，所以自垃圾倾倒之日起，人们就开始为垃圾发出的

---

① Carolyn Stephens etc., "Environmental justice-Rights and means to a healthy environment for all", in Friends of the Earth, *Special Briefing*, No. 7, 2001（11）.
② Gordon Mitchell & Danny Dorling, "An Environmental Justice Analysis of British Air Quality", *Environmental and Planning*, 2003（A）.
③ Lucie Laurian, "The Distribution of Environmental Risks: Analytical Methods and French Date", *Journal of Environmental Plannning and Mangement*, 2008（4）.

刺鼻难闻的气味儿所困扰。为防止蝇虫肆虐，村民的房子几乎挂满了粘蝇纸。尽管时有抱怨和不满，但人们从未质疑过经营者进行垃圾填埋行为的合理性。直到有一天，一位村民终于发出了质疑："这个垃圾填埋场有计划许可吗？"① 为讨回公道，这位被戏称为"麻烦制造者"的村民在"苏格兰地球之友"的指导和帮助下，开始对采石场变成垃圾填埋场一事进行走访调查。结果让人们不寒而栗：采石场经营者和爱丁堡的管理者互相勾结是导致他们遭受环境不公平待遇的重要原因。村民们一纸诉状，将其告上了法庭。他们要求委员会立即停止采矿公司非法倾倒垃圾的行为。迫于压力，管委会不得不做出决定，要求采石场经营公司停止垃圾倾倒，并彻底完成对废弃采石场植被和景观的恢复。法院也做出裁决，要求经营公司对村民们给予经济补偿。对此，有学者给予高度赞誉："克尔克人曾以一种无法接受的形式被拒绝给予环境正义。他们抵制垃圾非法填埋的行为根本不是在制造麻烦。相反，他们只是在捍卫自己的正当权益。"②

需要指出的是，尽管偶有民众对环境不正义行为的抵制抗议，但对于多数英国人而言，"环境"和"正义"还是两个很难联系在一起的词。当将它们合在一起使用时，最好的结果不过是会让人联想起20世纪六七十年代美国少数族裔和贫穷的蓝领工人阶级所承受的不成比例的有毒风险以及他们所掀起的环境正义风暴。最坏的结果便是当"环境正义"被合并成一个词时，它并不会在人们心中激起任何涟漪或者有任何暗示，并被认为不过是别人的事情。所以即使有学者或是英国本土的环境正义组织尝试用美国环境正义的理论框架比如环境善物与恶物在分配上的不对等，对英国存在的环境非正义现象给予热情周到的探讨分析，但也似乎只是仅仅停留于自娱自乐的象牙塔内，而并未引起英国民众重视，更不要说唤醒人们的环境正义意识了。

---

① Kevin Dunion, *Troublemakers: The Struggle for Envitonmental Justice in Scotland*, Edinburgh: Edinburgh University Press, 2003, p. 43.
② Ibid., p. 56.

2. 俄罗斯

作为苏联解体后东欧最大的国家，俄罗斯自1991年以来的很长时间内，经济持续处于低迷状态。这多少缓解了俄罗斯在苏联时期的环境强污染状态，其大气质量、水质量等都得到了一定程度的缓解。在联合国环境与发展规划署制定的几项可持续发展指标中，俄罗斯几乎都处于平均或之上水平。但随着普京接连担任俄罗斯总统、总理，以及2012年再次当选总统，俄罗斯开始走出长期的经济不景气状态，工业复苏的脚步明显加快。这也导致俄罗斯的环境污染出现反弹性恶化，造成了新一轮环境危害。有关资料显示，近10年来俄罗斯环境状况不容乐观，环境污染和破坏加剧，形势恶化。60%的俄罗斯人生活在对健康有害的环境中。城市大气污染严重超标、河流湖泊污染、海域污染加剧、森林资源不断减少、生物多样性锐减，以及核放射污染等是俄罗斯目前所面临的主要环境危机。它们在普通民众中间引起了普遍关注，也引发了环保人士的抗议。

为刺激经济增长，俄罗斯还修改了与土地和森林使用有关的诸多法律，但并未遵循程序正义的原则允许和鼓励群众参与，致使民众的参与权被大大削弱。譬如新出台的森林法就允许将以前受保护的森林以竞价拍卖的方式出售给投标者，或是以出租方式租给个人或企业，期限长达50年。这等于把国家林业变相私有化，并"将当地的驯鹿者和猎人置于危险境地。他们从事的非现金经济活动使其无力承担购买或租用土地的巨额费用。而这些土地对驯鹿者来说至关重要，因为他们需要跟随驯鹿进行季节性迁徙。土地所有者或租用者也会禁止他们在已经买卖和私有化的土地上打猎和放牧家畜"①。显然，政府为促进经济发展的举措已严重影响到以驯鹿打猎和放牧为主要生计的人们的生活。这种将国家土地变相私有化的行为是一种环境非正义，因为它剥夺了公民的参与权，即人们有权对与自身有关的相关环境政策进行意见表达和参与决策的权利，同时也

---

① Brian Donahoe, "The Law as a Source of Environmental Injustice in the Russian Federation", in Julian Agyeman and Yelena Ogneva-Himmelberger, eds., *Environmental Justice and Sustainability in the Former Soviet Union*, Cambridge: The MIT Press, 2009, p. 33.

是一种承认上的非正义——不尊重当地人独特的生活文化。而且禁止驯鹿者进入森林找寻食物对其生活能力更是一种严重的伤害，属于能力上的不正义。对此，人们进行了抵制和抗议。他们声称，政府不能只顾经济发展而将个人私利凌驾于人民头上，尤其是不能让生活原本就贫困的人承担经济发展的代价。一些当地居民甚至借用了宗教的力量——通过宣称某些地区属于"神圣的地方"，以保护土地不被私有化。还有些地方充分利用了政府赋予的地方自治权力。他们起草法令，捍卫对土地的自治和使用权。尽管这些抗争在强大的政府威权面前常常显得并不那么奏效，但彰显了人们捍卫环境权益的勇气。

除因刺激经济发展出台相关政策而引发群众不满外，围绕石化燃料、黄金、钻石、木材等矿产资源产生的运输争议，也是俄罗斯当前所面临的环境正义问题。作为矿产资源大国，俄罗斯的能源矿产优势明显，但能源的海外输出也成为长期困扰它的难题。因为能源运输会带来环境污染和破坏问题，对沿途居民的生活产生重大影响。例如俄罗斯石油巨头尤思科曾向政府申请铺设一条横穿通卡国家公园的输油管道，以便将石油运往中国东北炼油之都大庆，但却遭到生活在公园附近人们的强烈反对。因为通卡国家公园所在的通卡山不仅被视为神圣之地，更是当地人的世代生存之地。尽管当地失业率长期居高不下，人们生活也不富裕，但大家还是过着自给自足的生活。而通卡国家公园带来的旅游业则是人们收入的主要来源。正是源于此，人们把对公园和通卡山的保护视为生死攸关的事情。他们认为在通卡国家公园铺设管道会"直接威胁到生态系统的完整性和当地人的生活"[①]。

出于对公园生态系统被破坏的担心，更主要的是管道铺设给放牧者、猎户和渔民的生计可能带来的威胁，当地人迅速采取了行动。他们联合"贝加尔湖环境浪潮""绿色和平"等环境组织，以保护贝加尔湖独特的生态系统和通卡公园古老的针叶林生态系统为名掀起了抵制尤思科的行

[①] Katherine Metzo, "Civil Society and the Debate over Pipelines in Tunka National Park, Russia", in Julian Agyeman and Yelena Ogneva‑Himmelberger, eds., *Environmental Justice and Sustainability in the Former Soviet Union*, Cambridge: The MIT Press, 2009, p. 33.

动。有些人则给媒体写信寻求帮助，呼吁在报纸上刊文揭露管道铺设的生态危害；还有人借助举行传统宗教仪式的方式表达对当局的不满。通卡地区的一家报纸媒体甚至开辟了"在通卡铺设管道：赞成还是反对？"专栏，每期都登载对铺设管道这一计划持赞成或是反对意见的人的观点。媒体的本意是想在公众中间展开一场大讨论，但结果却促成了更多的人对管道铺设的反对态度。一些社会网络机构也开始介入，指出管道铺设会给通卡山的生态特别是对当地人的未来生存带来可怕的影响。

当地的宗教机构也加入到了斗争中，如萨满教的僧侣们就借助宗教仪式祈求通卡山的神灵发威终止尤思科的计划。在公开听证会上，佛教僧人用通卡地区的语言表达了对尤思科的不信任，特别是对当地人面临生计危机的担心。在僧人们看来，用当地的布里亚特语而不是俄语进行称述是一种政治行动策略，因为它可以强化人们对民族本土文化的强烈认同感。所幸，随着尤思科公司老总因诈骗罪和逃税等问题被捕，在通卡公园铺设石油管道的宏伟计划终以失败告终。但僧侣们认为这是他们采用宗教仪式促使通卡的山神显灵的结果。这种说法虽不免有些武断，但不管怎样，通卡地区的人们赢得了胜利。

尽管环保组织与民众一道，共同为保护俄罗斯的环境状况进行着坚持不懈的努力，但政府加快复兴工业、发展经济的雄心还是给俄罗斯人民未来的环境之战蒙上了阴影。如为维护国际舆论形象，普京曾下令将一条石油管道路线远离贝加尔湖25英里，而此前的规划是管道从贝加尔湖穿行约800米的距离。基于对贝加尔湖被污染和人们用水安全的担心，环保人士进行了长达几个月的抗议活动，并最终使政府做出修改路线的决定。尽管民众对这一举动表示肯定，但对政府保护环境的决心仍持谨慎甚至是怀疑态度。"谁都不是傻子。普京的决定对环境当然是好的，但这仅仅是一个孤立的事件。它并不预示着政府生态政策的任何改变。"[①] 这番话不失中肯地道出俄罗斯的环境正义之战依旧任重道远。

---

① Laura A. Henry, "Thinking Globally, Limited Locally: The Russian Environmental Movement and Sustainable Development", in Julian Agyeman and Yelena Ogneva-Himmelberger, eds., *Environmental Justice and Sustainability in the Former Soviet Union*, Cambridge: The MIT Press, 2009, p.61.

(二) 北美洲

1. 美国

美国作为世界环境正义运动的发源地，其环境正义之战涉及面最广，影响也最为持久深远。"瓦伦抗议"的爆发拉开了环境正义运动的序幕，将深藏于美国的环境种族主义歧视推上了风口浪尖；"爱河事件"的发生则暴露出蓝领工人阶级所遭受的环境侵害。此外，印第安原住民对政府不正义环境政策的抵制，农业、工业工人对其工作场所安全的关注等，都使环境正义理念在美国深入人心。而前总统克林顿签署的12898号行政命令在很大程度上也为少数族裔和低收入人群免遭环境非正义起到了保障作用，由此大大减少了美国本土环境非正义事件的发生。但也应看到，美国政府对有色人种的歧视仍未从根本上得到消除。如在2008年的卡特里娜飓风大灾难中，少数族裔与白人相比，在政府的灾时救助和灾后重建中还是遭受了诸多不公平对待。而美国原住民遭受环境种族主义歧视的现象也从未间断。2016年12月，美联邦能源管理委员会公布的一份环境影响评价报告①引发舆论批评，特别是遭到了生活在北卡罗来纳州的原住民的不满和抗议。该报告对铺设一条从西弗吉尼亚州到北卡罗来纳州的天然气管道的环境影响做出评估，声称该项目非常安全，而且能满足人们日益增加的能源需求。然而，由于铺设管道的路线会穿越生活在北卡罗来纳州的四个原住民部落的区域，但他们事先并未被征求关于管道铺设的意见。所以原住民部落认为涉事公司和能源管理委员会不仅强行剥夺了他们的环境决策权，而且是对其居住地的土地管理权和文化情感依赖的无视。迫于压力，项目开发公司和政府部门最终承认此前的环境影响评价报告确实存在很多瑕疵，会对原住民和穷人等弱势群体造成诸多影响。这些都说明美国人民的环境正义斗争永远不会完结，而且是永远处于过程中的运动。

---

① Ryan E. Emanuel, "Flawed Environmental Justice Analyses", *Science*, 2017 (7).

2. 加拿大

加拿大和美国虽同处北美洲大陆，但两国的环境正义运动却呈现出不同特征。如果把美国比作一幅波澜壮阔的画卷，加拿大却只能用"小荷才露尖尖角"来形容，其环境正义主要体现为原住民在政府的土地资源等开发项目中表达的正义诉求。

加拿大原住民主要由印第安、因纽特和梅蒂斯人组成。多年来，他们一直为争取原住民自治而努力着。为争取对土地、资源和环境的正当权利，原住民与政府展开了难以计数的博弈和斗争。尽管经过无数次的谈判与协商，他们已就民族自治问题与政府签署了各种协议，但由于诸多原因，其自治权还是无法得到有效保障。联邦政府和地方政府在利用土地和开发自然资源时，也经常会危及原住民的土地资源与环境，但当局几乎不考虑这些影响。此外，原住民的参与权和表决权也常常被忽视。例如魁北克省就曾宣布要在詹姆斯湾地区发展水力发电，但当地的克里人却未被邀请参与项目决策。由于克里人在政治上还不成熟，较少考虑到水利水电可能造成的不良生态后果，因此他们提出的异议未能阻止工程的进行。而当被问及对克里人及其权利的影响时，政府发言人只是宣称该项工程是修建在加拿大的省属土地上，而且工程的实施将会使当地土著受益①。但事实证明并非如此。工程施工后，克里人的生存环境遭到了破坏，他们也面临着生活方式改变和丧失家园的生存威胁。这大大激发了克里人的民族意识和环境维权意识。通过成立组织以及联合"绿色和平"等环境组织进行宣传等手段，他们成功使该工程无限期推迟。

生活在加拿大北部的莫伯利原住民部落也曾与政府反复交涉，以阻止后者在其生活的区域启动煤炭开发计划。在他们看来，在与政府签订的协议中，早已明确他们有自由管理、支配自己生活的土地的权利。现在政府抛出煤炭开发计划明显是对该协议的违背。而一旦煤炭开发计划实施，必将使他们原本就处于危境的生活变得更加糟糕。因为几乎和所

---

① R. Bruce Morrison & C. Roderick Wilson, eds, *Native Peoples: The Canadian Experience*, Toronto: Oxford University Press, 2004, pp. 101 – 128.

有的原住民一样，莫伯利人对土地、自然资源及生态环境有着很强的依赖性，甚至可说是高度依靠自然环境而生存。在其保留地的野生动物如驯鹿、麋鹿等不光是维持生计的主要食物来源，而且满足了多方面的需要。如用驯鹿作为生产生活的工具、药材的来源，以及工艺品和祭祀礼仪的用品等。而政府的煤炭开发活动不但会影响到这些动物的活动，造成其数量减少，而且会给莫伯利人的生存带来危机。"在烧焦的松树林中，只剩下为数不多的北美驯鹿。现在政府却允许在驯鹿冬季的栖息场所进行煤炭开采……如果以这样的方式对待驯鹿的栖息地，我们的民族该如何对待想狩猎的其他动物的栖息地？按照老年人传授的经验，破坏动物的栖息地会打破造物主安排好的秩序。我们和动物一样，需要栖息地的完整。因为我们的生活方式依赖这片土地，依赖于动物的健康和繁荣。如果我们的栖息地被破坏，子孙后代的生活将难以为继。"基于这种考虑，莫伯利人开始了寻求环境正义的努力。在与政府、企业商谈、抗议无果的情况下，他们诉诸法院，最终使煤炭开发计划流产。

在追求自治的过程中，加拿大原住民的环境正义意识正在不断增强。他们自发成立了各种组织，以捍卫对土地的管理控制权。其中，最突出的当数"全国印第安人兄弟会"。该组织发布的《加拿大原住民和他们的环境》这份文件中，他们对联邦政府和省政府的环境资源政策，特别是危害原住民利益的政策进行了批判。而各个地方的地区组织在维护本地域的土地、资源和环境利益方面也发挥了重要作用。它们是加拿大原住民在环境正义的理论框架中寻求承认正义、能力正义和参与正义的注脚，对世界原住民的土地自治和环境正义斗争亦有着深刻启示。

（三）拉丁美洲

1. 巴西

巴西的环境保护运动主要集中在保护亚马孙热带雨林不受破坏，保护本土植物不被跨国公司单一的经济作物取代，反对现代经济发展模式对本土环境造成的掠夺式破坏，保护传统的生产生活方式不受经济全球化的侵蚀，反对土地投机买卖的扩张，反对水力发电项目和采矿项目的泛滥,以及思考如何协调环境保护与经济发展之间的矛盾等问题。此外,城市在现代化进程中暴露出来的环境问题,如饮用水的安全和污水处理等也是环境保护组织关注的议题。1992年里约热内卢成功举办的"联合国环境与发展大会"对唤起政府和民众重视环境保护也起到了重要作用。这些都使巴西的环保运动在南美独树一帜。近些年,一些主流环保组织有被同化到国家环境教育项目中去的趋势。但这对草根环境主义组织并不适用,它们重构了自己的目标,并成功将环境正义纳入原先的环境保护议题中,由此促进了巴西环境正义斗争的兴起。

  2001年,"国际环境正义与公民研讨会"在巴西召开。会议最直接的成果是催生了巴西第一个环境正义组织——"巴西环境正义网络"。该组织突破了环境正义的传统界定(将有色人种和贫困阶级遭受有毒废弃物倾倒视为核心议题),并尝试将环境正义的内涵拓展为更宽泛的层面。其一,确保任何社会群体,无论其是否为少数族裔、有色人种和贫穷阶层,都不应遭受来自公司的经济行为和国家、地方层面政策所导致的环境伤害,也不应在政府环境政策的制定中丧失话语权。其二,确保人们能公正、公平地使用国家的环境资源。其三,确保民众有知晓国家环境资源如何使用,废弃物如何处理,环境风险物如何安置的正常渠道。确保在起草影响民众的政策、项目等决议时,有民主的参与过程。其四,鼓励在权利、社会运动和组织方面,建立和行使集体决策权,以促进替代性发展模式的建立,保证环境资源的使用更民主和更可持续。2004年,"巴西环境正义网络"召开会议,对政府为了钱而不惜任何代价的现代发展模式进行了严厉批评。他们谴责财富积累的原始血腥,如土地被掠夺、树木被砍伐殆尽、过度放牧、高技术大豆栽培等不仅造成了巴西的生态失衡,还将农民们置于穷困潦倒的境地,并指认这是赤裸裸的环境非正义。与会代表们提出应改变巴西竭泽而渔的发展模式,转而采用可持续的生态化发展模式。为保证国家环境资源的使用建立在公正、公开和公平的基础上,必须避免环境资源私有化并采用集体所有制。在环境正义组织的努力下,这种集体所有的观念得到了很好的贯彻和执行,在很大程度上遏制了环境资源的继续破坏。

  总起来讲,巴西的环境正义斗争大致围绕这些方面展开:反对环境种族歧视，捍卫原住民的文化环境权利；抵制资本和市场对传统社区的扩张侵蚀；反对市场经济对土地的隔离以及带来的环境不平等；反对富饶土地、水资源被集中到有权势的市场主体手里；为给后代留下一个安全干净的环境而斗争。这些斗争的具体内容虽各有殊异，但对环境正义者们来说，有一点毋庸置疑：穷人尤其是最贫困的群体绝不能也不应成为巴西经济发展产生环境代价的最直接牺牲品。"必须阻止环境的破坏，环境属于全体人民，我们必须从保护弱者开始。"

巴西的环境正义者们不仅注重与国外环境正义组织之间的合作与沟通，而且很好地利用了两次与保护环境有关的国际会议在巴西召开的有利契机，从而使巴西成为南美环境正义斗争的探路者。更为难能可贵的是，巴西的环境正义斗争是在批判经济全球化的语境下展开的。资本的全球化、世界经济的一体化、新自由主义经济政策等，这些被世界发达资本主义国家大肆鼓吹宣扬，被一些不发达国家大力推行的东西，在巴西的环境正义者眼里，只不过是发达国家进一步蚕食落后国家自然资源的面具。它只会给急于摆脱贫困的落后国家带来更为深重的环境灾难，将穷人置于更加贫穷的境地。也正源于此，巴西的环境正义者才不遗余力地揭露现代化发展模式的生态和社会危害，并积极主张用替代性的发展模式来保障生态资源的不被滥用。这对其他不发达国家而言，不啻是一帖清醒剂。

2. 阿根廷

和世界上大多数欠发达国家一样，由于面临许多更为迫切的社会和经济危机问题，阿根廷人民对环境保护并无太大兴趣。虽然事实上阿根廷的环境问题有很多，比如森林砍伐、水污染、土壤侵蚀等。一直以来，阿根廷政府都很注重经济的发展，对自然环境的利用和开发要远超过对它们的保护。20世纪80年代末之前，各级政府虽制定了诸多自然保护条例，但几乎从未生效过。20世纪末阿根廷政府陆续修改了一些环境保护法律，确认民众有拥有一个健康环境的权利。

与其环境保护运动一样，环境正义的气候在阿根廷也远未形成。从某种意义上讲,"真正的环境正义理念在阿根廷还未牢固确立"①,而人们也更多的是用"环境冲突"来表达对环境问题的关注。但即便如此,从阿根廷发生的几起著名环境冲突事件中,我们不难看到民众的环境正义意识正日益觉醒。

第一起与阿根廷的著名大峡谷乌马瓦卡谷有关。乌马瓦卡谷位于胡胡伊省,被世代生活在这里的印第安人视为瑰宝。峡谷山上的石头五光十色,犹如画家手中的调色板。由于此地残留着过去的重要通商路段及多处文化遗迹,因此是理想的旅游胜地。胡胡伊省曾计划修建一条横穿峡谷的高压线路,这意味着要在峡谷中建造400个大型高压塔。尽管项目早已进行投标,但政府在动工前才向公众公布了承建方出具的环评报告。这引发了人们的强烈抗议。他们按照土著仪式,将承建公司用来做地基的石头进行了搬离。因为在原住民眼里未经"帕查玛玛"(大地之母,当地人所供奉的神)允许,将巨石安放到峡谷是对神的大不敬。尽管这一抗议被认为是为博取公众眼球而采取的策略,但却相当有效。因为按照当地政府规定,任何涉及对群体文化或环境遗产有影响的决策都必须事先召开听证会。而当政府违背了这一规定时,人们便用行动发起了抗争。

第二起环境冲突是发生在埃斯克尔的"金矿事件"。埃斯克尔是位于埃斯克尔山上的小镇,旅游业发达。一家采矿公司曾打算在离该镇约5千米的地方启动一个金矿开采投资项目,并声称仅需投资1亿多美元就可以对金矿开采10年,预计每年可挖出50万盎司的黄金。而要实现上述目标,需将2亿吨重的石头搬离,并抽取大量地下水。采矿公司还表示,尽管矿石开采可能造成一些环境污染破坏,但开采期限结束后就会尽力恢复原状,将其还原为绿化地和牧场。小镇民众起初并未感到不安,毕竟金矿开采可以解决一部分人的就业问题。要知道在当时的阿根廷,失业问题已经十分严重。但当来自大学的一些专家指出该项目会带来氰化物污染、灰尘污染、重机械运动,以及会对地下水造成威胁后,人们转

---

① Carlos Reboratti, "Envitonmental Conflicts and Environmental Justice in Argentina", in Judith Cherni Alazreque, eds., *Environmental Justice in Latin America: Problem, Promise and Practice*, Cambridge: MIT Press, 2009, p. 101.

而进行了抵制。他们走上街头游行，向法院提起诉讼，要求对金矿开采的环境影响进一步研究评估。人们还成立了"居民自我召集委员会"。该机构一经成立，就发挥了重要作用。它积极与主流媒体合作，并很好地利用了互联网的优势，很快便引发了全国范围内对项目的关注和抵制。

第三起是"乌拉圭河造纸厂事件"。乌拉圭河是乌拉圭和阿根廷两国交界处的一条河，有着最稠密的水道网。阿根廷与乌拉圭曾签订过章程，并设立了乌拉圭河管理委员会，以共同管理该河的使用和维护。2002年，一家西班牙公司向乌政府申请在沿河城市建造纸浆厂并获得批准。这引起了生活在对岸的阿根廷民众的不满。他们担心在乌拉圭河附近建纸浆厂会对河流造成污染，影响阿根廷沿河城市居民的用水安全，对阿根廷造成跨界污染。在向政府寻求帮助无果的情况下，由当地民众组织成立的"瓜莱瓜伊丘公民环境大会"封锁了连接两国的国际大桥，造成了长达几个小时的交通瘫痪。乌拉圭政府谴责阿根廷违反货物流通自由的规定，要求其立即采取措施解除阻塞行动。由于担心民众对政府的不作为态度产生不满引发本国社会动荡，阿根廷政府态度由起初的暧昧到变得十分强硬。它不但拒绝了乌政府的要求，还要求其立即中止纸浆厂建设，并威胁将上诉至国际法院。乌拉圭政府对此警告置若罔闻，并很快核准了另一家芬兰公司建造纸浆厂的申请，并派部队守卫纸浆厂建设工地。愤怒的阿根廷人在2004年举行了有几万人参加的抗议大游行。在两国共同管理委员会调停纸浆厂争端失败的情况下，人们决定无限期地封锁国际大桥，并在2006年举行了逾10万人的示威大游行。与环境问题有关的示威游行人数达到如此庞大的数字，这在阿根廷的环境历史乃至世界环境史上，都极为罕见。

尽管是出于自发和无意识，但阿根廷人民已经对环境正义表现出较强烈的诉求。从第一起环境冲突事件中可以看到，当地人诉诸了世代相传的本土文化，用"大地之母"成功阻止了在乌马瓦卡谷架设高压线路。这体现了环境正义的承认和参与维度——强调原住民的独特文化和身份认同不容忽视和侵犯，并且要求在涉及与当地宗教文化冲突的环境行为中，应保证人们有充分的参与权。第二起环境冲突事件中，人们在经济利益和环境利益冲突中选择了后者，反映出其对家园健康的强烈关注，是对能力正义的维护。第三起环境冲突事件中,参与示威游行的人数之多、规模之大,以及几次封锁国际大桥的举动,都体现出人们对社区安全健康的关注。这表明阿根廷人民在维护环境正义上有着无限潜力和强大的发展后劲。

3. 墨西哥

迫于发展压力,墨西哥政府长期以来疏于对生态环境的保护,导致其森林植被覆盖率大面积减少,生物多样性也呈逐年下降态势。尽管1971年就已有相关环境法律,但国家主导下的工业化发展还是导致了严重的环境破坏。[①] 由于片面追求经济增长,墨西哥政府对污染性企业一直是大开绿灯,加之环保法律形同虚设,无法对企业的污染行为达成有力惩戒,致使民众的生存健康和环境权益无法得到保障,由此引发了墨西哥人民的环境正义之战。

墨西哥的环境正义实践主要体现在两个方面:针对本土企业污染进行维权斗争和对美、墨交界处美国企业造成的跨国污染抵制抗议。而在与本土企业进行的斗争中,发生在托雷翁市的"铅孩子事件"最为引人关注。该事件的罪魁祸首是以生产银制品而闻名遐迩的佩诺莱斯公司。它是拉丁美洲最大的以加工金、铅和锌等金属为主的企业,也是托雷翁市的利税大户。该公司被政府国有化后,更是雄心勃勃试图扩展新的业务,并增开了一家以提炼铅和银为主的冶炼厂。但当地民众对其生产造成的人体健康损害忧心忡忡,并向当地健康管理部门进行了投诉。然而健康部在经过一番调查后,竟然得出了空气中的砷、铅、二氧化硫等粉尘颗粒与冶炼厂无关的结论。但一位病毒专家早期对包括托雷翁市在内的墨西哥5个城市儿童头发进行的检测表明,托雷翁市儿童血液中的含铅量远高于其他城市。一些学者、专家以及当地的民间环境组织要求管理部门做出表态,惩戒污染企业。但政府无动于衷,企业也未采取任何措施控制污染。此后,美国达特茅斯学院医学部经过研究指出,该地区大气粉尘中镉的含量为全球之最。当地一位医生也注意到他一岁的婴儿

---

① David V. Carruthers, *Environmental Justice in Latin America: Problems, Promise, and Practice*, Cambridge: MIT Press, 2008, p.161.

患者出现了贫血症状，检查发现婴儿体内血铅含量惊人。该医生迅即对医院50位患儿进行检查，结果发现所有孩子体内均含有较高的血铅。但当他将检查报告呈给政府议员时，依然未引起重视。市政府的环境主管居然声称铅中毒不足以危害孩子们的生命安全，因此无须采取任何措施。面对政府的不作为，人们联合环境非政府组织发起了抗议行动，并借助广播、电视、报纸等媒体，将"血铅孩子"的不幸遭遇公之于众。一些母亲甚至怀抱婴儿，走上大街举行示威游行。她们声泪俱下控诉公司的污染罪行和政府的不作为。迫于压力，政府部门不得不做出回应：对企业做出经济处罚决定，要求其减产并拿出资金用于对受害儿童的治疗。不过，在减产几个月之后，佩诺莱斯很快开足马力恢复了全面生产。这样的尴尬后果表明了政府在经济利益和公民健康之间的选择倾向性，也说明墨西哥人民的环境正义维权之路走得并不顺畅。

除对本国企业造成的污染进行抵制外，墨西哥人民还与美墨两国交界处的美国企业进行了坚决斗争。由于民众环境正义意识比较成熟，加之政府制定的各种环境法律，美国的一些企业不得不把目光转向环境法律不那么严苛的国家。墨西哥作为毗邻之地，也就自然成为美企业进行境外污染转移的首选目标，但这也给生活在两国交界处的墨西哥人带来了麻烦。譬如生活在墨西哥南部城市奇尔潘辛戈的人们多年来就因家乡附近的一家生产五金的美国企业而烦扰。该企业隶属美国圣地亚哥贸易公司，主要业务是从废弃的汽车电池和电子产品中提炼铅和铜，这引起了当地群众的不安。一份由墨西哥人进行的研究指出：位于五金企业下游墨西哥境内河里的铅含量比美国标准的3000倍还要多，所含的镉是美国标准的1000倍。在人们的抗议下，墨西哥官方勒令美企业对河道里的重金属进行清理，并进行了罚款。后墨西哥联邦环境执法机构以违反墨西哥环境法令为名，命令该企业关闭。但它在废弃的工厂留下了24000吨有毒混合废物，包括7000吨铅矿渣。这些矿渣被一堵破墙围起来，上面覆盖着破旧的塑料布。此后不断有砷、镉和其他危险金属从工厂渗出，甚至渗透到了社区所在区域的土壤和水中。为保卫家园，奇尔潘辛戈的行动积极分子们成立了"环境正义委员会"。他们不断向两国边境政府部门施压，以使清理有毒金属的工作尽快进行。美国环境保护局和墨西哥环境机构部门不得不对人们的环境正义诉求做出回应,开始就有毒金属的清理问题进行商讨。最终,对污染企业有毒金属的清理工作得以完成,奇尔潘辛戈人民的环境正义之战画上了一个较为圆满的句号①。他们向跨境污染大声说"不"的勇气以及同环境非正义坚决斗争的行为,激励和鼓舞了和他们一样生活在美墨交界处的人们。如墨西卡利的人们抗议加利福尼亚修建热电厂,提华纳人反对休斯敦修建液化气等。更为可喜的是,在美墨交界处成立的墨西哥环境正义组织已多达几十个,他们与墨西哥边境的人民一道为抵制美国边境污染企业而不懈努力着。

(四) 非洲

1. 尼日利亚

尼日利亚原是以农业生产为主的国度,但因为拥有大量石油和天然气资源,自20世纪70年代起便一跃晋升为非洲最大的石油生产国和世界第六大石油出口国,其石油出口也逐渐成为主要经济来源。但尼日利亚人民的生活水平并没有多少改善,其贫困率不降反升,居然从1970年的36%上升至2000年的70%。"尼日利亚三角洲处于极度贫困状态,那里的人们对发展已近乎绝望。因为从他们生存的土地下面开采的石油赚得的数以亿计的美元从未到过他们手中。"② 自20世纪70年代起,美孚、埃克森、壳牌等石油巨头对尼日利亚的石油天然气资源进行了疯狂开采,环境遭到的破坏也就可想而知了。"小溪被石油生产中的废物污染,造成鱼死亡和灭绝。庄稼因石油污染而破坏,经济林也遭大面积砍伐。人们对这种被剥夺了生存权利的行为深感不安,但没有谁会给予帮助。每年获得的少得不能再少的经济补偿不够维持半年的生计,由此陷入了对生

---

① David V. Carruthers, "Where Local Meets Global: Environmental Justice on the US-Mexico Border", In David V. Carruthers, eds., *Environmental Justice in Latin America: Problems, Promose, and Practice*, Cambridge: MIT Press, 2009, pp. 139 - 140.
② John Vidal, "Oil Rif Hostages Are Freed by Stikers as Mercenaties Fly Out", *The Guardian*, 2003 (5).

活的绝望当中……"① 另外，尼日利亚的土地政策也存在诸多弊端。因为按照法律，所有土地属于政府，农民只是租用土地的佃农。而当石油公司需要征用土地进行石油开采时，所给付的赔偿款绝大部分被政府强行拿走，农民所获补偿根本不足以维持生计。他们将跨国石油巨头为追逐资本利润而置有色人种生命和尊严于不顾的行径斥责为赤裸裸的环境种族主义。

为夺回失去的土地和能够继续生存下去，尼日利亚人民采取了各种手段与政府和石油巨头抗争，谱写了为生存而战的环境正义之歌。2002年7月的一天，在德士古公司拒绝了人们6月提出的雇佣当地人的要求后，尼日尔三角洲地区一个村庄有大约600名妇女控制了该公司出口油库和罐区中的45万桶原油。在接下来的10天里，她们与德士古公司管理层进行了持久谈判，并提出了26点要求：成立一个由石油公司、当地政府和农村妇女组成的"三方永久体"，以共同解决石油开采带来的相关问题；将在石油公司供职的15位村民由临时工转为正式工；为老年人重修因石油开采形成的酸雨而严重腐蚀的房子；为当地建设必要的基础设施；每月给60岁以上的老人发放生活补助；等等。在这些要求当中，有一点最令德士古管理层震惊：要求其永久离开尼日利亚的土地！而妇女们之所以卷入与德士古公司的战争，并提出如此强硬要求，原因是几乎和所有在尼日利亚的石油巨头一样，德士古给当地带来了"死亡经济"：石油开采造成了农田沉降；溢油事件导致农田严重污染而不适合耕种；河水被污油污染造成鱼群大量灭绝。而土地、河流恰恰是人们赖以生存的宝贵资源，它们一旦被破坏，人们就丧失了食物来源，失去了生存下去的保障。由于没有可耕种的土地，妇女们就无法训练孩子掌握与耕地有关的技术与经验，以便自己在年老时衣食有所依。由此造成的后果是不少孩子从小就靠偷盗为生，这给其家庭带来了灭顶之灾。妇女们发誓要与政府和石油巨头斗争到底。"德士古带来士兵和警察威胁我们。就算他们

---

① Rhuks Tako, "Nigeria's Land Use Act: An Anti-Thesis to Envrionmental Justice", *Journal of African Law*, 2009 (2).

想杀死我们，我们也绝不会害怕和退缩。"① 尽管她们的行动没能使石油公司最终撤离，但其表现出的决绝态度还是迫使其做出了一些让步，如增加雇佣当地人的数量和对村民的损失进行赔偿等。值得一提的是，妇女们的抗争激励引发了相邻地区人们的积极效仿。他们控制了德士古的12个油站，有100名妇女甚至"划着大型独木舟在海中穿行了5英里后，控制了德士古的一个钻井平台"②。德士古不得不紧急撤离员工，其石油开采也一度陷入停滞状态。有一个村庄的一群年轻人则控制了壳牌公司的几个流动油站。这次行动的发言人这样说道："多年以来，尼日利亚政府和石油公司将我们视为奴隶。30多年来，除了各种各样的大机器发出的噪声，不知道给我们带来了什么好处。但在他们眼里，好像我们才是噪声制造者。雪弗龙威胁我们，如果和公司过不去，他们就会停产甚至离开尼日利亚，好让我们面临挨饿的威胁。他们这样说好像我们从公司那里捞到了多少好处似的。在他们来到尼日利亚之前，我们的生活古朴而甜蜜。我们到河里捕鱼，到森林里打猎。但现在情况已经完全变了……。我们的经历太长，太令人难过。即使奴隶也会为了自由而战。我们已厌倦了抱怨，坚决要求雪弗龙公司滚出我们的家乡，再也不要回来。"③ 2003年7月的一天，一群手无寸铁的妇女控制了壳牌石油公司的设备，驱散了石油流动站的工人。她们控制了油站所有的汽车，并把所有房间的锁换掉，将自己的厨具放了进去。妇女们之所以会有如此激烈的"叛乱"行为，是因为壳牌公司没有兑现之前的承诺——雇佣当地人，为村庄提供水、电设施，以及移除一些对当地环境有致命危害的设备。"壳牌公司向空气中排放了有致命危险的石油燃烧物，威胁到了我们的生命安全。它的输送管道老化带来的石油泄漏污染了我们的鱼塘和农田。我们的森林被砍伐一空，新鲜水源也被污染。他们用血腥钱供养的士兵对我们的村民进行了残忍杀戮，原因只在于我们抗议其对我们赖以生存

---

① Terisa E. Turner and Leigh S. Brownhill, "Why Women Are at War with Chevron: Nigerian Subsistence Struggle Against the International Oil Industry", *Journal of Asian and Afriacan Studies*, 2004 (1).

② Ibid..

③ Ibid..

的土地造成的恣意破坏。"① 在全球反战主义大背景的影响下，一个名为"尼尔利亚环境权利行动"的环境正义组织曾号召全球抵制雪弗龙/德士古公司的产品，以惩罚该公司其给环境带来的伤害和对人权的滥用。"雪弗龙、德士古必须为其在尼尔利亚和厄瓜多尔造成的恶劣影响接受审判，必须彻底清理造成的污染。当这些公司进行栽赃陷害以使其免于惩罚时，我们必须团结起来进行抗议和抵制其产品。"②

在尼日利亚，人们反抗石油巨头的故事还有很多，有的甚至与当局和石油公司发生了严重冲突，造成了流血牺牲。2003年，瓦里的一些群众就因抗议游行活动而与警察发生冲突，超过100人不幸遇难。这一事件引发的尼日利亚历史上最为严重的大罢工几乎使尼政府陷入瘫痪，而不得不重新考虑其石油开采和土地保护政策。2009年尼政府曾颁布一项特赦令，宣布自特赦令下发之日起60天内，前来投案自首的叛乱分子将不会因过去对石油公司犯下的罪行而被起诉③。然而，这一被当局看成的慈善之举却并未被买账。在人们眼中，政府并不是真正为百姓着想，其真实用意是继续充当跨国石油公司的后台，以换取国家的经济发展。但如果看似繁荣的经济并未给人民带来幸福，而是造成了越发严重的贫困，这样的发展就没有任何意义。基于这样的想法，民众们用更为直接激进的行动表达了同当局和跨国石油公司决一死战的勇气。人们特别是年轻人对石油巨头发动了更为猛烈的攻击，比如盗窃原油、破坏石油开采设备，绑架暗杀壳牌工作人员，制造爆炸以摧毁石油运输管道，等等。虽然这些行为有时会造成原油大量泄漏甚至是人员伤亡，但他们认为这是为维护人权而发动的环境正义"生存之战"，这种战斗也永远不会完结。

2. 南非

南非位于非洲大陆最南端，有"彩虹之国"之美誉。早期生活在这

---

① Terisa E. Turner and Leigh S. Brownhill, "Why Women Are at War with Chevron: Nigerian Subsistence Struggle Against the International Oil Industry", *Journal of Asian and Afriacan Studies*, 2004 (1).

② Osouka Asume etc., Boycott Chevron-Texaco. http://www.Cor-pwatch.org.

③ Benjamin Maiangwa and Daniel E, "Agbiboa. Oil Multinational Corporations, Environmental Irresposibility and Turbulent Peace in the Niger Delta", *Africa Spectrum*, 2013 (2).

里的居民几乎无一例外地属于黑人土著。早在殖民时代，南非人民就开始了抗议环境种族歧视的环境正义斗争。如在英联邦统治时期，一家英国化学公司曾遭到强烈抗议，因为其水银加工处理造成了工人汞中毒，而且将工厂附近的居民置于危险之中。从英联邦退出后，南非成立了共和国。但由于掌握政权的白人长期实行种族隔离政策，人们的生活还是处于非常糟糕的状态。"除了要忍受种族隔离带来的不公平，黑人们还不得不额外承受城镇拥挤，贫困和非人道的工作条件，以及恶劣的社会经济状况等环境负担。"① 在与种族隔离政策进行斗争的同时，南非人民并未放弃寻求环境正义的努力。如南非德班市的"种族隔离委员会"将一个垃圾填埋场安置在黑人社区的行为就曾遭到人们抗议和抵制。而尽管南非人民有着强烈的环境正义诉求，结果却不那么尽如人意，这在很大程度上削弱了其斗争热情。一个最主要的原因是，由于长期处于赤贫状态，政府在经济理性和生态理性之间往往会选择前者。更为严重的是，大多数地方政府与企业都是利益捆绑共同体：企业用资本作为政府官员权力的经济推手，而政府则用权力作为资本的政治载体为牟利。加之南非主要依赖于采矿业，所以矿业公司尤其是跨国公司在很大程度上决定和左右着南非的政治和生态民主进程。例如2012年到2013年期间，有"46家矿业公司在未获得国家水利事务部的水使用许可证的情况下，明目张胆地进行着生产"②。虽不断有人举报，但政府对此却置若罔闻。另外，在新的采矿项目上马前，政府几乎从不下发相关通知，更不会让可能被项目影响到的群体参与项目决策。对于项目环评报告，采矿公司则根本不会严肃对待，基本上是走过场。而为推动经济发展，政府也乐于被企业左右和为其撑腰。更令人担忧的是，采矿公司还常在环境抗争者和矿工之间制造摩擦，以达到瓦解环境正义斗争力量的目的。当人们因毗邻家园的采矿活动造成的环境破坏和健康安全奔走呼号时，采矿公司则暗中煽动矿工，指认停止开采活动会使其失业和丧失生活保障。此举非常

---

① Fig, D., "Manufacturing Amnesia: Corporate Social Responsibility in South Africa", *International Affairs*, 2010 (3).
② Llewellyn Leonard, "Mining Corporations, Democratic Meddling, and Environmental Justice in South Africa", *Social Science*, 2018 (7).

奏效，并造成了矿工和社区居民的对立和仇视。这使得南非的环境正义之战难上加难。

南非的环境正义组织没有很好地取得民众信任，以便更有效地参与到后者的环境正义斗争当中，也是阻碍南非环境正义运动实践有效开展的原因之一。以德班为例，作为南非东部港口城市，德班是南非污染最为严重的地方之一。该城市不仅容纳了两个大型炼油厂，而且是非洲地区最大的化学品储藏基地，拥有 180 多个对空气有严重污染的烟囱类工业。出于对环境状况恶化的担忧，德班涌现出了一些环境正义组织，如"米尔班克居民协会""德班社区环境联盟"等。这些组织本应相互协作，结成更大的同盟以共同对抗污染企业。但"米尔班克居民协会"却因接受了污染企业提供的资金资助而引发了其他组织不满。这大大削弱了它们之间合作的可能性，也在一定程度上瓦解了德班环境正义斗争的目标，导致环境正义组织在号召群众行动时缺乏公信力。德班居民曾发起过抗议活动，要求政府关闭一个吸纳了最危险有毒化学废物的大型垃圾填埋场。环境正义组织主动施以援手，希望与抗议群众联手对抗污染企业和当地政府，但民众却对其充满了不信任。加之环境正义组织之间也缺乏相互信任的基础，致使斗争以失败告终。

（五）亚洲

1. 印度

印度的环境正义在很大程度上可概括为"穷人的环境主义"。之所以这样说，是因为与大多数国家发动环境正义斗争的动因和指向不同。如果说印度人民的主要环境正义旨趣不是放在对其居住社区环境质量好坏的追求上，毋宁说他们更多注重的是对生态的保护。但这种保护绝非一种简单的"环境主义"——只是出于生态保护而单纯维护其健康完整，而是将对生态的保护与人们的日常生活生计紧密联系起来。又由于一般意义上的环境主义多指发达国家中产阶级以上者发起的对河流、荒野、森林等的保护运动，而与之形成鲜明对比的是，印度的环境主义多由生活贫困的低收入阶层发起，但他们对森林河流的保护从根本上来讲，是基于对生计的关心而绝非通常意义上的环境保护。

印度的环境正义斗争主要集中在对自然资源的保护上。其中，对喜马拉雅山脉森林的保护和对政府兴建各种水坝的抗议等是印度人民环境抗争的主要议题。比如，前文提到的1974年围绕喜马拉雅山森林的保护问题，印度爆发的著名的"抱树运动"。

在印度，围绕兴建大坝水利工程而引发的争议，也是印度民众关注的焦点。作为南亚次大陆的所属区域，印度有着丰富的水资源。但由于不断增长的人口对水力电力的高涨需求，印度不得不依赖开发大坝建设项目用于发电和灌溉。而这也使"印度成为20世纪建坝排在首位的国家，印度的大多数河流要么已经完成建坝，要么正行进在被建坝的路上"①。这些工程多属大规模水利水电工程，一度被印度视为发展国民经济、帮助人民脱贫致富的有力杠杆。印度前总理尼赫鲁曾自豪地宣称："大坝是现代印度的圣堂"。然而，寄托着印度实现现代化理想的大坝工程是否真如人愿？真相远非如此。事实上，印度的大坝工程带来的经济效益远不敌其产生的生态负效应。更令人担忧的是，这些工程对人们的生产生活造成了严重的负面影响，自然也遭到了反对。例如印度最大的水电项目迪邦水坝自启动以来就饱受争议。按照印政府计划，该水坝不仅可用来发电，还能解决洪水泛滥等问题。但水坝修建将会使5000公顷左右的土地淹没在水下，而这些土地正是印度森林密集的地区。印度森林顾问委员会认为会给当地环境带来难以想象的破坏，并对项目亮出红牌。民众也认为政府对项目实施可能造成的后果估计不足。而按照印度政府的评估报告，仅有301人可能因大坝建造受到影响。但在民众看来，这不啻于天方夜谭。他们认为，水坝的建造会使人们附近的牧场土地和渔场受到威胁，而这些恰恰是人们的生存之本。所以"项目所需的生态环境及社会成本远大于大坝给印度带来的好处"②。自该项目举行奠基仪式以来，反对之声几乎从未停止过，与之相关的抗议行动和冲突也常见

---

① Peggy Rodgers Kalas, " Environmental Justice in India. Asia-Pacific", *Journal on Human and the Law*, 2000 (1).
② 《印度最大水坝引发环境担忧》, http://www.cpnn.com.cn/sd/gj/201410/t20141031_751306.html。

诸报端。

较之迪邦水坝,纳尔默达水坝引发的争议与冲突更是有过之无不及。该项目包括30个大型、135个中型和3000个小型水坝。项目设计的初衷满足灌溉与饮用水的需求,但代价却是数万名居民被迫迁移以及广泛的环境损害。纳尔默达项目曾获世界银行巨额资助,但项目实施不久就引发了争议。当地群众认为,在至少10万人口尚未妥善得到安置的情况下就贸然动工的决定十分草率和冒险。在一个名为"拯救纳尔默达运动"①(Narmada Bachao Andolan,NBA)的环境非政府组织的帮助和领导下,人们进行了小规模示威、静坐和绝食活动。在此举不奏效的情况下,NBA组织了大规模群众性环境抗议集会,并成立了印度第一个全国性环境运动组织,即"人民发展运动"。有7位活动家发起了"绝食至死"活动。不久,人们提出了"我们的村庄我们统治"的新口号,并向高等法院递交了停止修坝的申请。他们还向政府主张对大坝的知情权,并打着"自由纳尔默达运动"的旗帜,发动了一场行程800公里、历时8天的沿河进军运动。在高等法院宣布继续修建大坝的判决后,印度所有的大城市都举行了大型集会。NBA成员还出席了联合国人权大会,提出纳尔默达工程中的人权问题。同时,他们还利用国际劳工组织公约及其监督机构向政府施压。NBA甚至把反坝运动与反对全球化和私有化联系起来,指认全球化就是把印度人民的土地、河流和森林转变成跨国公司的超额利润,而根本不在乎印度人民的福祉与环境保护。②

2. 日本

日本的环境正义运动最早可追溯至第一次工业化革命时期。明治维新后,日本开始了以"殖产兴业"为中心的经济现代化,其核心支柱是采矿和纺织业。采矿生产中的铜为日本赚取了大量外汇,但也带来了严重的环境破坏和污染。其中尤以位于东京附近群马县境内的足尾矿毒害最甚。该矿区的铜矿石含有大量硫黄,在精炼时会产生二氧化硫和重金

---

① 张淑兰:《印度的环境非政府组织———拯救纳尔默达运动》,《南亚研究季刊》2007年第3期。

② L. Bavadam, "A flood of support", *Frontline*, 1999 (8).

属粉尘。废水排入河道,造成了人畜中毒、农田污染板结和鱼类死亡;废气污染大气使树叶漂白甚至导致树木枯死;炼铜所需的燃料又造成了树木被乱砍滥伐。暴雨洪水造成的废水频繁外泄更是扩大了受灾范围。如此严重的矿毒在居民中引发了强烈不满,并多次发生了由当地国会议员田中正造领导的民众请愿示威活动①,但都无果而终。在抗议运动遭到军警镇压,抗议群众被以暴乱罪遭到起诉后,绝望的田中决心直面天皇,以死抗争。1901年12月的一天,明治天皇在返回住所途中被田中候个正着。他手持诉状扑向皇帝乘坐的轿子,嘴里高喊"请愿"二字。遗憾的是,他被天皇的护卫紧急拦下而跌倒。虽然田中没有达到直接申诉的目的,但全国媒体都报道了此事。他的行为在一定程度上也唤起了舆论关注,并在社会上形成了同情矿毒的氛围。1913年田中去世,他留下的遗言是:"真正的文明,应该是不破坏山林,不破坏河川,不破坏村庄,不杀人。"② 这可被视为日本环境正义运动的先声。

"二战"结束后,日本实施了快速发展经济的策略,并很快进入复苏期,但也带来了几乎遍及全国的环境公害,如水俣病、米糠油、骨痛病、哮喘病等。其中,尤以"水俣病事件"最甚。水俣是位于熊本县水俣湾附近的一个小镇,水产丰富,是渔民们世代为生的乐园。但在1956年,水俣湾附近出现了一种怪病,它最初发生在猫身上。病猫步态不稳,抽搐、麻痹,甚至跳海死去,被称为"自杀猫"。随后,在人身上也发现了类似症状。日本熊本国立大学医学院的研究报告最终证实,发生在人、猫身上的怪病,是因为居民长期食用了水俣湾中含有汞的海产品所致,而汞的直接来源竟是一家生产氮肥的化学公司,正是它将未经处理的废水直接排放到了水俣湾中。得知真相后,居民们迅速成立了"水俣病患者家庭互助会",当地另一民间组织"水俣市渔民联合会"则组织受害群众到公司门前静坐示威,要求赔偿损失、清理海水并停止污染。在双方就赔偿方案无法达成一致的情况下,一些群众开始游行示威,袭击公司

---

① 包红茂:《日本环境公害及其治理的经验教训》,《中国党政干部论坛》2002第10期。
② [日]南川秀树:《日本环境问题:改善与经验》,王伟等译,社会科学文献出版社2017年版,第7页。

的事也时有发生。受害者后来采用法律诉讼手段维护权益,但氮肥厂仍以"汞引发水俣病在当时无法预见,且工厂在当时的技术条件下已尽最大努力防止污染"为由试图推脱责任,法院对该案件也久拖不决。在诉诸司法制度失败后,不少人开始投向主张与化学公司进行正面交涉的阵营。为获得与化学公司管理层对峙的机会,他们组织了"1股份运动"——号召污染受害者每人购买污染公司的1个股份,这样就能参加其股东大会。一些污染受害者也确实获得了在股东大会上控诉公司管理层的机会。他们慷慨陈词的镜头通过日本国家电视台被传送到了数以万计的家庭,水俣病事件也因此成为媒体关注的焦点,污染受害者也取得了舆论上的优势地位。受害群众还在1972年的斯德哥尔摩人类环境会议上将实情和盘托出,引发国际舆论哗然。1973年,法院最终判定公司败诉。

受水俣病事件启发,日本各地的群众纷纷借助法律手段向污染企业提起诉讼和经济赔偿,并由此在日本掀起了名噪一时的"公害呼救"行动。此后,环境污染对生产生活带来的破坏和影响逐渐被日本各界严肃面对。企业开始从源头控制和杜绝污染的发生,以减少被起诉和进行巨额赔偿的风险。各级政府为维护政治稳定,也开始从先前的被动懈怠态度,转向制定和出台严厉的环境法规和行政管制措施,并辅以灵活的环境纠纷解决机制,以遏制企业将生产成本社会化的恶性冲动。群众的环境正义意识更是得到了空前高涨。他们不但反对已有企业的污染,而且通过参与表决等形式反对兴建有潜在污染可能性的企业。"普通的日本公众只要认为身边存在污染问题,可以立即向设在町村、市或者省的公害处理部门投诉。在这些部门中,技术人员的比重都达到了70%以上,他们完全具备处理公害问题的能力。"① 到目前为止,日本的公害处理程序已经独具特色,成为公众接近"环境正义"模式的典范②。

---

① [日]乌力吉图:《日本地方政府的环境管理制度与能力分析》,《管理评论》2008年第5期。
② [日]大久保规子:《行政机关环境纠纷处理制度的现状与课题——以公害等调整委员会的活动为中心》,载王灿发《环境纠纷处理的理论与实践》,中国政法大学出版社2002年版,第187页。

不过，日本民众的环境正义斗争远未结束。例如位于冲绳县的居民就一直在和美国在冲绳建立永久军事基地的行为作斗争。"二战"后，为保持领先地位和防范潜在威胁国家，美国不惜斥巨资在全球部署和建立军事基地。日本作为其主要政治伙伴，自然也不例外。由于设在冲绳县的军事基地最大，这给当地居民心中蒙上了可怕的阴影。美军在冲绳进行的贫铀弹实验、核武器试制也引发了人们抗议。如一个名为"和平库"的非政府绿色组织就喊出了"不要核武器"的口号。另一个名为"冲绳不要核武器组织委员会"的组织则给联合国安理会秘书长写信，要求派专人到冲绳调查美军的军事基地有无大规模杀伤性武器，尤其是有无核武器。"在所有的大规模杀伤武器中，核武器是最具毁灭性的……在日本政府的'三个无核原则'下，核武器应永久退出日本领土。尽管如此，美国政府对是否已将核武器从冲绳迁出始终没有明确表态。因此，几乎没有几个冲绳人相信美军已将核武器搬离。"[①] 基于冲绳县面积只占日本国土总面积的0.6%，设在冲绳的美军基地却占到美军在日军事基地总数的70%，以及冲绳人口最少却是全日本最贫穷的县这一事实，冲绳人民将政府为了经济和政治利益和美国相勾结而将冲绳作为牺牲品的行径，斥责为是环境种族主义和阶级剥削行为。"冲绳只占日本国土的0.6%，却容纳了超过70%的美军军事基地。如果美军基地在日本平均分布，冲绳只会容纳0.6%左右，但事实是它拥有的军事基地是平均数的1000倍还要多。"[②] 因此，冲绳提供了一个赤裸裸的"环境种族主义和阶级剥削的绝好注脚"[③]。

3. 韩国

与多数国家类似，由于追求经济快速增长，韩国对环境的保护和民众的生存环境质量亦多有忽视。尽管出台的一些环境政策如《妨害公众利益法》被视为政府对环境质量和公民生活质量重视的标志，但政府不

[①] Letter to President of United Nations Security Council：No Nuclear Weapons on Okinawa！https：//apjjf.org/－Organizing－Committtee－/1941/article.html.

[②] Ui Jun. U. S, Military Bases and Environmental Problems, http：//www.japanfocus.org/－Ui－Jun/2082.

[③] Richard Wilcox, *The Ecology of Hope：Environmental Activism in Japan*. 2004, p. 80.

顾一切发展经济的强劲势头导致该法形同虚设。但韩国民众并未坐视生存环境的破坏。自20世纪60年代中期开始，一些社区尤其是毗邻大工业中心的人们开始通过努力使自身免受工业化的负面影响，由此也出现了由社区群众自发掀起的早期环境正义抗争。

20世纪60年代来自大工业中心的企业污染造成了水质和土壤破坏，这给靠近工业区的农业和渔业造成了损失。而由于韩国在各地都建有大工业中心，所以当时的工业污染是全国性的。这些污染如此严重，甚至于威胁到农民和渔民的生计和健康。人们不堪忍受，纷纷组织起来进行斗争。他们采用的斗争策略以直接抗议、请愿和商谈为主，所诉求的主要是针对农作物或渔业损失而要求经济赔偿。应该指出，这在很大程度上属于一种"事后反应"。即只是在企业污染行为造成损失后才做出反应，并限于简单要求对损失进行经济赔偿，但人们的环境意识和民权意识普遍不高。这种状况在20世纪70年代末发生了很大变化。这体现在除要求企业经济赔偿外，还试图将他们不想要的企业从社区中撵走。他们还要求政府出台相应措施，治疗一些人因环境污染造成的健康损害或是对遭受环境损害的社区群众重新进行安置。

此外，城市社区的环境斗争也频频爆发，人们关注的议题包括不断恶化的生活环境、污水和饮用水问题以及噪声污染等，这大大拓宽了韩国环境正义斗争的范围。20世纪90年代早期，韩国多地发生环境公害，包括弥漫在居民区的恶臭，工业废物处理厂造成的土壤污染和水污染，制造企业带来的有毒废弃物泄漏，水泥厂造成的空气悬浮颗粒和灰尘，核反应堆建设，放射性废物处理的选址等。这些问题促使各种非政府环境组织纷纷兴起，韩国的环境正义斗争也开始由"事后反应型"向"提前预防型"① 进行转变。人们的环境正义诉求也从早期的单一目标即仅仅关注经济赔偿，向追求无核化、和平、公共健康以及有质量的生活等转变。

与"事后反应型"社区群众的被动反抗做法不同，非政府环境组织

---

① Ku, Do-wan, *History and Nature of Koream Environmental Movement*, Seoul, Korea: Seoul National University, 1994, pp. 108 – 109.

是"提前预防性"的积极行动者。"他们有着更为宽泛的环境目标，挑战的是现有的社会—经济和政治结构和流行的社会价值观，如认为经济利益高于一切等。"① 除向"事后反应型"的社区组织无偿提供信息、专家以示进行声援外，他们还印刷时事通讯、报刊等向公众免费分发，以揭批政府和企业的冷漠，点燃公众的环境热情。迫于压力，韩国政府不得不正视环境问题，开始确认公民的环境权，确认"所有人有生活在一个健康宜居的环境中的权利"。

经过多年努力，韩国民众的环境生活质量已得到明显改善，但其环境正义斗争远未停止。譬如关于放射性核废料的存放就一直是个非常敏感的问题。韩民众对放射性废料的态度基本属于"不要放在我家后院"，而他们与政府之间的较量从20世纪80年代中期也持续到了现在。韩国政府对放射性核废料的安置一直采用的是决定、宣布和辩护（Decide, Announce, and Defend, DAD）的方法。具言之，就是政府不征求民众意见，而是直接对核废料的存放地进行决策和通告。当有质疑和反对时，再进行辩护。但这种方式自实施以来，就屡遭质疑。人们认为政府采用DAD处理有毒核废料存放地的做法，完全是为多数人的福利而牺牲存放地民众的利益，这违背了环境正义。带着这种不满，他们进行了抵抗。例如扶安郡的群众就掀起了"扶安冲突"。在政府宣布将废料库存放地安置在扶安郡后，人们与警察之间的暴力冲突导致该市在将近一年的时间里处于无政府状态。最终，他们成功抵制了政府的决定，使核废料库在扶安郡的安置成为泡影。而对于政府所认定的"扶安暴乱"，当地人并不买账，他们更愿意将自己的行动称为"扶安斗争"——为维护自身利益的环境正义斗争。经过"扶安冲突"，政府开始反思过去的DAD方式，并逐步向"自愿原则"（Voluntary Approach, VA）转变。与过去依赖单方面的官方威权方式相比，"自愿原则"注重对核废料安置地的经济激励，并强调民众的参与权。例如韩国历史名城和主要观光地庆州市曾公开竞争低度和中度放射性核废料库的安置权，并战胜对手最终获得核废料在

---

① Kassiola & Joel Jay, *The Death of Industrial Civilization*, NY: State University of New York Press, 1990, p.43.

本地存放的资格。而对于民众从对有毒放射性核废料说"不"到主动敞开怀抱接纳放射性核废料的态度转变，韩国媒体和政府给予高度赞许，并认为这是体现环境民主和政府环境政策成功的标志。但也有学者指出，庆州之所以积极参与存放地的投标并最终中标，其真实原因是想改变其持续低迷的经济状况。由此，很难判定民众的投票是出于真正自愿的行为，也无法得出其拥有环境正义品格的结论。

二 环境正义之全球向度

1. 全球气候正义

（1）全球气候会议回顾

与地方性环境正义问题相比，国际环境正义问题要显得更为复杂和难以调控。其中，控制全球气候变暖这一问题的现状可能是折射当前国际环境正义问题最艰难最典型的样板。专家早已指出，二氧化碳的增加主要是因为人类使用化石燃料所致，而全球气候不断升温也是不争的事实，它对人类的潜在危险正在显现。这一环境挑战需要国际社会的协调和合作，这一点毋庸置疑。事实上，从斯德哥尔摩联合国环境会议到里约热内卢世界首脑大会，从《京都议定书》（以下简称《议定书》）的通过到约翰内斯堡的可持续发展首脑会议，再到近些年在巴厘岛等地举行的气候变化大会，国际社会可说是付出了不懈努力，但全球气候变暖并未得到有效遏制。即便是被广泛看好的《议定书》、巴厘岛路线图和哥本哈根大会，也是一波三折，障碍重重。《议定书》虽早已问世，但直到2005年才正式生效。在此期间，由于多数发达国家未积极履行义务，结果造成二氧化碳排放量不降反增。尤其值得玩味的是，一直以来作为温室气体排放量的头号大国美国先是于2001年高调宣布退出《议定书》，2017年又宣布退出《巴黎协定》。这一立场使得遏制全球气候变暖的前景变得更加迷茫。据称，美国退出《议定书》的理由主要是认为：一是会导致美国经济的大幅度衰退；二是减少二氧化碳排放量的经济前景尚不明朗；三是既然发展中国家没有减排任务，那么让发达国减排就是不公平的。而退出《巴黎协定》的特朗普则坦言遵守协定不利于美国经济，牺牲了美国的就业，加重了其财政和经济负担。

巴厘岛大会上，与会各国着重讨论了 2012 年后应对气候变化的措施安排等问题，特别是发达国家应进一步承担的温室气体减排指标。但由于立场的重大差异，美国与欧盟、发达国家与发展中国家之间的激烈交锋使争论和妥协成为贯穿这次大会的显著特征。发展中国家认为气候变化是发达工业国家的工业化过程造成的，因此发达国理应比发展中国家承担更多的环境责任。发展中国家希望发达国拿出诚意，切实承担起历史责任，率先大幅度减少温室气体排放，并向发展中国家提供资金支持和技术援助，使发展中国家有能力参与到应对气候变化的国际合作当中来。但美国不但反对设定具体减排目标，而且要求发展中国家也承诺减排。日本、澳大利亚和加拿大对此表示赞同，并积极支持美国的立场。对此，发展中国家表示强烈谴责。尽管美国在最后一刻跳上了全球减排方案的"公交车"，但这并不意味着"巴厘岛路线图"能轻松完成。由于对美国的妥协，路线图中没有添加任何特定的气体排放量削减数字指标。而美国参议员也暗示美国的气候政策在短期内不会有什么改变。对于发展中国家在会上重申的发达国家应以优惠的、非商业性的条件向发展中国家提供技术的要求，多数发达国家仍以保护知识产权为由进行了拒绝。即便是以环保举措严厉著称的德国，在提供技术和资金方面也表现得过于矜持。

"巴厘岛路线图"制定以后，国际社会相继召开了波兹南会议、哥本哈根会议以及坎昆会议，但结果并不乐观。受 2008 年金融危机影响，大多数发达国家经济大幅度衰退。由于担心强制减排温室气体会给企业带来巨大压力，造成社会动荡，包括德国、日本和加拿大在内的发达国家原先承诺大幅减排的立场有所松动，甚至出现了倒退迹象。再加上经济衰退造成国际油价大跌，市场原来寻求开发更廉价、更清洁的替代性能源的动力减少了，这些都给波兹南会议蒙上了阴影。会上，少数发达国家如日本和澳大利亚提出要对发展中国家进行分类，要求把经济相对发达、排放相对较高的国家与其他发展中国家区别开来。发出这一论调的国家称，此分类的根据在于《联合国气候变化框架公约》（以下简称《公约》)所确立的"共同但有差别的原则"中的"区别"一说。一些国家更是公开否定《议定书》,如日本、丹麦、澳大利亚、美国等国代表就表示发展中国家也应做出减排承诺。美国代表称:"任何对环境有效的气候变化解决方案都需要来自所有主要经济体的积极行动。"[①] 日本代表则认为,一个公平有效的 2012 年(《议定书》第一期承诺减排到期年)后框架,要求所有主要经济体以负责任的态度参与全球温室气体减排。

对于发达国家的态度言辞,发展中国家表示失望和不满。哥本哈根会议被看成"拯救人类的最后一次机会"的会议。但从会议取得的成效来看,依旧令人失望。美国一如既往地将"枪口"对准中国,否认发达国家应该为在工业化进程中累积造成的大气环境污染埋单,并要求中国确立更大力度的减排目标。虽然会议最终达成了一些协议,但并不具有法律效力。

经过此次会议上的"亮剑",发达国家与发展中国家之间的互信基础大大遭到削弱,成为制约和阻碍坎昆会议取得更多进展的负面因素。会议虽取得了一些积极成果,如坚持了《公约》《议定书》和巴厘路线图,坚持了共同但有区别的责任原则,以及确保 2011 年的谈判继续按照巴厘路线图确定的双轨方式进行,并就适应、技术转让、资金和能力建设等发展中国家关心问题的谈判取得了不同程度的进展。但在另一些关键问题上却未能实现突破。"京都议定书依然前途不明,……全球气候合作现在从哥本哈根的瓦砾上艰难的迈出了一步,但离达成有效的气候保护协议还有一大段波折长路要走。"[②] 坎昆会议上,日本高调宣布不会承诺《议定书》的第二承诺期目标,理由是其他主要排放国家如美国、印度等没有减排目标承诺。一些发达国家也纷纷抛出不当言论,认为《议定书》只包括了占 27% 的全球排放量的国家,而世界最大温室气体排放国——美国和中国都没有在《议定书》下承诺减排目标。在此情况下,继续兑现《议定书》第二承诺期有失公允。发达国家的这一态度招致了发展中

---

① 《从波兹南会议展望明年气候谈判》,http://news.xinhuanet.com/world/2008-12/13/content_10499305.htm.
② 《绿色和平:坎昆会议救了谈判仍救不了气候》,http://green.sina.com.cn/2010-12-12/115721626114.shtml.

国家不满，它们强烈主张延续《议定书》的有关规定，要求发达国家继续承担减排责任。大会最后虽取得了一些成绩，如"要求富裕国家到2020年每年投入1000亿美元；达成一项旨在遏止毁林的协议；将各国在哥本哈根会议上达成的减排协议纳入联合国决议当中"①等。但媒体普遍认为，大会达成的协议只是发达国家和发展中国家彼此妥协的微妙混合体。

坎昆会议后，世界气候大会在德班、多哈、华沙和利马分别召开，总体情况都不令人乐观。德班会议上，谈判伊始便遭遇欧盟和美国设置的障碍。欧盟力推所谓"路线图"计划，提出应有条件签署《议定书》的第二承诺期，要求在2015年前制定涵盖中国、印度、巴西、南非等主要经济体的新法律框架，并在2020年正式实施。美国则声称除非包括中国、印度等在内的主要经济体加入量化减排协议，它才会加入《议定书》二期减排计划。

尽管大会在闭幕前取得了一系列看似很有前景的决议，如正式启动"绿色气候基金"，成立基金管理框架；制定监督和核查减排的规则、保护森林；向发展中国家转移清洁能源技术等。但分析人士指出，由于这一揽子决议部分内容不够具体，措辞上也存在巨大漏洞，很有可能导致一些国家逃避应承担的减排责任。例如关于《议定书》第二承诺期的期限，决议并未明确指出是5年还是8年。"对于绿色气候基金，资金来源和管理机制仍是空白；就坎昆大会搁置的自愿减排努力，这次会议同样没有进展；没有确定将要制定的法律工具或法律成果的确切性质；没有提及惩罚措施……"②一些环保人士不无担心地指出，一揽子决议未能解决最紧急的议题，在减排方面也没能采取更迅速、更深入的行动。如果这种局面在今后几年内不能得到根本性扭转，全球将会陷入灾难性的境地。

多哈会议上，通过了《议定书》修正案，从法律上确保了《议定书》

---

① 《外媒：坎昆决议未解贫富国根本分歧 难题留明年》，http://www.china.com.cn/international/txt/2010-12/13/content_21529400.htm。
② 李良勇：《南非德班气候大会闭幕，分析师称会议成果仍不够》，http://news.sohu.com/20111212/n328739276.shtml。

第二承诺期将于2013年实施。会议还通过了有关长期气候资金、《联合国气候变化框架公约》长期合作工作组成果、德班平台以及损失损害补偿机制等多方面的多项决议。

作为一次承前启后的会议,多哈会议维护了《公约》和《议定书》的基本制度框架,将联合国气候变化多边进程继续向前推进,向国际社会发出了积极信号。但发达国家在大会上的态度仍不尽如人意。这表现在其依旧淡化历史责任和"共同但有区别的责任"原则,在减排和向发展中国家提供资金援助和技术支持等方面意愿不足,这构成了国际社会合作应对气候变化的主要障碍。华沙气候大会在经历了两周的艰难谈判和激烈争吵后,最终就德班平台决议、气候资金和损失损害补偿机制等焦点议题签署了协议。由于发达国家不愿承担历史责任,在落实向发展中国家提供资金援助问题上没有诚信,导致双方政治互信缺失。加上个别发达国家在减排立场上严重倒退,如日本公布的修正后减排目标不降反升,而澳大利亚不但拒绝做出履行出资义务的新承诺,还声称要求发达国家做出新的出资承诺不现实、不可接受,这些举动不仅令舆论哗然,也使谈判数次陷入僵局。"发达国家极力推卸历史责任,对于切实兑现承诺减排并向发展中国家提供资金和技术支持缺乏政治意愿,既没提出时间表也没提出具体数额;对建立损失损害补偿机制,也只是表示初步同意设立'华沙机制',但没有实质性承诺。"① "绿色气候基金机制"也未真正建立,发达国家也未提出具体出资数额。因此,快速启动资金和中长期资金只不过是一个有名无实的空壳而已。最终,经过多方妥协,会议达成了各方都不满意但都能够接受的结果。

利马气候大会尽管取得了一些成就,但仍延续了以往气候大会"协议多、落实少"的状况。譬如按照《哥本哈根协议》和《坎昆协议》的要求,为帮助发展中国家应对气候变化,发达国家在2010年至2012年间需出资300亿美元作为快速启动资金。在2013年至2020年间,每年应提供1000亿美元的长期资金。但直到利马大会举行之前,启动基金仅筹集

---

① 《华沙气候大会最后时刻达成协议,焦点分歧仍难解》,http://www.china.com.cn/news/world/2013-11/25/cont ent_30692097.htm。

到 93 亿美元。大会期间，澳大利亚、比利时、德国和会议主办国秘鲁等相继承诺出资，终于使基金总额超过了 100 亿美元。这笔"首付款"虽是利马大会取得的一个可喜成绩，但围绕气候谈判主要议题的实质性争议并未得到解决，主要表现在："最终决议文本一再被弱化。决议中关于巴黎协议的核心议题，也即国家自主决定贡献的表述比较模糊；在发展中国家诉求最强烈的资金问题上，发达国家的表现依然令人失望；各方对共同但有区别的责任原则、公平原则和各自能力原则如何体现在巴黎协议中还存在较大争议。一些发达国家企图曲解这些原则的含义，为推诿自己的历史责任而宣扬无差别原则，企图让发展中国家承担超出自身能力和发展阶段的责任。"①

2015 年的巴黎会议作为全球应对气候变化的重要节点，其最大成效是缔结了一个有望在 2020 年正式生效的具有约束力和切实可靠的新协定，即《巴黎协定》。根据协定，各方将以"自主贡献"的方式参与全球应对气候变化的行动。发达国家将继续带头减排，并加强对发展中国家的资金、技术和能力建设支持，帮助后者应对气候变化。但大会依旧延续了以往的争论焦点，即如何按照"共同但有区别的责任"原则进行减排。另外，在 2020 年后资金支持等议题上分歧依然明显。2016 年的马拉喀什大会上，在《巴黎协定》后续细节谈判中体现"共同但有区别的责任"原则上，各方代表意见不一。在如何兑现到 2020 年前每年给发展中国家 1000 亿美元的资金承诺这一问题上，分歧较大。一年后的波恩大会进一步明确了 2018 年促进性对话的组织方式，通过了加速 2020 年前气候行动的一系列安排。但受美国此前退出《巴黎协定》的负面影响，1000 亿美元资金的问题依旧"特别难谈"。另外，发达国家和发展中国家在如何"诠释 2020 节点"上看法大相径庭。发达国家主要关注各国 2020 年后的目标是否足够有雄心，发展中国家则看重 2020 年的承诺是否兑现。2018 年的卡托维兹会议上，缔约国围绕《巴黎协定》的实施细则进行了谈判，"通过了一揽子全面、平衡、有力度的成果，全面落实了《巴黎协定》各

---

① 《利马气候大会终于闭幕，谈成了啥》，http://news.china.com.cn/world/2014 - 12/15/content_34315649_2.htm。

项条款要求，体现了公平、'共同但有区别的责任'、各自能力原则，考虑到不同国情，符合'国家自主决定'安排，体现了行动和支持相匹配，为协定实施奠定了制度和规则基础"①。2019年的马德里大会上，来自近200个国家的代表试图在减排力度、碳市场机制与资金安排等关键问题上达成共识，但因各缔约方的利益分歧和各种阻力，最终不得不草草收场。2020年的气候变化大会则因为全球新冠疫情的暴发而不得不按下暂停按钮而延至2021年举行。

(2) 全球气候正义何以可能

从全球气候会议发展演变的历程不难看出，围绕温室气体的减排问题，发达国家和发展中国家之间的争论和交锋主要胶着在这样一个关键问题上：如何理解"共同但有区别的责任原则"？

"共同但有区别的责任原则"，是指全球任何一个国家都有责任为温室气体的减排做出贡献，但必须对发达国家和不发达国家进行区别对待。这一原则的提出主要是基于这样一个事实：温室效应的产生是发达国家过去工业革命的滞后负效应。也就是说，发达国家在近代工业革命的过程中过度排放了二氧化碳，才导致了今天的全球变暖现象。所以发达国家理应为它们在历史上的过度排放埋单，并率先进行温室气体的减排工作。而对于不发达国家而言，对二氧化碳等温室气体的减排不应成为一种强制，而只能是出于自愿的行为。遗憾的是，虽然这一原则早已成为国际社会的普遍共识，但仍有少数国家如美、日总是对此提出异议。它们认为应对不发达国家进行分类。在其看来，中国、印度这两个世界上人口最多的国家经济发展速度很快，对全球二氧化碳的增加排放负有不可推卸的责任。所以，应将这两个国家纳入强制减排的范围。对此，中国和印度予以强烈驳斥，并坚决捍卫自己的发展权。在发展中国家看来，自己国家的人民尚未摆脱贫困，更没能像发达国家的人们那样享受高质量的生活。所以，大力发展本国经济才是唯一选择。这种经济发展的优先权绝不能让渡。而按照发展正义和气候正义，真正应该放慢经济发展脚步和率先减排温室气体的是发达国家，因为它们才是造成气候困境的

---

① https://baike.baidu.com/item/联合国气候变化大会托维兹大会/23206358? fr = aladdin。

罪魁祸首。倘若剥夺发展中国家的发展优先权，并将其纳入强制减排的范围，无疑会违背公平和正义。而且更重要的是，大多数不发达国家过去都曾是发达国家的殖民地或附属国，它们的资源被后者强行掠夺过，环境被肆意破坏过。正是发达国家在历史上的不正义行径造成了不发达国家今天的发展困境，而且发达国当今依然凭借着在全球经济政治秩序中的话语权，对不发达国进行着资源掠夺和环境破坏。"北半球拥有大部分工业技术园、工厂、发电厂、汽车、化工厂及由此创造的财富。南半球的人口占多数，但几乎全是绝望的穷人。这种分化的结果造成一种全球令人痛苦的讽刺：南方的穷国尽管被剥夺了世界财富中公正的一部分，但是它们仍面临在为北方创造这些财富时产生的对环境的风险。"[①] 更由于发达国家占世界人口的 1/4，却消耗着世界上 3/4 资源这一残酷现实，它们理应在二氧化碳的减排上主动承担责任，更应向发展中国家施以援手，进行粮食、资金、技术帮助，以提高发展中国家应对气候变暖的能力。唯其如此，才能对遏制全球气候变暖趋势真正有所助益，有效推进全球气候正义。

2. 有毒废物之跨国转移

有毒废物作为一种典型的环境恶物，对人的身体健康和生态环境危害极大。正因如此，国际社会早已通过针对有毒废物的协议。例如《巴塞尔公约》就明确规定：禁止发达国家以任何理由向发展中国家出口有害废物。但鉴于本国民众环境意识日益高涨，环保法规法令严苛，以及有毒废物处置场所难觅等压力，签署这一公约的许多国家如日本、英国和韩国并未严格遵守这一规定，而是通过各种秘密手段向发展中国家进行非法电脑垃圾贸易。"硅谷防止有毒物质联盟"和"巴塞尔行动网络"曾联合公布亚洲电脑垃圾进口情况的调查报告：美国每年大约有 50% 到 80% 的电脑垃圾被出口到了亚洲，而其中大部分都在中国。这不仅是赤裸裸的生态殖民主义，更是典型的环境种族主义歧视，属于分配、承认和能力上的不正义。从分配角度看，发达国享受了环境善物（比如电子

---

① [美]雷南·坎托尔：《当代全球环境危机是帝国主义和资本主义生产方式造成的》，http://www.wyzxsx.com/Article/Class17/200607/8123.html。

产品）带来的好处，却将废物转嫁到不发达国头上，让其承担环境恶物，这明显违反了分配正义。从承认角度讲，这种生态殖民主义行径是对不发达国家利益的漠视和环境种族主义歧视——认为非白种人位卑一等。例如前世界银行首席经济学家萨默斯（Lawrence Summers）就曾公然主张：发达国家应将有毒物质转移到发展中国家。理由竟是"发达国家中北方生命的价值似乎要远远超出那些发展中国家中的南方公民"。由此，低收入国家成为有害废料的场所就显得天经地义。而按照经济理性赤裸裸的逻辑，只要是有利于资本的积累，就尽可以对任何"社会和人道主义反对这种世界废料贸易的观点不予理睬"①。而对欠发达国实施的分配和承认上的非正义，造成有毒废物在这些国家的大量堆砌，势必会影响到人们的身体健康和自然环境的安全，导致人们功能性活动的能力受到伤害甚至是丧失。这显然是能力非正义，因为不发达国家的人们的生存能力、生活质量和幸福感被大大降低了。

3. 经济全球化与跨国公司的罪恶

作为当代世界经济的重要特征之一，经济全球化是指世界经济活动跨越国界，并通过对外贸易、资本流动、技术转移、提供服务等形成的全球范围的过程，是商品、技术、货币、人员、信息等生产要素跨国性的流动。经济全球化一度被视为促进世界经济更快更好发展的福音，因为它不仅促进了资本在全球范围内的快速流动，更实现了各国资源在全球的最佳配置。但一直以来有一个重要的问题却被忽视了，这就是经济全球化的实质。在许多学者看来，经济全球化只不过是资本主义国家将在本国推行的自由主义经济模式向全球进行拓展而已。在经济全球化过程中，世界各地的资源确实得到了很好配置，经济发展的大蛋糕也着实做大了。但在切分蛋糕时，发达国家得到了绝大部分，发展中国家只得到了一点儿可怜的蛋糕屑。也就是说，经济全球化所带来的善物（物质利益、资本利润）几乎都流到了发达国家，环境恶物却被不发达国家承担了。在经济全球化的大旗下，非洲的尼日利亚蕴藏的丰富石油资源几

---

① ［美］约翰·贝拉米·福斯特：《生态危机与资本主义》，耿建新、宋兴无译，上海译文出版社2006年版，第55页。

乎全被当今世界少数巨头所控制。石油带来的巨额利润流向了石油公司所属的国家,但石油开采带给当地的却不是富裕,而是生存环境的严重破坏和人们更加赤贫的生活困境。这种赤贫甚至大大超过了尼日利亚被裹挟到全球化进程之前的状态。南美洲的巴西生长着茂密的热带雨林,被誉为"地球之肺"。但巴西在经济全球化的浪潮中不但未能摘掉贫穷落后的帽子,人民的生活却越发陷入窘境:森林私有化、树木被砍伐、水土流失、洪涝灾害频发。为偿还外债,巴西的好土地都被种上了可可、大豆。质量差的土地无法耕种,农民便加入到砍伐树木的队伍当中来维持生存,这无疑加剧了森林和环境的破坏。

作为经济全球化浪潮中的赢家,跨国公司的扩张更是加重了欠发达国家的生态负担。借助经济全球化,通过独资、合资等方式,跨国公司成功地将在本国被视为落后产业和夕阳产业的工厂转移到了第三世界中去生产。例如美联邦法院就公开允许"美国的跨国公司自由地在海外扩展其工厂,而不必顾及这些工厂对当地居民可能造成的危害"①。对于第三世界而言,出于吸引外资和急于摆脱贫困的考虑,往往会将本国资源的消耗、人们的身体健康和生态环境的破坏置之度外。这样造成的后果是从北方国家转移到南方国家去的不仅仅是资本和技术,而且还附加了太多的环境和社会成本。"北部国家的污染被出口到了南部国家。在北部国家被禁止的那些危险性的化学物品,在南部国家的工业和农业生产中找到了出路。"② 通过经济和市场扩张,跨国公司获得了资本利润的最大化,不发达国家却饱尝了环境恶果。环境好处和环境坏处的不正义分配不言而喻。

4. 全球环境正义的构建

要想实现全球环境正义,必须从根本上对当前全球不合理的大秩序进行彻底变革。因为一个不能公平地分配环境利益和环境责任的国际经济政治秩序是不可能从根本上解决环境非正义的。"如果全球环境问题的

---

① [美]詹姆斯·奥康纳:《自然的理由》,唐正东、臧佩洪译,南京大学出版社2003年版,第315页。
② [美]詹姆斯·奥康纳:《自然的理由》,第317页。

解决游离于世界经济体系的总体结构之外，那它仍旧只是停留在问题的表层。"① 而基于南北国家之间由于历史和现实原因而造成的巨大经济差距和不平等的经济政治地位，以及当今世界在利益、受害和责任分担上存在的严重不公现象，必须致力于打破这一"结构性暴力"。在这方面，罗尔斯的正义理论或许可作为解决环境问题上的受益和责任分担等问题的理论参考。因为与诸种正义理论相比，罗尔斯正义理论的最大亮点就是——"把弱势群体的利益能否满足视为衡量一个社会是否公正的标准"②。

　　罗尔斯的正义理论主要由两个正义原则组成。"第一个原则：每个人对与其他人所拥有的最广泛的基本自由体系相容的类似自由体系都应有一种平等的权利。第二个原则：社会和经济的不平等应这样安排，使它们：①在与正义的储存原则一致的情况下，适合于最少受惠者的最大利益；②依系于在机会公平平等的条件下职务和地位向所有人开放。"③ 按照罗尔斯思考分配正义的原则，我们或许可以这样构想环境善物和恶物在发达国和不发达国之间的分配。第一，在环境恶物方面，国际社会应确定一个能够在全球范围内通用的最低限度的安全标准。不遭受低于此安全标准的环境恶物的侵害是一个人最基本的环境权，是其维持自身健康生存能力发展的最低保证。第二，关于环境善物，国际社会也应确定一个能在全球范围通用的最低限度的分享标准。这种环境善物是人们享有最基本生存能力的保障，必须被平等地进行分配。第三，如果要对满足了最低安全标准的环境恶物进行国际分配，而且这种分配是不平等的，它必须满足三个最起码的条件：①遵循参与正义的知情同意原则，即接受多余的环境恶物时，接受国及其人民会被提前告知，且是出于自愿的。②这种不平等分配必须最大限度地有利于接受国和其人民的最大利益。③发达国家在进行环境恶物的不平等输出后，应按照矫正正义的原则，给予接受国一定程度的补偿。第四，如果要对满足了最低必需标准的环境善物在国家间进行不平等分配，也必须满足一些条件，如不构成贫穷

---

① Hans Diefenbacher, "Environmental Justice: Some Starting Points for Discussion from a Perspective of Ecological Economics", *Journal of Ecothelogy*, 2006（3）.
② 韩立新：《环境价值论》，云南人民出版社 2005 年版，第 180 页。
③ [美] 约翰·罗尔斯：《正义论》，何怀宏等译，第 302 页。

国家发展经济或保护其环境的结构性和制度性障碍,而且这种不平等分配应最大限度地符合不发达国家及其人民的最大利益。①

总之,在全球环境正义这一问题上,国际社会应达成广泛共识。发展中国家应享受与发达国家同等的环境利益,环境资源也应按照符合穷人利益的原则进行分配。发达国家应承担与其享受环境利益相匹配的环境责任。不能只享受环境利益却不承担环境责任,更不能随意将环境责任推给不发达国家。具言之,一方面,发达国家应承认不发达国家的发展优先权,并使环境利益向不发达国家倾斜,使后者拥有较大的发展空间。另一方面,发达国要对历史上给不发达国造成的环境伤害进行补偿,如帮助不发达国家消除贫困,并提供相应的资金技术支持等,以提高和改善不发达国人民的生存能力,促进其生命潜能的最大实现。不发达国家在发展经济的同时,一方面应注意在经济理性和生态理性之间保持必要的张力,不能为追求经济增长而牺牲生态环境,尤其是不能以牺牲本国的生态利益和人民的生存利益为代价。另一方面也应积极为全球生态环境的改善做贡献,如自觉进行节能减排,开发和利用绿色无污染技术等。

---

① 杨通进:《全球环境正义及其可能性》,《天津社会科学》2008 年第 5 期。

参考文献

一　中文著作

陈良斌：《承认哲学的历史逻辑：黑格尔、马克思与当代左翼政治思潮》，人民出版社2015年版。

郭琰：《中国农村保护的环境正义之维》，人民出版社2015年版。

何怀宏主编：《生态伦理——精神资源与哲学基础》，河北大学出版社2002年版。

韩立新：《环境价值论》，云南人民出版社2005年版。

雷毅：《生态伦理学》，陕西人民教育出版社2010年版。

李淑文：《环境正义视角下农民环境权研究》，知识产权出版社2014年版。

刘海霞：《环境正义视阈下的环境弱势群体研究》，中国社会科学出版社2015年版。

冉冉：《中国地方环境政治——政策与执行之间的距离》，中央编译出版社2015年版。

汝信、陆学艺、李培林：《中国社会形势分析与预测》，社会科学文献出版社2005年版。

王凤才：《蔑视与反抗：霍耐特承认理论与法兰克福学派批判理论的"政治伦理转向"》，重庆出版集团2008版。

肖显静：《环境与社会：人文视野中的环境问题》，高等教育出版社2006年版。

熊晓青：《守成与创新：中国环境正义的理论及其实现》，法律出版社2015年版。

徐再荣:《20世纪美国环保运动与环境政策研究》,中国社会科学出版社2013年版。

杨长江:《2009年:垃圾危机走到十字路口》,中国环境发展报告(2010)杨东平主编,社会科学文献出版社2010年版。

曾建平:《环境正义——发展中国家环境伦理问题探究》,山东人民出版社2007年版。

雷毅:《深层生态学:阐释与整合》,上海交通大学出版社2012年版。

自然之友:《20世纪环境警示录》,华夏出版社2001年版。

自然之友:《中国环境发展报告2013》,社会科学文献出版社,2013年版。

二 中文译著

《马克思恩格斯选集》第2卷,人民出版社1995年版。

[美]凯文·奥尔森编:《伤害+侮辱——争论中的再分配、承认和代表权》,高静宇译,上海人民出版社2009年版。

[美]J.艾捷尔编:《美国赖以立国的文本》,赵一凡等译,海南出版社2002年版。

[美]詹姆斯·奥康纳:《自然的理由——生态学马克思主义研究》,唐正东、臧佩洪译,南京大学出版社2003年版。

[苏]奥辛廷斯基:《未来启示录》,徐元译,上海译文出版社1988年版。

[美]L.R.布朗:《建设一个持续发展的社会》,祝友三译,科学技术文献出版社1984年版。

[美]约翰·贝拉米·福斯特:《生态危机与资本主义》,耿建新、宋兴无译,上海译文出版社2006年版。

[美]R.狄斯查丁:《生态女权主义》,关春玲译,载章梅芳、刘兵编《性别与科学读本》,上海交通大学出版社2008年版。

[美]南茜·弗雷泽、阿克塞尔·霍耐特:《再分配,还是承认?——一个政治哲学对话》,周穗明译,上海人民出版社2009年版。

[美]南茜·弗雷泽:《正义的中断——对"后工业社会"状况的批判性反思》,于海青译,上海人民出版社2009年版。

［美］南茜·弗雷泽：《正义的尺度——全球化世界中政治空间的再认识》，欧阳英译，上海人民出版社2009年版。

［美］塞缪尔·弗莱施哈克尔：《分配正义简史》，吴万伟译，译林出版社2010年版。

［美］大卫·雷·格里芬：《后现代精神》，王成兵译，中央编译出版社1998年版。

［德］阿克塞尔·霍耐特：《再分配，还是承认？——一个政治哲学对话》，周穗明译，上海人民出版社2009年版。

［荷］皮特·何、［美］瑞志·安德蒙：《嵌入式行动主义在中国：社会运动的机遇与约束》，李婵娟译，社会科学文献出版社2012年版。

［德］阿克塞尔·霍耐特：《为承认而斗争》，胡继华译，上海人民出版社2005年版。

［美］戴斯·贾丁斯：《环境伦理学：环境哲学导论》，林官民、杨爱民译，北京大学出版社2002年版。

［美］霍尔姆斯·罗尔斯顿：《哲学走向荒野》，刘耳译，吉林人民出版社2000年版。

［美］约翰·罗尔斯：《正义论》，何怀宏、何包钢、廖申白译，中国社会科学出版社2010年版。

［美］汤姆·雷根、［美］卡尔·科亨：《动物权利论争》，杨通进、江娅译，中国政法大学出版社2005年版。

［德］米夏埃尔·兰德曼：《哲学人类学》，张乐天译，上海译文出版社1998年版。

［法］保罗·利科：《承认的过程》，汪堂家、李之喆译，中国人民大学出版社2011年版。

［美］奥尔多·利奥波德：《沙乡年鉴》，侯文蕙译，吉林人民出版社1997年版。

［美］比尔·麦吉本等：《消费的欲望》，朱琳译，中国社会科学出版社2007年版。

［美］阿拉斯代尔·麦金尔太：《德性之后》，龚群译，中国社会科学出版社1995年版。

［美］卡洛琳·麦茜特：《自然之死——妇女、生态和科学革命》，吴国盛译，吉林人民出版社，1999年版。

［美］罗德里克·纳什：《大自然的权利：环境伦理学史》，杨通进译，青岛出版社，1999年版。

［法］阿尔伯特·施韦泽：《敬畏生命》，陈泽环译，上海社会科学院出版社1996年版。

［美］保罗·沃伦·泰勒：《尊重自然：一种环境伦理学理论》，雷毅、李晓重、高山译，首都师范大学出版社2010年版。

［美］查尔斯·泰勒：《现代性之隐忧》，程炼译，中央编译出版社2001年版.

［法］阿尔伯特·施韦泽：《文化哲学》，陈泽环译，上海世纪出版集团2008年版。

［美］彼得·温茨：《环境正义论》，朱丹琼、宋玉波译，上海人民出版社2007年版。

［澳］彼得·辛格、［美］汤姆·雷根编：《动物权利与人类义务》（第2版），曾建平、代峰译，北京大学出版社2010年版。

［澳］彼得·辛格：《实践伦理学》，刘莘译，东方出版社2005年版。

［美］易明：《一江黑水：中国未来的环境挑战》，姜智芹译，江苏人民出版社2012年版。

［古希腊］亚里士多德：《尼各马可伦理学》，廖申白译，商务印书馆2003年版。

三　中文期刊

［美］艾米·艾伦：《权力与差异政治：压迫、赋权和跨国正义》，王雪乔、欧阳英译，《国外理论动态》2013年第4期。

包红茂：《日本环境公害及其治理的经验教训》，《中国党政干部论坛》2002第10期。

包群、陈媛媛：《外商投资、污染产业转移与东道国环境质量》，《产业经济研究》2012年第6期。

程亦欣：《环境哲学三题》，《哲学研究》2004年第10期。

[美] 埃利希·弗洛姆：《孤独的人：现代社会中的异化》，《哲学译丛》1981 年第 4 期。

[澳] 彼得·辛格：《所有动物都是平等的》，江娅译，《哲学译丛》1994 年第 5 期。

[日] 高天纯：《自然具有内在价值吗——关于环境伦理的争论》，《哲学研究》2004 年第 10 期。

高国荣：《美国环境正义运动的缘起、发展及其影响》，《史学月刊》2011 年第 11 期。

[德] 霍耐特：《承认与正义——多元正义理论纲要》，胡大平、陈良斌译，《学海》2009 年第 3 期。

胡绪明：《论资本的双重内涵及其边界意识》，《南京社会科学》2008 年第 10 期。

雷毅：《环境伦理与国际公正》，《道德与文明》2000 年第 1 期。

李培超：《我国环境伦理学的进展与反思》，《湖南师范大学社会科学学报》2004 年第 6 期。

刘晓华：《论内在价值论在环境伦理学中的必然性——从康德到罗尔斯顿》，《哲学动态》2008 年第 9 期。

[印] 帕麦拉·菲利浦：《印度妇女的抱树运动》，吴蓓译，《森林与人类》2002 年第 2 期。

佘正荣：《自然的自身价值及其对人类价值的承载》，《自然辩证法研究》1996 年第 3 期。

[美] 汤姆·雷根：《关于动物权利的激进的平等主义观点》，杨通进译，《哲学译丛》1999 年第 4 期。

王国聘：《现代生态思维的价值视域》，《清华大学学报》（哲学社会科学版）2006 年第 4 期。

王建明：《当代西方环境伦理学的后现代向度》，《自然辩证法研究》2005 年第 12 期。

王韬洋：《西方环境正义研究述评》，《道德与文明》2010 年第 1 期。

王韬洋：《"环境正义"——当代环境伦理发展的现实趋势》，《浙江学刊》2002 年第 5 期。

王泽应:《生态经济伦理公平:公平观念的新内涵》,《江汉论坛》2006年第6期。

乌力吉图:《日本地方政府的环境管理制度与能力分析》,《管理评论》2008年第5期。

郇庆治:《政治机会结构视角下的中国环境运动及其战略选择》,《南京工业大学学报》(社会科学版)2012第4期。

张秋:《企业环境社会责任缺失的制度机理研究》,《自然辩证法研究》2010年第2期。

张淑兰:《印度的环境非政府组织———拯救纳尔默达运动》,《南亚研究季刊》2007年第3期。

四 英文著作

Adams, James Truslow. *Dictionary of American History*, Volume IV. New York: Charles Scribners, 1940.

Agyeman, Julian, . et al. (ed.). *Just Sustainabilities: Development in an Unequal World.* Cambridge, MA: MIT Press, 2005.

Donald Snow. *Inside the Environmental Movement*, Washington. D. C.: Island Press, 1992.

Barry, Joyce M.. *Standing in Appalachia: Women, Environmental Justice, and the Fight to End Mountaintop Removal.* Athens: Ohio University Press, 2012.

Benhabid, Seyla. *Democracy and Difference.* Princeton. NJ: Princeton University Press, 1996. Brooks, Thom. Global Justice Reader. Malden, MA: Blackwell Publishing Led, 2008.

Bevington, Douglas. *The Rebirth of Environmentalism: Grassroots Activism from the Spotted Owl to the polar Bear.* Washington, DC: Island Press, 2009.

Blum, Elizabeth D.. *Love Canal Revisited: Race, Class, and Gender in Environmental Activism.* Lawrence: University Press of Kansas, 2008.

Bryant, B. & P., Maohai. *Introduction to Race and the Incidence of Environmental Hazards.* Boulder: Westview Press, 1992.

Bullard, Robert. *Confronting Environmental Justice: Voice from the Grassroots.* Boston, MA: South End Press, 1993.

Bullard, Robert. D.. *Dumpting in Dixie: Race, Class, and Environmental Quality.* Boulder: Westview Press, 2000.

Bullard, Robert et al.. *Toxic Wastes and Race at Twenty: 1987 – 2007.* Cleveland: United Church of Christ, 2007.

Bunyan, Byrant. *Environmental Justice: Issues, Policies, and Solutions.* Covelo, CA: Island Press, 1995.

Cable, Sherry & Cable, Charles. *Environmental Problems, Grassroots Solutions: The Politics of Grassroots Environmental Conflict.* New York: St. Martin's Press, 1995.

Camacho, David E.. *Environmental Injustice, Political Struggle: Race, Class, and the Environment.* Durban and London: Duke Unversity Press, 1998.

Carruthers, David V.. *Environmental Justice in Latin America: Problems, Promise, and Practice.* Cambridge: MIT Press, 2008.

Caufield, Catherine. *In the Rainforest: Report from a Strange, Beautiful, Imperiled World.* Chicago: University of Chicago Press, 1984.

Cole, Luke W. & Foster, Sheila R. *From the Ground Up: Environmental Racism and the Rise of the Environmental Justice Movement.* New York: New York University Press, 2001.

Daniel, Facer. *The Struggle for Ecological Democracy: Environmental Justice Movement in the United States.* New York: The Guilford Press, 1998.

Dowie, Mark. *Losing Ground: American Environmentalism at the Close of the Twentieth Century.* Cambridge: The MIT Press, 1995.

Dunion, Kevin. *Troublemakers: The Struggle for Envitonmental Justice in Scotland.* Edinburgh: Edinburgh University Press, 2003.

Elizabeth, Bell Shannon. *Our Roots Run Deep as Ironweed: Appalachian Women and the Fight for Environmental Justice.* Urbana, Chicago, and Springfield: University of Illinois Press, 2013.

Fletcher, Thomas H. *From Love Canal to Environmental Justice: The Politics of*

Hazardous Waster on the Canada – U. S. Ontario: Broadview Press, 2003.

Frechette, Kristin Shrader. *Environmental Justice: Creating Equality, Reclaiming Democracy.* New York: Oxford University Press, 2002.

Gibbs, Lois Marie & Levine, Murray. *Love Canal: My Story.* Albany: State University of New York Press, 1982.

Gibbs, Lois Marie. *Love Canal: The Story Continues.* Gabriola Island: New Society Publisher, 1998.

Gordon, Walker. *Environmental Justice: Concepts, Evidence and Politics.* New York: Routledge, 2001.

Gottlieb, Robert. *Forcing the Spring: The Transformation of the American Environmental Movement.* Washing, D. C.: Island Press, 1993.

Gould, Kenneth. et al. . *Local Environmental Struggles: Citizen Activism in the Treadmill of Production.* Cambridge: Cambridge University Press, 1996.

Griffan, Keith & Knight, John. *Human Development and the International Development Strategy for the 1990s.* London: MacMillan, 1990.

Harry, Brighouse. *Justice.* Cambridge: Polity, 2004.

Hays, Samuel. *Conservation and the Gospel of Efficiency.* Cambridge Mass: Harvard Universith Press, 1959.

Hofrichter, Richard. *Toxic Struggles: The Theory and Practice of Environmental Justice.* Salt Lake City: The University of Utah Press, 2002.

Honneth, Axel. *The Fragmented World of The Social: Essays in Social and Political Philosophy.* Albany: State Univesity of New York Press, 1995.

Kassiola, Joel Jay. *The Death of Industrial Civilization.* NY: State University of New York Press, 1990.

Ku, Do-wan. *History and Nature of Korean Environmental Movement.* Seoul: Seoul National University, 1994.

Lao Rhodes, Edwardo. *Environmental Justice in America: A New Paradigm.* Bloomington: Indiana University Press, 2003.

Leckie, Scott. et al. . *Climate Change and Displacement Reader*, London: Routledge, 2012.

Lee, Charles. *Proceedings of the First National People of Color Environmental Leadership Summit.* New York: United Church of Christ, 1991.

List, Peter C. (ed.). *Radical Environmentalism: Philosophy and Tactics.* Belmont: Wadsworth, Inc. 1993.

M., Oelschlaeger. *Postmordern Environmental Ethics.* New York: State Unveresity of New York Press, 1995.

Manes, Christopher. *Green Rage: Radical Environmentalism and the Unaking of Civilization.* Boston: Little, Brown, 1990.

Mcgurty, Eileen Maura. *Transforming Environmentalism: Warren County, PCBS, and the Origins of Environmental Justice.* New Brunswick, N. J.: Runtgers University Press, 2007.

Morrison, R. Bruce & Wilson, C. Roderick (ed.). *Native Peoples: The Canadian Experience.* Toronto: Oxford University Press, 2004.

Nash, Roderick. *The American environment, 2d ed. Reading.* Mass: Addison-Wesley Publishing Company, 1976.

Nhanenge, Jytte. *Ecofeminism: Towards Integrating the Concerns of Women, Poor People, and Nature into Development.* Lanham: University Press of America, 2011.

Novotny, Patrick. *Where We Live, Work and Play: The Environmental Justice Movement and the Struggle for a New Environmentalism.* Westport, Connecticut: Praeger Publishers, 2000.

Omvedt, Gail. *Reinventing Revolution: New Social Movements and the Socialist Tradition in India (Socialism and Social Movements)*, NewYork: Routledge, 1993.

Pellow, David Naguib. *Garbage Wars: The Struggle for Environmental Justice in Chicago.* Cambridge: The MIT Press, 2002.

Peterson, Grethe B. *The Tanner Lectures in Human Values*, Vol. 19. Salt Lake City: University of Utah Press, 1998.

Pulido, Laura. *Environmentalism and Economic Justice: Two Chicano Struggles in the Southwest.* Tucson: The University of Arizona Press, 1996.

Sale, Kirkpatrick. *The Green Revolution: The American Environmental Movement*, 1962–1992. New York: Hill and Wang, 1993.

Sandle, Ronald & Pezzullo, Phaedra C. (ed.). *Environmental Justice and Environmentalism: The Social Justice Challenge to the Environmental Movement*. Cambridge: The MIT Press, 2007.

Scarce, Rik. *Eco-warriors: Understanding the Radical Environmental Movement*. New York: Rotuledge, 2016.

Schlosberg. David. *Defining environmental Justice: Theories, Movements, and Nature*. New York: Oxford University Press, 2007.

Sen, Amartya. *Development as Freedom*. New York: Oxford University Press, 1999.

Shival, Vandana. *Ecology and the Politics of Survival*. New Delhi: Sage Publications India Pvt Ltd, 1991.

Stein, Rachel. *New Perspectives on Environmental Justice: Gender, Sexuality, and Activism*. New Brunswick, NJ: Rutgers University Press. 2004.

Taylor, Charles. *Multiculturalism: Examining the Politics of Recognition*. New Jersey: Princeton University Press, 1994.

Unger, Nancy C. *Beyond Nature's Housekeepers: American Women in Environmental History*. Oxford: Oxford University Press, 2012.

Warren, Karen. *Ecofeminism: Women, Culture, Nature*. Indiana: Indiana University Press, 1997.

Warren, K. J. *Ecofeminist Philosophy: A Western Perspective on What is and Why it Matters*. New York: Rowman & Littlefield, 2000.

William, Cronon. *Uncommom Ground: Rethinking the Human Place in Nature*. New York: W. W. Norton, 1996.

Young, Iris Marizon. *Justice and the Politics of Difference*. Princeton: Princeton University Press, 1990.

Zimmerman, Michael E. et al., (ed.). *Environmental Philosophy: From Animal Rights to Radical Ecology*. New Jersey: Prentice-Hall, 1993.

五 英文期刊

A., Naess. The Shallow and the Deep, Long – Range Ecology Movement: A Summary. *Inquiry*, 1973 (1).

Bavadam, L. A flood of support. *Frontline*, 1999 (8).

Chiro, Giovanna Di. Living Environmentalism: Coalition Politics, Social Reproduction, and Environmental Justice, *Environmental Politics*, 2008 (2).

Copek, Sheila. The Environmental Justice Frame: A Conceptual Discussion and an Application. *Social Problems*, 1993 (1).

Figueroa, Robert Melchior. Bivalent Environmental Justice and the Culture of Poverty. *Rutgers University Journal of Law and Urban Policy*, 2003 (1).

Guha, Ramachandra. Radical American Environmentalism and Wilderness Preservation: A Third World Critique, *Environmental Ethics*, 1989 (1).

Hans, Diefenbacher. Environmental Justice: Some Starting Points for Discussion from a Perspective of Ecological Economics, *Journal of Ecothelogy*, 2006 (3).

Honneth, Axel. Integrity and Disrespect: Principles of Morality Based on the Theory of Recognition, *Political Theory*, 1992 (2).

Honneth, Axel & Farrell, John. Recognition and Moral Obligation. *Socical Research*, 1997 (1).

Honneth, Axel. Recognintion and Justice: Outline of a Plural Theory of Justice. *Acta Sociologica*, 2004 (4).

Hostages, Oil Rif. Are Freed by Stikers as Mercenaties Fly Out. *The Guardian*, 2003 (5).

Laurian, Lucie. *Journal of Environmental Plannning and Mangement*, 2008 (1).

Rhuks, T Ako. Nigeria's Land Use Act: An Anti – Thesis to Envrionmental Justice. *Journal of African Law*, 2009 (2).

Roberts, Peri. Nussbaum's Political Liberalism: Justice and the Capability Threshold, *International Journal of Social Economics*, 2013 (7).

Ryan, Holifield. Environmental Justice as Recognition and Participation in Risk Assessment: Negotiating and Translation Health Risk at a Superfund Site in Indian Country, *Annals of the Association of American Geographers*, 2012 (3).

Sen, Amartya. Well-being, Agency and Freedom: The Dewey Lectures 1984. *The Journal of Philosophy*, 1985 (4).

Taylor, Dorceta. The Rise of the Environmental Justice Paradigm: Injustice Framing and the Social Construction of Environmental Discourses, *American Behavioral Scientist*, 2000 (4).

Turner, Terisa E. & Brownhill, Leigh S. Why Women Are at War with Chevron: Nigerian Subsistence Struggle Against the International Oil Industry. *Journal of Asian and Afriacan Studies*, 2004 (1).

Vidal, John. India's Jharkhand, *Development and Change*, 2012 (6).

Vijay Kolinjivadi, etc., "Capabilities as justice: Analysing the Acceptability of Payments for Ecosystem Services through Social Multi-criteria Evaluation", *Ecological Economics*, 2015 (10).

Warren, K. J., The Power and Promise of Ecological Feminism. *Environmental Ethics*, 1990 (2).

后　记

　　我与环境正义结缘，最早可追溯至近 20 年前的硕士学位论文——《人与自然关系的现实审视——兼谈"人类中心主义与环境问题"》。记得在文中曾引用到马克思的一段话："人们在生产中不仅仅同自然界发生关系。他们如果不以一定的方式结合起来共同活动和相互交换活动，便不能进行生产。为了进行生产，人们便发生一定的联系和关系，只有在这些社会联系和社会关系的范围内，才会以他们对自然界的关系。"也就是说，人与自然界的关系从来都是和人与人的关系互为共振，互相联系的。由是，不解决人与人、国与国之间的社会正义问题，人与自然之间的所谓"生态正义"就无从谈起。博士阶段，我的兴趣仍集中在环境哲学方面，并以"环境问题的'社会批判'研究——从经典马克思主义、法兰克福学派到生态马克思主义"为题，完成了博士论文。文中在对环境伦理学的主潮亦即非人类中心主义流派得失的反思中，指出在环境问题上，马克思主义社会批判视角可为前者带来五点重要启示。其中之一就是：与构建人与自然的公平、正义相比，正视人与人之间的正义更显重要。现在看来，我的社会正义和环境正义情结其实很早就在心中生根了。

　　2012 年，我获批国家留学基金委"青年骨干教师出国研修项目"，并于 2013 年 8 月以访问学者的身份赴美访学一年。期间受国际环境伦理学前辈和创始人之一的知名教授尤金·哈格罗夫（Gene Hargrove）指点，选修了《环境正义》课程。由于语言严重受限，虽然课堂出勤率几乎是 100%，但 blackboard 教学平台上每周几篇长达几百页的文献阅读作业，加之全美语的教学讨论，常使我在老外的包围中茫然失措。但对环境正义的强烈兴趣让我咬牙坚持了下来。只要是有关环境正义的书籍，我都几乎一一借阅过，对海量的电子文献也尽可能进行了下载。留美的大部分时间里，我都是背着电脑和书本在图书馆地下一层自习室中度过：两片面包夹一个煎蛋，外加一个苹果或是十余枚葡萄，有时甚至只是一个烤红薯，就是我的全部午餐。就这样，环境正义为我打开了一个全新的天地。

回国后，带着对环境正义诸多问题的探寻，我申报了"我国环境正义问题的理论维度研究"的国家社科基金项目，并有幸在2015年获批。在其后的四年多时间里，便是围绕项目进行的相关研究工作，并于2020年2月顺利结项，鉴定结果为"良好"。在结合审阅专家的意见和建议对书稿进行了修缮后，也就有了眼前的这本专著。老实说，对于这个最终成果，并不是十分满意。书中对环境正义很多问题的探讨还非常浅薄，这只能留待以后再深加研究了。

我的同事宋宽锋老师对课题论证给予了热心指导；项目鉴定专家对书稿提出了诸多宝贵意见；朱华斌编辑对拙作编校亦费心良多，在此一并致谢。

最后还要感谢家人倾情相伴，让我在浮世中获得安宁。

2021年2月于古城西安